"十三五"国家重点出版物出版规划项目
可靠性新技术丛书

复杂软件系统可靠性技术

Reliability Technology for Complex Software Systems

王轶辰　黄抚群　王轶昆　编著

国防工业出版社

·北京·

图书在版编目(CIP)数据

复杂软件系统可靠性技术／王轶辰,黄抚群,王轶昆编著. —北京：国防工业出版社,2023.2重印
(可靠性新技术丛书)
ISBN 978-7-118-12431-6

Ⅰ.①复… Ⅱ.①王… ②黄… ③王… Ⅲ.①软件可靠性 Ⅳ.①TP311.5

中国版本图书馆 CIP 数据核字(2022)第 118307 号

※

*国防工業出版社*出版发行
(北京市海淀区紫竹院南路 23 号　邮政编码 100048)
北京虎彩文化传播有限公司印刷
新华书店经售

*

开本 710×1000　1/16　印张 20¾　字数 360 千字
2023 年 2 月第 1 版第 2 次印刷　印数 1001—2000 册　定价 125.00 元

(本书如有印装错误,我社负责调换)

国防书店：(010)88540777　　书店传真：(010)88540776
发行业务：(010)88540717　　发行传真：(010)88540762

可靠性新技术丛书
编审委员会

主 任 委 员：康　锐

副主任委员：周东华　左明健　王少萍　林　京

委　　　员（按姓氏笔画排序）：

朱晓燕　任占勇　任立明　李　想

李大庆　李建军　李彦夫　杨立兴

宋笔锋　苗　强　胡昌华　姜　潮

陶春虎　姬广振　翟国富　魏发远

丛书序

可靠性理论与技术发源于20世纪50年代,在西方工业化先进国家得到了学术界、工业界广泛持续的关注,在理论、技术和实践上均取得了显著的成就。20世纪60年代,我国开始在学术界和电子、航天等工业领域关注可靠性理论研究和技术应用,但是由于众所周知的原因,这一时期进展并不顺利。直到20世纪80年代,国内才开始系统化地研究和应用可靠性理论与技术,但在发展初期,主要以引进吸收国外的成熟理论与技术进行转化应用为主,原创性的研究成果不多,这一局面直到20世纪90年代才开始逐渐转变。1995年以来,在航空航天及国防工业领域开始设立可靠性技术的国家级专项研究计划,标志着国内可靠性理论与技术研究的起步;2005年,以国家863计划为代表,开始在非军工领域设立可靠性技术专项研究计划;2010年以来,在国家自然科学基金的资助项目中,各领域的可靠性基础研究项目数量也大幅增加。同时,进入21世纪以来,在国内若干单位先后建立了国家级、省部级的可靠性技术重点实验室。上述工作全方位地推动了国内可靠性理论与技术研究工作。当然,随着中国制造业的快速发展,特别是《中国制造2025》的颁布,中国正从制造大国向制造强国的目标迈进,在这一进程中,中国工业界对可靠性理论与技术的迫切需求也越来越强烈。工业界的需求与学术界的研究相互促进,使得国内可靠性理论与技术自主成果层出不穷,极大地丰富和充实了已有的可靠性理论与技术体系。

在上述背景下,我们组织撰写了这套可靠性新技术丛书,以集中展示近5年国内可靠性技术领域最新的原创性研究和应用成果。在组织撰写丛书过程中,坚持了以下几个原则:

一是**坚持原创**。丛书选题的征集,要求每一本图书反映的成果都要依托国家级科研项目或重大工程实践,确保图书内容反映理论、技术和应用创新成果,力求做到每一本图书达到专著或编著水平。

二是**体系科学**。丛书框架的设计,按照可靠性系统工程管理、可靠性设计与试验、故障诊断预测与维修决策、可靠性物理与失效分析4个板块组织丛书的选题,基本上反映了可靠性技术作为一门新兴交叉学科的主要内容,也能在一定时期内保证本套丛书的开放性。

三是保证权威。丛书作者的遴选，汇聚了一支由国内可靠性技术领域长江学者特聘教授、千人计划专家、国家杰出青年基金获得者、973项目首席科学家、国家级奖获得者、大型企业质量总师、首席可靠性专家等领衔的高水平作者队伍，这些高层次专家的加盟奠定了丛书的权威性地位。

四是覆盖全面。丛书选题内容不仅覆盖了航空航天、国防军工行业，还涉及了轨道交通、装备制造、通信网络等非军工行业。

本套丛书成功入选"十三五"国家重点出版物出版规划项目，主要著作同时获得国家科学技术学术著作出版基金、国防科技图书出版基金以及其他专项基金等的资助。为了保证本套丛书的出版质量，国防工业出版社专门成立了由总编辑挂帅的丛书出版工作领导小组和由可靠性领域权威专家组成的丛书编审委员会，从选题征集、大纲审定、初稿协调、终稿审查等若干环节设置评审点，依托领域专家逐一对入选丛书的创新性、实用性、协调性进行审查把关。

我们相信，本套丛书的出版将推动我国可靠性理论与技术的学术研究跃上一个新台阶，引领我国工业界可靠性技术应用的新方向，并最终为"中国制造2025"目标的实现做出积极的贡献。

康锐
2018年5月20日

前言

关于复杂软件系统,有两点需要澄清。首先,"复杂软件"是一个发展性的历史名词,它不是一个新出现的概念,早在 20 世纪 70 年代,就有学者使用"complex software"一词来表示某类型的软件。随着计算机技术以及网络技术的日新月异,人们赋予复杂软件的内涵也在不断扩展和变化,并且出现了许多典型的复杂系统,例如超大规模系统(ultra-large-scale systems, ULSS)、信息物理融合系统(cyber-physical systems, CPS)、物联网(internet of things, IoT)等。这些系统中的软件无论体量、结构还是数据都比之前的软件更为复杂,是当前最为典型的复杂软件。其次,复杂软件中的"复杂"并不仅仅是指规模的复杂,代码的行数、软件中的文件数量固然是复杂的一种表现,但是当前的复杂软件系统呈现出的是一种多维度的复杂,原因就在于其中融合了许多新的技术与方法,如现代复杂软件系统中使用的智能技术、网络技术、自适应技术等。这些新技术的使用是造成多维复杂的根本原因。

本书是作者所在团队近几年的最新研究成果的总结。本书以软件可靠性工程为背景,在对复杂软件系统概念进行梳理和剖析的基础上,对复杂软件系统的故障机理和可靠性模型方面的最新研究进行了介绍,另外还介绍了基于体系结构和基于数据两种不同思路的可靠性技术以及目前正值热点的基于模型的测试技术,最后对处于前沿的复杂软件系统中的人因工程进行了介绍。

本书可为装备研制领域从事软件可靠性工程的专业人员及相关专业研究生提供参考。

本书的内容是作者所在团队多年的研究成果,在此感谢所有参与研究的老师和同学。特别感谢束韶光、王坤、王珣和严潇波同学对第 2 章~第 4 章内容所做的贡献,宗鹏洋、宋泽坤同学对第 5 章内容所做的贡献,蓝新生、岳明、雷海申和曹志钦同学对第 6 章内容所做的贡献。同时作者在本书写作过程中还参考了大量文献,在此向文献的作者表示衷心的感谢!

由于作者知识和经验有限,书中难免存在疏漏和不妥之处,敬请读者指正。

作者
2022 年 1 月

目录

第1章 复杂软件系统概述 ·· 1
1.1 认识软件的复杂性 ·· 1
1.1.1 软件规模无限膨胀 ·· 1
1.1.2 软件失效行为的复杂 ·· 2
1.1.3 软件工程过程的复杂 ·· 3
1.2 复杂软件系统的基本概念 ·· 4
1.2.1 复杂软件系统的定义 ·· 4
1.2.2 复杂软件系统的分类 ·· 5
1.2.3 复杂软件系统的特征 ·· 5
1.3 几类典型的复杂软件系统 ·· 7
1.3.1 超大规模系统 ·· 7
1.3.2 大规模复杂IT系统 ·· 8
1.3.3 信息物理系统 ·· 9
1.3.4 软件密集型系统 ·· 10
1.3.5 物联网系统 ·· 11
1.4 复杂软件系统的相关研究领域 ·· 13
1.4.1 系统工程 ·· 13
1.4.2 人因工程 ·· 14
1.4.3 社会-技术工程 ··· 14
1.4.4 软件工程 ·· 14
1.5 复杂软件系统的挑战 ·· 15
1.5.1 传统还原论的局限 ·· 15
1.5.2 系统的异构性 ·· 16
1.5.3 构造性开发过程带来的影响 ······································ 16
1.5.4 持续演化性带来的影响 ·· 16
1.5.5 失效常态性带来的影响 ·· 17
1.5.6 系统边界腐蚀性 ·· 17
1.6 典型的装备复杂软件系统 ·· 17
1.6.1 复杂航电体系结构——IMA结构 ··································· 18

1.6.2　IMA 软件体系结构 ································· 24
　　　1.6.3　IMA 应用程序对比分析 ····························· 27
　1.7　本章小结 ··· 32
第2章　复杂软件系统的故障机理 ································· 33
　2.1　软件故障的复杂性 ··· 34
　2.2　故障传播的相关研究 ······································· 35
　　　2.2.1　故障传播的概念 ··································· 35
　　　2.2.2　基于体系结构的故障传播模型 ······················· 36
　　　2.2.3　基于类型的故障传播模型 ··························· 38
　　　2.2.4　考虑故障传播的体系结构可靠性预测 ················· 41
　　　2.2.5　基于故障传播的故障定位 ··························· 42
　2.3　基于体系结构的故障传播模型研究 ··························· 43
　　　2.3.1　元胞自动机与故障传播 ····························· 45
　　　2.3.2　基于体系结构的故障传播模型 ······················· 46
　2.4　引入相关故障的故障传播模型研究 ··························· 50
　　　2.4.1　相关故障 ··· 50
　　　2.4.2　考虑相关故障的故障率 ····························· 51
　　　2.4.3　考虑相关故障的故障传播模型 ······················· 53
　2.5　一个实例系统分析 ··· 54
　　　2.5.1　基于体系结构的故障传播模型实例分析 ··············· 55
　　　2.5.2　考虑相关故障的故障传播模型实例分析 ··············· 59
　2.6　本章小结 ··· 63
第3章　复杂软件系统的可靠性模型 ······························· 64
　3.1　软件的质量模型 ··· 64
　　　3.1.1　软件质量模型的概念 ······························· 64
　　　3.1.2　软件质量模型的发展 ······························· 66
　　　3.1.3　ISO/IEC 25010:2010 软件质量模型简介 ·············· 70
　3.2　复杂软件系统的质量 ······································· 78
　　　3.2.1　复杂软件系统的质量形成过程 ······················· 78
　　　3.2.2　影响复杂软件系统质量的复杂性因素 ················· 79
　　　3.2.3　复杂软件系统的新质量特性 ························· 82
　3.3　软件的可靠性模型 ··· 86
　　　3.3.1　随机微分方程模型 ································· 86
　　　3.3.2　离散 NHPP 建模 ··································· 88

3.3.3　面向质量的软件管理分析 ·· 92
　　3.3.4　考虑人因的可靠性分析模型 ·· 96

第4章　基于体系结构的复杂软件可靠性评估 ··· 101
4.1　基于体系结构的可靠性评估 ·· 101
　　4.1.1　评估过程 ··· 101
　　4.1.2　基于体系结构评估的主要方法 ··· 103
　　4.1.3　复杂软件系统面临的问题 ··· 105
4.2　软件体系结构的描述 ·· 106
　　4.2.1　软件体系结构 ·· 106
　　4.2.2　马尔可夫链简介 ·· 108
　　4.2.3　吸收离散时间马尔可夫链 ··· 109
4.3　复杂软件系统中故障传播的描述 ··· 111
　　4.3.1　故障传播的基本概念 ·· 111
　　4.3.2　故障传播模型的基本定义 ··· 113
　　4.3.3　两个信号间的故障传播 ··· 114
4.4　基于故障传播的系统可靠度评估模型 ·· 115
　　4.4.1　组件输入输出状态矩阵 ··· 116
　　4.4.2　故障扩散强度矩阵 ··· 118
　　4.4.3　基于故障传播的系统可靠度评估方法 ····································· 122
4.5　一个实例分析 ··· 125
　　4.5.1　实例软件介绍 ·· 125
　　4.5.2　基于失效数据的指数分布模型 ·· 126
　　4.5.3　Cheung模型 ··· 128
　　4.5.4　基于故障传播的系统可靠度评估模型 ····································· 129
　　4.5.5　利用仿真实验进行对比 ··· 131
4.6　本章小结 ·· 132

第5章　基于数据的复杂软件可靠性评估 ·· 133
5.1　基于数据的评估模型框架 ·· 135
5.2　影响可靠性评估的软件度量 ·· 138
　　5.2.1　软件度量集建立 ·· 139
　　5.2.2　代码度量以及相关工具 ··· 141
　　5.2.3　软件过程度量 ·· 144
　　5.2.4　一种分析过程度量的方法——GQM ······································· 147
5.3　数据训练与验证——基于数据的评估算法 ····································· 151

   5.3.1 度量数据聚合 ························· 151
   5.3.2 度量数据标准化 ······················· 157
   5.3.3 数据降维方法 ························· 160
   5.3.4 几种数据拟合算法 ····················· 166
  5.4 一个具体的案例 ····························· 173
   5.4.1 数据收集 ····························· 173
   5.4.2 软件代码度量数据的聚合 ··············· 178
   5.4.3 数据预处理 ··························· 180
   5.4.4 数据训练方法对比 ····················· 182
   5.4.5 案例成果 ····························· 190
  5.5 本章小结 ··································· 191

第 6 章 基于模型的测试技术 ························· 192

  6.1 认识基于模型的测试 ························· 193
   6.1.1 MDA 与 MBT ························· 193
   6.1.2 MBT 框架 ···························· 199
  6.2 建模语言与测试模型 ························· 200
   6.2.1 建模语言 ····························· 200
   6.2.2 测试模型 ····························· 208
   6.2.3 建模小案例 ··························· 213
  6.3 模型检验技术 ······························· 215
   6.3.1 模型检验概述 ························· 215
   6.3.2 建立系统模型 ························· 216
   6.3.3 性质规约 ····························· 217
   6.3.4 模型检验算法与实现 ··················· 219
   6.3.5 模型检验工具 ························· 221
  6.4 覆盖准则 ··································· 223
   6.4.1 基于模型的测试覆盖准则 ··············· 223
   6.4.2 覆盖准则评估 ························· 224
  6.5 基于模型的测试用例生成 ····················· 225
   6.5.1 基于模型的逻辑测试用例生成方法 ······· 226
   6.5.2 测试用例的可执行分析方法 ············· 227
   6.5.3 基于模型的测试数据生成方法 ··········· 228
   6.5.4 基于模型的测试用例生成算法 ··········· 230
   6.5.5 算法优化方法 ························· 232

6.6 实例系统分析 233
  6.6.1 车库门控制系统的模型检验 233
  6.6.2 基于模型的发射平台控制软件测试 242
 6.7 本章小节 252
第7章 基于人因失误机理的软件故障主动防御技术 253
 7.1 软件故障主动防御的意义 253
  7.1.1 软件故障主动防御的必要性 253
  7.1.2 软件及软件故障的人因本质 253
 7.2 传统故障预防研究进展和不足 254
  7.2.1 故障数据的收集 254
  7.2.2 故障样本的选取 256
  7.2.3 故障根源分析 256
 7.3 程序设计的认知理论基础 257
  7.3.1 相关认知科学概念 257
  7.3.2 程序设计认知活动的特征 261
  7.3.3 程序设计综合认知模型 262
 7.4 软件故障的人因失误理论基础 264
  7.4.1 故障主体的行为模型 264
  7.4.2 通用人因失误动态模型 266
  7.4.3 通用人因失误模式 268
  7.4.4 软件故障的人因失误模式库 273
 7.5 基于人因失误机理的软件故障主动防御方法 277
  7.5.1 DPeHE 理念 277
  7.5.2 元认知框架 278
  7.5.3 DPeHE 过程模型 279
  7.5.4 DPeHE 元认知知识 280
  7.5.5 DPeHE 元认知调节 285
 7.6 本章小结 290
附录 292
 附录1 基于故障传播的软件可靠度评估算法的代码实现 292
 附录2 软件质量评价调查问卷 300
 附录3 软件质量评价目标评分表 303
 附录4 相关性分析结果 304
参考文献 309

Contents

Chapter 1　Overview of Complex Software Systems ……………………………… 1
  1.1　About the Complexity of Software ……………………………………… 1
    1.1.1　Infinite Expansion of Software Scale ……………………………… 1
    1.1.2　Complexity of Software Failure Behavior …………………………… 2
    1.1.3　Complexity of Software Engineering Process ……………………… 3
  1.2　Basic Concepts of Complex Software Systems ………………………… 4
    1.2.1　Definition of Complex Software Systems …………………………… 4
    1.2.2　Classification of Complex Software Systems ……………………… 5
    1.2.3　Characteristics of Complex Software Systems …………………… 5
  1.3　Several Types of Typical Complex Software Systems ………………… 7
    1.3.1　Ultra-Large-Scale Systems …………………………………………… 7
    1.3.2　Large-Scale Complex IT Systems …………………………………… 8
    1.3.3　Cyber-Physical Fusion System ……………………………………… 9
    1.3.4　Software-Intensive Systems ………………………………………… 10
    1.3.5　Internet of Things Systems(IoT) …………………………………… 11
  1.4　Related Research Areas of Complex Software Systems ……………… 13
    1.4.1　Systems Engineering ………………………………………………… 13
    1.4.2　Human Factors Engineering ………………………………………… 14
    1.4.3　Social-Technical Engineering ……………………………………… 14
    1.4.4　Software Engineering ………………………………………………… 14
  1.5　Challenges of Complex Software Systems ……………………………… 15
    1.5.1　Limitations of Traditional Reductionism ………………………… 15
    1.5.2　Heterogeneity of the System ……………………………………… 16
    1.5.3　Impact of Constructive Development Process …………………… 16
    1.5.4　Impact of Continuous Evolution …………………………………… 16
    1.5.5　Impact of Failure Normality ……………………………………… 17
    1.5.6　Boundary Corrosion of the System ……………………………… 17
  1.6　Typical Complex Software System of Equipment's …………………… 17
    1.6.1　Complex Avionics Architecture:IMA Structure ………………… 18

    1.6.2 Software Architecture of IMA ⋯⋯ 24
    1.6.3 Application Comparative Analysis of IMA ⋯⋯ 27
  1.7 Summary ⋯⋯ 32

Chapter 2 Failure Mechanism of Complex Software Systems ⋯⋯ 33
  2.1 Complexity of Software Failures ⋯⋯ 34
  2.2 Related Research on Fault Propagation ⋯⋯ 35
    2.2.1 Concept of Fault Propagation ⋯⋯ 35
    2.2.2 Architecture-Based Fault Propagation Model ⋯⋯ 36
    2.2.3 Type-Based Fault Propagation Model ⋯⋯ 38
    2.2.4 Architecture Reliability Prediction Considering Fault Propagation ⋯ 41
    2.2.5 Fault Localization Based on Fault Propagation ⋯⋯ 42
  2.3 Research on Architecture-Based Fault Propagation Model ⋯⋯ 43
    2.3.1 Cellular Automata and Fault Propagation ⋯⋯ 45
    2.3.2 Architecture-Based Fault Propagation Model ⋯⋯ 46
  2.4 Fault Propagation Model Introducing Related Faults ⋯⋯ 50
    2.4.1 Related Faults ⋯⋯ 50
    2.4.2 Considering the Failure Rate of Related Failures ⋯⋯ 51
    2.4.3 Fault Propagation Model Considering Related Faults ⋯⋯ 53
  2.5 Case Study ⋯⋯ 54
    2.5.1 Case Study of Architecture-Based Fault Propagation Model ⋯⋯ 55
    2.5.2 Case Study of a Fault Propagation Model Considering Related Faults ⋯⋯ 59
  2.6 Summary ⋯⋯ 63

Chapter 3 Reliability Model of Complex Software System ⋯⋯ 64
  3.1 Software Quality Model ⋯⋯ 64
    3.1.1 Concept of Software Quality Model ⋯⋯ 64
    3.1.2 Development of Software Quality Models ⋯⋯ 66
    3.1.3 Introduction to ISO / IEC 25010: 2010 Software Quality Model ⋯⋯ 70
  3.2 Quality of Complex Software Systems ⋯⋯ 78
    3.2.1 Quality Formation Process of Complex Software Systems ⋯⋯ 78
    3.2.2 Factors Affecting the Quality of Complex Software Systems ⋯⋯ 79
    3.2.3 New Quality Characteristics of Complex Software Systems ⋯⋯ 82
  3.3 Software Reliability Model ⋯⋯ 86
    3.3.1 Stochastic Differential Equation Model ⋯⋯ 86

      3.3.2 Discrete NHPP Modeling ⋯⋯⋯⋯⋯⋯⋯⋯⋯⋯⋯⋯ 88
      3.3.3 Quality-Oriented Software Management Analysis ⋯⋯⋯⋯⋯⋯ 92
      3.3.4 Reliability Analysis Model Considering Human Factors ⋯⋯⋯⋯ 96

Chapter 4 Reliability Evaluation of Complex Software Based on Architecture ⋯⋯⋯⋯⋯⋯⋯⋯⋯⋯⋯⋯⋯⋯⋯⋯⋯⋯⋯⋯ 101

  4.1 Architecture-Based Reliability Assessment ⋯⋯⋯⋯⋯⋯⋯⋯⋯⋯ 101
      4.1.1 Evaluation Process ⋯⋯⋯⋯⋯⋯⋯⋯⋯⋯⋯⋯⋯⋯⋯⋯⋯ 101
      4.1.2 Methods for Architecture-Based Evaluation ⋯⋯⋯⋯⋯⋯⋯⋯ 103
      4.1.3 Problems of Complex Software Systems ⋯⋯⋯⋯⋯⋯⋯⋯⋯ 105
  4.2 Description of Software Architecture ⋯⋯⋯⋯⋯⋯⋯⋯⋯⋯⋯⋯⋯ 106
      4.2.1 Software Architecture ⋯⋯⋯⋯⋯⋯⋯⋯⋯⋯⋯⋯⋯⋯⋯ 106
      4.2.2 Introduction to Markov Chain ⋯⋯⋯⋯⋯⋯⋯⋯⋯⋯⋯⋯ 108
      4.2.3 Absorbing Discrete Time Markov Chains ⋯⋯⋯⋯⋯⋯⋯⋯ 109
  4.3 Description of Fault Propagation in Complex Software Systems ⋯⋯⋯⋯ 111
      4.3.1 Basic Concepts of Fault Propagation ⋯⋯⋯⋯⋯⋯⋯⋯⋯⋯ 111
      4.3.2 Basic Definition of Fault Propagation Model ⋯⋯⋯⋯⋯⋯⋯ 113
      4.3.3 Fault Propagation Between Two Signals ⋯⋯⋯⋯⋯⋯⋯⋯⋯ 114
  4.4 System Reliability Evaluation Model Based on Fault Propagation ⋯⋯⋯ 115
      4.4.1 Input and Output Status Matrix of Component ⋯⋯⋯⋯⋯⋯⋯ 116
      4.4.2 Intensity Matrix of Fault diffusion ⋯⋯⋯⋯⋯⋯⋯⋯⋯⋯⋯ 118
      4.4.3 Evaluation Method of System Reliability Based on Fault Propagation ⋯⋯⋯⋯⋯⋯⋯⋯⋯⋯⋯⋯⋯⋯⋯⋯⋯⋯⋯ 122
  4.5 Case Study ⋯⋯⋯⋯⋯⋯⋯⋯⋯⋯⋯⋯⋯⋯⋯⋯⋯⋯⋯⋯⋯ 125
      4.5.1 Introduction of the Sample Case ⋯⋯⋯⋯⋯⋯⋯⋯⋯⋯⋯ 125
      4.5.2 Exponential Distribution Model Based on Failure Data ⋯⋯⋯⋯ 126
      4.5.3 Cheung Model ⋯⋯⋯⋯⋯⋯⋯⋯⋯⋯⋯⋯⋯⋯⋯⋯⋯⋯ 128
      4.5.4 System Reliability Evaluation Model Based on Fault Propagation ⋯⋯⋯⋯⋯⋯⋯⋯⋯⋯⋯⋯⋯⋯⋯⋯⋯⋯⋯⋯⋯ 129
      4.5.5 Comparison Using Simulation Experiments ⋯⋯⋯⋯⋯⋯⋯⋯ 131
  4.6 Summary ⋯⋯⋯⋯⋯⋯⋯⋯⋯⋯⋯⋯⋯⋯⋯⋯⋯⋯⋯⋯⋯⋯ 132

Chapter 5 Data-Based Complex Software Reliability Evaluation ⋯⋯⋯⋯ 133

  5.1 Framework of Data-based Evaluation Model ⋯⋯⋯⋯⋯⋯⋯⋯⋯⋯ 135
  5.2 Software Metrics Affecting Reliability Evaluation ⋯⋯⋯⋯⋯⋯⋯⋯⋯ 138
      5.2.1 Establishing Software Metric ⋯⋯⋯⋯⋯⋯⋯⋯⋯⋯⋯⋯⋯ 139

	5.2.2	Code Metrics and Related Tools	141
	5.2.3	Software Process Measurement	144
	5.2.4	A method for Analyzing Process Metrics: GQM	147
5.3	Data-Based Evaluation Algorithm: Data Training and Verification		151
	5.3.1	Metric Data Aggregation	151
	5.3.2	Standardization of Metric Data	157
	5.3.3	Data Dimension Reduction Method	160
	5.3.4	Several Data Fitting Algorithms	166
5.4	Case Study		173
	5.4.1	Data Collection	173
	5.4.2	Aggregation of Software Code Metrics Data	178
	5.4.3	Data Preprocessing	180
	5.4.4	Comparison of Data Training Methods	182
	5.4.5	Case Study Results	190
5.5	Summary		191

Chapter 6 Model-Based Testing Technology 192

6.1	Model-Based Testing		193
	6.1.1	MDA and MBT	193
	6.1.2	MBT Framework	199
6.2	Modeling Language and Test Model		200
	6.2.1	Modeling Language	200
	6.2.2	Test Model	208
	6.2.3	Case Study of Modelling	213
6.3	Model Check Techniques		215
	6.3.1	Overview of Model Check	215
	6.3.2	Building a System Model	216
	6.3.3	Properties	217
	6.3.4	Model Check Algorithm and Implementation	219
	6.3.5	Model Check Tools	221
6.4	Coverage Criteria		223
	6.4.1	Coverage Criteria of Model-Based Test	223
	6.4.2	Evaluating Coverage Criteria	224
6.5	Model-Based Test Case Generation		225
	6.5.1	Model-Based Logic Test Case Generation Method	226

  6.5.2 Executable Analysis Methods for Test Cases ……………… 227
  6.5.3 Model-Based Test Data Generation Method ……………… 228
  6.5.4 Model-Based Test Case Generation Algorithm ……………… 230
  6.5.5 Algorithm Optimization Methods ……………… 232
 6.6 Case Study ……………… 233
  6.6.1 Model Check of Garage Door Control System ……………… 233
  6.6.2 Model-Based Launch Platform Control Software Testing ………… 242
 6.7 Summary ……………… 252

Chapter 7 Active Defense Technology of Software Fault Based on Human Error Mechanism ……………… 253

 7.1 Significance of Active Defense Against Software Failures …………… 253
  7.1.1 The Need for Active Defense Against Software Failures ………… 253
  7.1.2 Human Nature of Software and Software Failure ……………… 253
 7.2 Progress and Deficiency of Traditional Fault Prevention Research …… 254
  7.2.1 Collection of Fault Data ……………… 254
  7.2.2 Selection of Failure Samples ……………… 256
  7.2.3 Analysis of Root Causes ……………… 256
 7.3 Cognitive Theory Basis of Programming ……………… 257
  7.3.1 Related Concepts of Cognitive Science ……………… 257
  7.3.2 Characteristics of Cognitive Activities in Programming ………… 261
  7.3.3 Comprehensive Cognitive Model for Programming ……………… 262
 7.4 Theoretical Basis for Human Error in Software Failure ……………… 264
  7.4.1 Behavior Model of Failure Subject ……………… 264
  7.4.2 Dynamic Model of General Human Error ……………… 266
  7.4.3 Error Mode of General Human Factors ……………… 268
  7.4.4 Human Error Pattern Library for Software Failure ……………… 273
 7.5 Active Defense Method of Software Fault Based on Human Error Mechanism ……………… 277
  7.5.1 DPeHE Concept ……………… 277
  7.5.2 Metacognitive Framework ……………… 278
  7.5.3 DPeHE Process Model ……………… 279
  7.5.4 DPeHE Metacognitive Knowledge ……………… 280
  7.5.5 DPeHE Metacognitive Regulation ……………… 285
 7.6 Summary ……………… 290

Appendix ···· 292
    Appendix 1 Code Implementation for Software Reliability Evaluation
                     Algorithm Based on Fault Propagation ···· 292
    Appendix 2 Questionnaire for Software Quality Evaluation ···· 300
    Appendix 3 Scoring Table Software Quality Evaluation ···· 303
    Appendix 4 Correlation Analysis Results ···· 304
References ···· 309

第1章

复杂软件系统概述

从计算机软件程序诞生之日起(普遍认为是英国著名诗人拜伦的女儿 Ada Lovelace 设计的巴贝奇分析机上解伯努利方程的程序),软件从业者就始终在追求软件高可靠性的道路上与软件的复杂性做着艰苦的斗争。人脑是宇宙中最复杂的结构,而软件又是人脑最复杂的产物之一,所以复杂性是软件与生俱来的特征之一,在软件的设计、开发及验证过程中,复杂性始终是需要控制的因素。在20世纪60年代的软件危机发生后,软件的复杂程度已经达到了人们无法控制的地步,软件工程由此应运而生。霍金曾说过,复杂性是21世纪的科学。在软件领域,随着网络技术和智能化技术的快速发展,软件复杂性呈现出前所未有的增长态势,复杂性已经从软件的固有属性发展成为一大类软件系统的定义性描述,衍生出复杂软件系统的概念。复杂软件系统的发展必将对未来产生深远的影响。软件工程等相关理论和技术,也需要相应的变革来适应复杂软件系统给我们带来的挑战。

1.1 认识软件的复杂性

软件的发展得益于计算机硬件的发展,硬件的计算速度越来越快,存储容量越来越大,给软件运行提供了良好的基础。反过来,软件的发展又使得软件产品正在逐渐替代硬件产品,同时伴随而来的是人们对软件可靠性以及安全性需求的不断提升。一方面,人们的生活越来越离不开软件;另一方面,人们对软件的要求越来越高。软件革命已经成为目前技术革命中不可分割的一部分。下面先从规模、行为和研制过程3个方面来认识目前软件的复杂性。

1.1.1 软件规模无限膨胀

由于网络技术和信息技术的快速发展,软件系统的复杂性首先表现为软件规模的无限膨胀。众所周知的互联网,其前身是1969年由美国国防部高级研究计划管理局建立的阿帕网(ARPANET)。当时的阿帕网只有4个节点(IMP)。这4个节点是加州大学洛杉矶分校(UCLA)、斯坦福研究所(SRI)、加州大学圣芭芭拉分校(UC Santa Barbara)和犹他大学(University of Utah)。它们都位于美国的中西部。1990年,阿帕网终于完成了它的使命。20年里,阿帕网从4台服务器发展到30万台,并孕育了包括电子邮件、Telnet、FTP、TCP/IP等众多网络技术。截至2014年,支持即时通信的分布式应用QQ已经实现了超过2亿个节点同时在线。而复杂性剧增带来的问题也不容忽视,英国政府目前表示,原计划耗资110亿英镑,旨在2020年完成家用和小型企业智能电表安装的项目,在经过重新修订和评估后,已经确定将推迟至2024年完成,且总成本将增加超过20亿英镑。

在装备方面,美军正在建设的"全球信息栅格"(global information grid, GIG)旨在通过网络和分布计算软件实现从传感器到射手、从总统府到散兵坑的"无缝信息链接",其规模将超过200万个节点。与此同时,美军正在筹划如何建设超过10亿行代码的装备软件系统。由此可见,装备软件规模随着时代的发展发生着巨大的变化(表1-1)。

表1-1 软件规模统计表

大致时间	软件名称	代码规模/行
20世纪90年代	天基红外系统(SBRIS)卫星软件	2.5万
2009年	波音787飞机航空电控系统	650万
2010年	通用公司的福特(GM Volt)汽车车载计算机软件	1000万
2015年	F-35机载软件	1200万
2020年	Linux内核代码	2700万

1.1.2 软件失效行为的复杂

复杂软件的行为呈现出诸多不确定性和涌现性,导致软件失效的概率增大,而失效造成的危害也越来越大,有时甚至是灾难性的。下面用3个案例来说明软件系统失效行为的复杂性以及失效后果的严重性。

1. F-35战机

英国《每日电讯报》2014年6月28日的文章披露,从美国购买,并由英国飞行员跨海飞回英国的F-35战机"遭遇故障"。总计10架战机都是如此。在面对采访时,英国空军指挥官柏特尔承认,F-35在回国后"遭遇了一系列麻烦",其中特别以软件方面为甚。软件方面的故障导致全部F-35丧失战斗力,暂时无法投入训练和备战任务。

英国原计划把F-35作为下一代空军主力战机和海军舰载机。花费如此大价钱买的飞机,怎么从美国飞回来一趟就出问题了?《每日电讯报》的文章引用英国空军内部人士的话称,"硬件方面有些小问题,但这些问题会很快修理完毕,软件上的故障则很麻烦。"如今的新式五代战斗机,空空导弹、发动机、气动外形等硬件固然重要,但和作战、指挥、通信相关的电子程序和软件同样占据了重要地位。现在的五代战斗机就如同一台计算机一样,仅有硬件是没用的。

据媒体报道,2009年坠海的日本F-35A战斗机还没找到,美国却给日本发来了警告:坠海的F-35A被疑遭到了黑客攻击。美国给出的调查结果是,因为飞行员缺氧导致昏迷,战机不受控制坠海。但舆论普遍认为,美国的F-35战机存在软件上的巨大缺陷,被黑客控制,极有可能是其坠海的真正原因之一。

2. F-22战机的故障

2007年2月,美军F-22战机从夏威夷飞往日本,软件设计时未考虑地理边界问题,途经日期变更线时,触发软件缺陷,飞机上的全球定位系统失误,计算机系统崩溃。飞行员无法确定战机的位置,只能返回夏威夷的希卡姆空军基地。洛克希德·马丁公司对软件进行了维护,48h后提供了新的软件版本。

3. 北京机场信息系统瘫痪

2007年10月10日13时28分,设在北京首都国际机场的中国民航信息网络股份有限公司离港系统突然发生故障,短短50min内,北京、广州、深圳、长沙的机场至少84个离港航班发生延误,受其影响的城市包括上海、长春、南京、南宁、温州、成都、郑州、太原、呼和浩特、重庆、兰州、香港、东京等。事后分析发现,该系统是由美国某家公司研发的,其软件缺陷引发有关信息系统安全方面的问题。

1.1.3 软件工程过程的复杂

复杂软件系统通常由相当数量的局部自治的软件系统相互耦合关联而成,具有"系统之系统"、"信息-物理"融合系统和"社会-技术"交融系统的特点,表现出成员异质、边界开放、行为涌现、持续演化等一系列新的性质。这些特征打破了传统的基于"还原论"思想的软件工程理论和技术的基本假设,使其难以适用于复杂软件系统的构建。从软件工程参与者的角度而言,复杂软件开发过程涉及大量不同目标的投资者,以及不同类型的开发者、维护者和使用者等大量利益相关者;从软件系统成分的角度而言,这一过程涉及高度异构的各类自治系统的持续集成。传统软件开发方法中所基于的"需求事先可以精确获取""开发过程可以严格可控""运行效果可以预期"等假设都不再成立,经典的"自顶向下分解、自下而上组装"的软件开发方法很难有效支撑这类复杂软件系统的构造。

另外,由于复杂软件系统规模巨大、内部结构复杂,复杂软件系统不可能一次性设计、开发和部署。在时间尺度上,其持续开发、部署、更新和调整的过程可能长达数年甚至数十年。普通大众仅仅是使用软件系统,就可以感受到软件的复杂程度在不断增长,对于从事与软件工程相关的技术人员来说,复杂程度的增长将带来更大的困难和挑战。

1.2 复杂软件系统的基本概念

软件复杂性的剧增引起了工业界和学术界的广泛关注与研究,在软件工程的诸多领域,都已经开展了相应的研究,给出了复杂软件系统的概念。

1.2.1 复杂软件系统的定义

复杂软件系统(complex software system)是指由大量局部自治软件系统持续集成、相互耦合关联而成的大型软件系统,此类软件系统与其所作用的社会系统和物理系统密切相关,系统要素之间的耦合交互关系动态变化且日趋复杂,整个系统的行为难以通过各自治软件系统特征的简单叠加予以刻画。复杂软件系统最大的特征之一就是表现出涌现性,即系统的行为不是各个组成部分信息的简单叠加,如典型的互联网软件系统、能源互联网软件系统、国家和全球金融信息系统以及装备领域的各类大型联合指控软件系统和复杂的航空电子综合集成系统等。

虽然软件自诞生之日起,人们就在讨论其复杂性,但是真正形成对复杂软件进行系统研究还是从将复杂系统理论引入到软件工程中开始的。复杂系统是指具有中等数目的、基于局部信息做出行动的智能性、自适应性主体的系统。复杂系统是相对自牛顿时代以来构成科学事业焦点的简单系统而言的,两者具有根本性的不同。简单系统组成部分间相互作用比较弱,因此可以用物理学中经典的还原论思想来简化描述其规律。而复杂系统是由一定数量的单元相互作用组成的系统,其活动呈现非线性,往往形成具备无数层级的复杂组织。复杂系统中的个体一般而言具有一定的智能性,如组织中的细胞、股市中的股民、城市交通系统中的司机,这些个体都可以根据自身所处的环境通过自己的规则进行智能的判断或决策。

依据复杂系统理论,复杂软件系统在形成机理方面有以下3个主要特征。

(1) 关联性。表明复杂软件系统形成的基础不是单个主体的特性,而是基于单个主体间的长程关联,关联往往会导致软件系统呈现出非线性和协同效应。

(2) 时间性。复杂软件系统通常会与外界物理时间发生关联,所以会涉及对连续时间变化过程的刻画,而计算机系统本身是离散系统,两者之间存在差异。另外,对时间变化过程的研究往往要考虑此刻的结果对下一刻系统输出结果的影响,即反馈。反馈分为正反馈和负反馈,负反馈会导致软件系统处于定点平衡态,而正反馈会导致软件系统处于不稳定状态。

(3) 使用性。因为复杂软件系统的各个组成部分是自治的个体,它们可能具有不同的使用剖面,即不同的使用者、不同的时间和空间,复杂的使用性会导致软件系统运行状态空间的剧增,造成不稳定性。

1.2.2 复杂软件系统的分类

根据软件构型的不同,通常将复杂软件系统分为集成型复杂软件(integrated complicated software)和分布型复杂软件(distributed complex software)两种。

集成型复杂软件在代码规模、模块数量、模块间交互复杂度等方面相比普通软件有了很大的提高,但是仍属于集成化单机软件,模块间通过方法调用、进程通信、机载光纤网络等进行通信,属于一个完整的整体。各软件模块高度复杂且独立,但仍是为了统一的任务和目标而协作。

典型的单机复杂软件如F-35战斗机采用的IMA架构的飞控软件,代码行数达到了惊人的500万行,波音777客机上采用的基于IMA架构的飞机信息管理系统(AIMS),其代码行数更是超过了1400万行。

分布型复杂软件与集成型复杂软件相比,具有空间或地理上的分布性,各软件系统执行各自独立的任务功能,自主、自愿地协作和竞争,通过网络技术互联互通,形成一个更大规模的复杂软件系统。这类系统最大的特点即交互的复杂性。而系统的故障也主要来自各个分系统之间的异常交互。

典型的分布型复杂网络如物联网系统和信息物理融合系统等。

1.2.3 复杂软件系统的特征

无论是集成型复杂软件还是分布型复杂软件,它们呈现出许多简单软件系统所不具备的新特征。

首先在规模方面,复杂软件系统在各个维度上均表现出了超大的规模,软件的代码行数巨大。另外,使用软件系统的人数众多,通常有数十人甚至数百人,有时是上万人同时使用该系统;最后是系统数据的访问量巨大,在使用人数众多的同时,还存在大量的数据交互。系统规模上的持续量变是导致复杂软件系统其他特征的基础原因。

在结构方面,复杂软件系统呈现出典型的"系统之系统"的特征,其中"结构可分解""成员异质性""网络化""去中心化"是4个突出的特点。

(1) 复杂软件系统是由各种系统组合而成,同时它的结构是可以进行分解的,而且也是可以进行描述的。一般来说,可以将复杂软件系统的子系统分为物理系统、软件系统和人类系统3类,每一类系统都可以对其进行建模。将每个子系统根据输入输出建立一个抽象的单系统模型,单系统模型的建模方法可能各不相同,如离散系统、连续系统和混合系统以及系统的非功能属性的建模等,在单系统模型基础上最终定义一个组合系统的抽象模型。在这个过程中,建模框架的顺序是先抽象再具体再到复杂系统,先单个系统再到系统组合,不断地给出抽象定义。

(2) 复杂软件系统的各个组成部分不仅结构存在差异,而且开发者和开发过程也不尽相同。各个局部自治系统可能是既有系统,有可能是新开发的系统。因此,这些自治系统的开发过程、体系结构、软硬件平台、管理策略等往往是异构的,所涉及的人和管理域不仅数量众多而且可能存在利益冲突。既有系统往往是由不同的团队开发,具有不同的进度、过程和目标,为不同的利益相关群体服务。即使是新开发的系统,也可能是按照不同的思路和方法设计的,在环境假设、数据一致性等方面也会存在差异。

(3) 系统结构的网络化程度剧增。绝大多数复杂软件系统建立在网络结构基础之上,互联互通性强,拓扑结构复杂。

(4) 复杂软件系统通常没有一个主控中心来控制系统中的所有部件,系统中的各个部件可能处于不同的空间维度和时间维度,也就是说,每个部件可能在不同地方被不同的使用者在不同的时间段以不同的方式进行操作,所以每个部件都拥有自己的数据控制、开发过程、使用过程以及演化过程。

在行为方面,复杂软件系统由于组件交联关系复杂导致行为涌现性。这是复杂软件系统产生涌现性的根本原因之一。首先组件之间的交联关系本身就是非常复杂的,如可以利用递归方式将复杂软件系统的结构形式化地描述为子系统(组件)之间的关联关系。然而,即使可以对组件关系进行描述,也不代表系统整体的行为就可以通过各个组件进行刻画,机械的"还原论"在此类系统中不再适用。而在系统层面上通过非线性作用涌现出来的行为,可能是有益的,也可能是有害的。

复杂软件系统行为的最大特征就是涌现性,这也是一个软件系统被称为复杂软件系统的根本所在,通常可以详细并且准确地描述复杂软件的结构,但是却不能根据这样的结构完全确定出软件的行为,这正是复杂软件系统给我们带来的最大挑战。另外,复杂软件需要自主适应物理环境的动态变化,具备自适应、重配置能力。

在构造过程方面,复杂软件系统也呈现出新的特征。复杂软件系统的形成通常有两种途径,一种是一次性构造,另一种是持续性构造。一次性构造是根据软件系统庞大且复杂的需求,按照软件工程原则,从设计到编码,再经过各种验证之后,提交使用,在使用过程中虽然也会有不同程度的需求变更以及软件系统的维护和升级,但是软件系统的构造过程主要是在使用过程之前完成的。这类复杂软件系统主要应用在包括航空航天、工业控制、现场指挥控制等领域。持续性构造则不同,它是由简单软件系统扩展而来,在软件交付使用之前的构造过程产生的是一个简单软件系统,但是在使用过程中软件不断扩大应用范围,不断扩充需求,于是软件通过增加组件、改善结构等手段不断维护和升级,使软件复杂程度不断上升,逐步形成了复杂软件系统。这类系统主要应用在通信系统、网络系统以及社会服务领域。另外,依据复杂系统观点,复杂软件系统还呈现出人机边界的模糊性,也称为"系统边界的腐蚀性"。在以往的软件系统中,人要么扮演开发者的角色,要么扮演使用者的角色。在软件系统开发过程中,不同阶段,需要不同的技术人员来完成相应的开发工作,人员的角色定位非常清晰;而当人作为使用者时,处于系统边界之外,并通过系统提供的人机交互界面进行软件操作。但在复杂软件系统中,人员的角色变得模糊,开发者很可能就是使用者,而使用者也会在软件系统的使用和演化过程中扮演开发者的角色;抑或人已经成为了系统的一个组成部分,人与软件之间的边界模糊了。所以,系统与使用者以及开发者之间的角色也变得模糊不清了。

最后,在软件演化方面,复杂软件系统呈现出新的特征。在其他领域,诸如自然界、经济领域或社会学领域中,复杂系统与复杂软件系统的形成过程略有不同,软件系统是完全的人工制造系统,它的产生就是为了满足特定人群的需求,它的形成是完全由设计开发人员从无到有逐步构建的,无论是一次性构造还是持续性构造均如此。另外,复杂软件系统具有持续演化的特性。复杂软件系统通常具有较长的软件生命周期,在这个过程中,软件的使用需求、软件的运行环境、软件的使用方式等会随着社会的发展、硬件设备的更替以及使用人员的变更等因素而发生变化,而且这种变化会长期存在,导致软件系统需要持续地进行演化。从另一个角度来看,由于组成部件的自治性,复杂软件系统自身也表现出一定的智能性,具有自我演化能力。

1.3 几类典型的复杂软件系统

本节介绍几个用来描述某类复杂软件系统的术语,这些术语被不同的研究者用来描述呈现出复杂特性的各类软件系统。

1.3.1 超大规模系统

超大规模系统(ultra-large-scale systems,ULS)一词主要应用于计算机科学、软件工程和系统工程领域,是指由大量硬件、软件源代码和众多用户以及大量数据组成的一类软件密集型系统。

该词最早出现在 2006 年由卡耐基·梅隆大学软件工程研究所的 Linda Northrop 团队完成的一份研究报告中。这份报告当时试图解决美国国防部提出的"考虑到目前软件工程存在的问题,应当如何构建未来可能具有数十亿行代码的软件系统"这一问题。该报告表明,当软件密集型系统达到空前的规模(规模主要由代码行数、使用者和利益相关者的数量,系统提供的功能数、存储的数据量、访问的数据量、操作的数据量以及精化改进的数据量、组件之间的连接和依赖关系数量以及硬件元素的数量决定),软件系统演化为超大规模软件系统后,传统的软件工程和管理方法就不再适用了。这份报告认为,上述问题已经不再是系统工程或系统之系统工程范畴的问题,而是属于社会技术系统工程问题。2013 年,Linda Northrop 团队组织编写了一份报告,讨论了 2006 年的研究结果与 2013 年的研究现状。报告认为,技术的快速发展和进步加剧了系统规模增长的步伐,并导致 ULS 大量存在于现实社会中,造成了社会结构和公共组织结构的巨大变化。由此可见,2006 年进行的研究可能还是太保守了,2013 年的现状说明未来还有更多需要研究的方面。

ULS 的特征可以概括如下:

(1) ULS 的过程分散性,即开发过程、演化过程和操作控制过程都是分散的。

(2) ULS 的需求多样性、矛盾性和不可知性。

(3) ULS 的持续演化性,系统在运行过程中会部署新功能并去除部分已有功能。

(4) ULS 的异构性和动态变化性,系统中包含异构的、不一致的以及动态变化的组件。

(5) ULS 的边界模糊性,系统与人的边界被模糊,人不再仅仅是系统的使用者,而是系统的重要组成部分,并且影响着整个系统的涌现行为。

(6) ULS 的失效常态性,失效已不是一种异常,而是一种常态化的事件,系统稳定和可靠不能依赖于对其他成员系统的严苛假设。

1.3.2 大规模复杂 IT 系统

大规模复杂 IT 系统(large-scale complex IT system,LSCITS)一词主要在英国学术界使用,含义与 ULS 基本相同。该词来源于英国的一个研究和研究生教育项目,这一项目聚焦如何开发出大规模 IT 系统问题。该项目由英国 EPSRC(工程和物理科学研究委员会)资助,在 2006—2013 年间共投入了超过 1000 万英镑。建立该项目的初衷来自 2004 年由英国皇家工程研究院和英国计算机协会共同完成的一份研究报告。这份报告调查了大量巨型软件项目的失效原因,并给出了若干建议来解决这些问题。LSCITS 项目的研究目标是:"改善复杂系统工程的技术方法并开发新的社会技术方法来帮助我们更好地理解组织、过程和系统之间的复杂交互关系"。

1.3.3 信息物理系统

信息物理系统(cyber-physical systems,CPS)是多维异构的计算单元和物理对象在网络环境中高度集成交互的新型智能复杂系统,具有实时、鲁棒、自治、高效和高性能等特点。以下是常见的几种对 CPS 的定义。

(1) CPS 是一系列计算进程和物理进程组件的紧密集成,通过计算核心来监控物理实体的运行,而物理实体又借助网络和计算组件实现对环境的感知和控制。

(2) CPS 是系统中各种计算元素和物理元素之间紧密结合并在动态不确定事件作用下相互协调的高可靠性系统。

(3) 从计算科学与信息存储处理的层面出发,通常认为 CPS 集成了计算、通信和存储能力,能实时、可靠、安全、稳定和高效地运行,是能监控物理世界中各实体的网络化计算机系统。

(4) 从嵌入式系统和设备开发的角度,"Cyber"是涉及物理过程与生物特性的计算、通信和控制技术的集成,CPS 的本质正是集成了可靠的计算、通信和控制能力的智能机器人系统。

(5) CPS 是在环境感知的基础上,深度融合计算、通信和控制能力的可控、可信、可扩展的网络化物理设备系统,通过计算进程和物理进程相互影响的反馈循环,实现深度融合和实时交互来增加或扩展新的功能,以安全、可靠、高效和实时的方式,检测或者控制物理实体。

安全、可靠是大型复杂系统的首要指标。在 CPS 环境下,信息与物理组件间的交互比原有网络通信结构更为便捷和频繁,因为网络呈现出"去中心化"的特征,所以网络中的用户,包括人和智能组件,也享有更多的平等和自由。在这样的环境下,如何保证用户的通信信息和隐私,并提高 CPS 相应组件的抗毁性和可靠性,以及如何实现在不确定复杂环境下对系统的时间不间断监控与管理,是极富挑战性的关键问题。

从保证系统安全性的角度,CPS 系统需要做到能够及时发现网络威胁,并预计攻击可能导致的结果,同时需要认识到 CPS 在安全性防护中和传统信息系统的不同之处,并考虑建立从预防、检测、防御性修复、系统复原和制止相似攻击等几个层面来抵制攻击的 CPS 安全机制。

另外,目前的研究表明,CPS 系统在预测阶段可以结合网络科学、社会科学和动力学等知识,如偏好分析、行为发现、渗流预测等技术实现对可能存在的威胁的感知,并及时发布预警。在可靠性的提高上,一方面可以通过增强系统的实时性来实现;另一方面也可以借助现有的一些网络抗毁与级联事故预防技术,研究预防突发异常事件,并能实现系统实时恢复的预警预报和修复技术。同时,也要保证系能量的恒久维持,比如通过各组件之间的协调和调度来实现生产系统的不断电或是研发使用寿命更长的新型储能设备等。

1.3.4 软件密集型系统

软件密集型系统(software intensive systems,SIS)这一概念早在20世纪60年代就被提出,SIS是这样的一类系统:其中的软件能够与其他软件、系统、设备、传感器和人进行交互,如汽车工业和航空应用的嵌入式系统、无线通信的专用系统等。在早期研究中,人们之所以将SIS区别出来作为单独一类系统进行研究,主要是因为SIS在其开发和使用过程中涉及了各类知识,包含领域知识、软件工程知识等,而且参与系统开发的人员具有各自不同的知识背景,这些不同造成了人员之间可能产生因为对某些知识认知上的差异而导致的知识鸿沟,很有可能会阻碍知识的共享和重用,给此类系统的开发造成巨大的影响。

随着SIS应用领域的不断扩展和应用数量的不断扩增,SIS呈现出一些新的特质,首先SIS所处的环境具有了更大的开放性以及更明显的不确定性;其次系统组件之间以及系统与环境之间交互的复杂性剧增;最后系统需求的不完整性以及需求的频繁变更也进一步加剧了系统的复杂性。2005年,TNO/IDATE的报告——"未来的软件密集型系统"中从另一个角度重新给出了较为清晰的SIS定义:"软件密集型系统是软件在系统功能、研制费用、研制风险及研制时间等方面占主导地位的系统"。可以看到,在此定义中特别强调了软件的作用,这也是通常将SIS归类到复杂软件系统行列的主要原因。

在SIS的发展过程中,复杂性的变化始终是该领域研究的一个重要推动力。SIS的复杂性剧增不断涌现出一些新的特性,而这些新的特性给系统的开发、验证与可靠性带来了前所未有的挑战。可以总结如下:

(1) 复杂软件密集型系统内部逻辑的复杂度有着前所未有的提升。

传统的软件规模较小,代码行数少,模块化不明显,各个软件部件之间的交互也较少,因而可以通过传统的过程模型等实现软件的开发、测试、集成等。

但是复杂软件的代码量大幅增加,模块化日益突出,模块数量和交互程度明显上升,各个软件部件具有越来越高的自治性,基于网络的复杂软件还会体现出在地理上的分布性趋势,如指挥控制系统,需要更加复杂的方式实现数据流和工作流的传递和各部件的协同。这使软件内部模块间交互的行为越来越难以控制和预测,复杂软件中更易出现错误,错误更加隐蔽,也更容易传播,因此更加难以诊断和定位。传统的可靠性分析、设计、评价方法很难应对这些新特性。

(2) 复杂软件密集型系统的外部环境复杂度急剧提升,使得其系统边界被腐蚀。

首先，复杂软件密集型系统运行所依赖的硬件与环境资源复杂度不断提高，软件与外界的交互越来越频繁，需要依赖传感器收集的外部环境因素实现实时的功能调整；硬件与环境不再是单纯的外部因素，而成为复杂软件系统中的有机组成部分。复杂软件与硬件或环境交互产生的异常逐渐成为复杂软件失效的重要原因。

另外，复杂软件密集型系统也会更多地与人产生互动，这些人不仅包括复杂软件的购买者、开发者，还包括复杂软件的用户。不同的利益相关者对于复杂软件的各种功能与非功能需求也有着不同的期望，这使得复杂软件的需求不确定甚至互相冲突。随着普适计算的兴起，可穿戴计算设备的初露锋芒，用户与复杂软件的结合程度日益紧密，复杂软件需要根据用户的需求进行动态的资源或功能调整，从而适应动态变化的用户需求。

而传统的软件工程将软件看作单独的产品，在研究软件时很少考虑外界的环境、人等因素，难以处理交互产生的失效问题。

（3）由于复杂软件密集型系统需要承担日益复杂的任务，也就意味着软件不会在短时间内"退役"，具有较长的生命周期。

在较长的生命周期中，复杂软件密集型系统需要不断忍受内部的错误、抵御外部的攻击，软件失效逐渐变得常态化，但是复杂软件需要有足够的能力保持在"似稳态"运行。"似稳态"意味着较好的容错性、弹性、面对攻击的优雅降级、较高的健康程度，而非传统意义上绝对的"可靠性"。

另外，长寿也意味着需求会不断增加和变化，使得复杂软件需要不断演化，从而移除错误、提高健壮性、满足新需求、适应新环境等。

各种现代飞机、舰艇、导弹、火炮、航天装备、指挥控制系统等武器系统和信息系统，特别是由计算机控制的飞控系统、火控系统、指控系统等都是典型的软件密集型系统。软件密集型装备的应用已经扩展到作战指挥、武器控制、军事训练、情报、通信、侦察、电子战和战略武器的研究、设计、试验与仿真以及保障等各军事系统，不仅成为现代国防科技军事系统和武器系统研制开发的重要技术基础和支柱，而且是现代战争、作战指挥、通信联络、后勤装备保障等诸多决定战争胜负关键因素的依靠和保障，软件密集型装备已经或正在对传统军事理论和军事观念产生着重大影响。

1.3.5 物联网系统

物联网的概念最初来源于美国麻省理工学院（MIT）在1999年建立的自动识别中心（auto-ID labs）提出的网络无线射频识别（RFID）系统，即把所有物品通过射频识别等信息传感设备与互联网连接起来，实现智能化识别和管理。之后，这个概念在各个应用领域得到了极大的推广，提出了物联网（internet of things，IoT）的概念,它是物理设备、车辆(也称为"连接设备"和"智能设备")、建筑物和其他物品的互联网络,嵌入了电子、软件、传感器、执行器和网络连接,使这些对象能够收集和交换数据。到了2013年,物联网全球标准计划(IoT-GSI)将物联网定义为"信息社会的基础设施"。物联网使物体能够通过现有的网络基础设施进行远程感测和/或为控制创造机会,将物理世界更直接地整合到基于计算机的系统中,从而提高效率、准确性和经济效益。当物联网增加了传感器和执行器时,该技术就成为了网络物理系统的一个实例,其中还可能包括智能电网、智能家居、智能交通和智能城市等技术。每个事物都可以通过其嵌入式计算系统进行唯一标识,能够在现有的互联网基础设施内进行互操作。根据报道,截至2021年,我国物联网连接物体数已达45.3亿个,到2025年将首破百亿大关。

从通信对象和过程来看,物联网的核心是物与物以及人与物之间的信息交互。物联网的基本特征可概括为全面感知、可靠传送和智能处理。

(1) 全面感知。利用射频识别、二维码、传感器等感知、捕获、测量技术随时随地对物体进行信息采集和获取。

(2) 可靠传送。通过将物体接入信息网络,依托各种通信网络,随时随地进行可靠的信息交互和共享。

(3) 智能处理。利用各种智能计算技术,对海量的感知数据和信息进行分析并处理,实现智能化的决策和控制。

为了更清晰地描述物联网的关键环节,按照信息科学的观点,围绕信息的流动过程,抽象出物联网的信息功能模型,如图1-1所示。

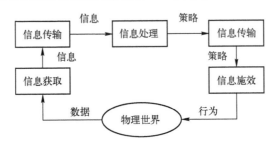

图1-1 物联网的信息功能模型

(1) 信息获取功能。它包括信息的感知和信息的识别。信息感知指对事物状态及其变化方式的敏感和知觉;信息识别指能把所感受到的事物运动状态及其变化方式表示出来。

(2) 信息传输功能。它包括信息发送、传输和接收等环节,最终完成把事物状态及其变化方式从空间(或时间)上的一点传送到另一点的任务,这就是一般意义上的通信过程。

（3）信息处理功能。它指对信息的加工过程，其目的是获取知识，实现对事物的认知以及利用已有的信息产生新的信息，即制定决策的过程。

（4）信息施效功能。它指信息最终发挥效用的过程，具有很多不同的表现形式，其中最重要的就是通过调节对象事物的状态及其变换方式，使对象处于预期的运动状态。

1.4 复杂软件系统的相关研究领域

随着软件复杂程度的剧增，软件科学的研究领域也在不断扩大，传统的软件工程技术开始吸收和接纳更多领域的研究成果与研究方法，软件工程学科开始与更多的学科产生交叉。本节介绍几种与复杂软件系统相关的研究领域。

1.4.1 系统工程

系统工程学是研究有关复杂信息反馈系统的动态趋势的学科。系统工程学以信息处理和计算机仿真技术等为基础，分析研究复杂系统随时间推移而产生的行为模式。系统工程学把系统的行为模式看成由系统内部的信息反馈机制决定的。通过建立系统工程学模型，可以研究系统的结构、功能和行为之间的动态关系，以便寻求较优的系统结构和功能。

系统工程学中解决复杂问题的技术与手段对于研究复杂软件系统具有积极的参考和借鉴价值。

复杂系统理论是系统科学中的前沿方向，它是复杂性科学的主要研究任务。复杂性科学被称为21世纪的科学，它的主要目的就是要揭示复杂系统的一些难以用现有科学方法解释的动力学行为。与传统的还原论方法不同，复杂系统理论强调用整体论和还原论相结合的方法去分析系统。目前，复杂系统理论还处于萌芽阶段，但它很有可能孕育着一场新的系统学乃至整个传统科学方法的革命。生命系统、社会系统都是复杂系统，复杂系统理论的应用在系统生物学的研究与生物系统计算机数学建模中具有重要的意义。复杂系统理论主要包括以下几个方面：

（1）模型。系统的模型通常用主体及其相互作用来描述，或者用演化的变结构描述。

（2）目标。以系统的整体行为，如涌现，作为主要研究目标和描述对象。

（3）规律。以探讨一般的演化动力学规律为目的，如幂律、遗传规则、自组织临界性(self-organized criticality)等。

复杂系统理论强调数学理论与计算机科学的结合，元胞自动机、人工生命、人工神经元网络、遗传算法等都可看作它的虚拟实验手段。

复杂系统研究中的模型技术以及对涌现性的认识与研究对于复杂软件系统来说意义重大。

1.4.2 人因工程

人因工程学是一门新兴的、正在迅速发展的交叉学科，涉及多种学科，如生理学、心理学、解剖学、管理学、工程学、系统科学、劳动科学、安全科学、环境科学等，应用领域十分广阔。因此，在人因工程学的形成和发展过程中，各学科、各领域、各国家的学者都从各自不同的角度给该学科下定义、定名称，反映了不同的研究重点和应用范围，至今仍未能给人因工程学下一个公认的定义。

整个人因工程的研究方法是以流行病学、生理学、心理学和生物心理学四者为基础背景，透过有系统地利用人类的能力、本能极限、行为和动机等相关信息来设计事物和流程以及所属的环境。人因工程学中，相关信息的收集通常需要通过不断的实验和统计分析才能得到。因此，在人因工程学中，需要相当程度的统计和实验设计能力。简单来说，人因工程就是探讨和应用人类行为、能力本能极限和其他特性等相关信息来设计器具、机器、设备、系统、任务、工作及其相关所属的周遭环境，以增加生产力、安全性、舒适感和效率，进而提升人类生活品质的一门学科。

复杂软件系统研究中有许多涉及人因的领域，如软件失效的人因机理、人机交互技术、需求的持续演化以及软件使用剖面的复杂性等。

1.4.3 社会-技术工程

社会-技术系统学派是在第二次世界大战后兴起的一个较新的管理学派，是在社会系统学派的基础上进一步发展而形成。社会技术系统学派的大部分著作都集中于研究科学技术对个人、对群体行为方式，以及对组织方式和管理方式等的影响，因此，特别注重于工业工程、人-机工程等方面问题的研究。社会技术系统学派认为，组织既是一个社会系统，又是一个技术系统，并且非常强调技术系统的重要性，认为技术系统是组织同环境进行联系的媒介。

社会技术系统学派主张，为了更好地提高生产效率与管理效果，企业需要对社会系统和技术系统进行有效的协调，当两者之间发生冲突时，通常应在技术系统中做出某些变革以适应社会系统。该学派的研究主要集中在工业生产如运输、产品装配和化学加工等技术系统与员工关系更为密切的工业工程学。

复杂软件系统的开发和构造过程属于典型的社会-技术工程研究范畴。

1.4.4 软件工程

软件工程是一门研究如何用工程化的方法构建和维护有效的、实用的和高质量软件的学科。它涉及程序设计语言、数据库、软件开发工具、系统平台、标准、设计模式等方面。

复杂软件系统归根结底还是软件工程领域的问题,所以针对复杂软件系统的各种新特征所进行的研究与传统的软件工程研究领域是相结合的,如表 1-2 所列。

表 1-2 复杂软件系统与软件工程领域的关系

研 究 领 域	设计与演化	编制与控制	监控与评价
人类交互	√	√	
计算涌现	√	√	
设计	√		
计算工程	√		
自适应系统架构		√	√
自适应的和可预测的系统质量	√	√	√
政策、采购与管理	√	√	

另外,在软件工程技术的发展过程中,也出现了与复杂软件系统研究相关的较新的方向,如高集成软件工程(high integrity software engineering)、可预测软件系统(predictable software system)、自适应软件系统(adaptable software system)、软件工程数学基础(mathematical foundations)等。

1.5 复杂软件系统的挑战

软件可靠性作为软件工程中一个重要的研究分支,同样遇到了来自复杂软件系统的挑战,无论是软件工程的基础还原论,还是复杂软件系统呈现出的诸多新特征,都将影响甚至扩展软件可靠性工程的研究。

1.5.1 传统还原论的局限

传统的软件工程理论与经典软件技术均基于"还原论"思想,其应对软件复杂性的基本思路是"分而治之",采用的是自顶向下、计划驱动的模式。在获得精确描述的用户需求之后,在设计阶段自顶向下分解,将软件需求分解简化为可管理和易开发的基本功能部件,然后再通过自底向上静态组装来获得目标软件,达到"整体等于部分之和"的效果。目前的软件工程技术对于构建单独的系统是相对充分的,对于大规模的复杂软件系统,尚缺少科学的理解和充分的技术手段,由于复杂软件系统规模巨大,目前最迫切的任务就是改变战略,而非改变战术。

近年来,软件工程领域已经开始逐渐认识到"还原论"的局限性,提出了一些新的软件开发思想和技术,如面向方面的程序设计技术、面向服务的体系结构及其软件技术、面向主体的软件工程、开源软件开发、可信软件工程等。尤其是近年来,如何支持大规模软件系统的有效开发、灵活部署和持续演化,成为软件工程领域关注的焦点,一些新的软件开发方法和技术逐渐成为研究热点,诸如自适应软件的构造方法、超大规模系统的软件工程、软件在线演化使能技术、面向复杂系统的"系统联盟"等。

1.5.2 系统的异构性

复杂软件系统中的组成部件通常分布于不同地点,由不同组织采用不同方法进行开发,甚至遵循不同的开发规范,这必然造成部件之间可靠性水平的差异。另外,业界普遍认为软件可靠性比硬件可靠性要低一个数量级,而人的可靠性更低,所以由硬件、软件和人共同构成的复杂软件系统,可靠性水平会参差不同,差异性极大。这就给可靠性的评估带来了极大的困难。因为可靠性评估需要建立模型,而对这些水平差异很大的异构组件建立可靠性模型是非常困难的。

1.5.3 构造性开发过程带来的影响

根据复杂软件系统的构造性原则——"复杂软件系统是在大量自治系统动态连接过程中构造而成的",传统软件工程的"还原论"方法已经很难适用于复杂软件系统开发,而成长性构造法则涉及以下两个方面的基本问题:

(1)软件模型问题。如何选择合适的模型来支持复杂软件系统的构造,进而支持其演化和成长,软件模型该如何体现复杂软件系统构造的生长与代谢特征。

(2)开发方法问题。复杂软件系统的构造采用什么样的过程模型,借鉴什么样的技术来支持系统的构造,这类系统的采办和管理应该采用什么样的方法,这些都属于开发方法问题的范畴。于是复杂软件系统的可靠性评价处于一个两难的境地:一方面,无法在软件需求阶段就明确软件系统的可靠性水平,甚至无法在需求阶段完全搞明白软件需求,所以也无法根据可靠性需求来制订完整和详细的软件可靠性设计与实施方案,因而也就无法在软件开发过程中通过有效的测试、评估、增长等手段保证软件系统具有"符合要求"的可靠性;另一方面,复杂软件系统又要求具有较高的可靠性,因为这类系统具有使用者多、使用情况复杂和服役时间长的特点,只有具备高的可靠度和低的失效率水平,才能保证系统的正常使用。再者,复杂软件系统一旦发生失效,影响往往是巨大的,因此必须要通过可靠性手段来尽量减少这些失效的发生。

1.5.4 持续演化性带来的影响

根据复杂软件的持续演化原则——"复杂软件系统是在不断适应环境和需求

的变化过程中持续演化的"。"适应性"演化,是因为复杂软件系统演化在适应性方面有其特殊性,具体表现为以下几点。

(1) 传统的软件演化发生在软件系统部署和交付之后的运行阶段,复杂软件系统的适应性演化通常与系统的构造交织在一起,覆盖了软件系统的全生命周期。

(2) 传统的软件演化大多采用集中的方式周期性或者阶段性地开展,而复杂软件系统的适应性演化是一个循序渐进、持续和长期的过程。

(3) 传统软件系统的演化主要是指软件系统在运行阶段适应需求或者因存在问题而实施的改进,而复杂软件系统的适应性演化是一个基于已有系统、应对各种变化的新陈代谢过程,它更加注重新旧共存、适应变化、持续成长。

(4) 传统软件系统的演化通常采用离线的方式;而复杂软件系统的演化需要采用在线的方式来进行,即在保持软件系统持续运行、常态服务的基础上来实现动态适应。

传统软件在设计和开发阶段已经完成了绝大多数的可靠性工作,所以常说可靠性是设计出来的,当软件系统交付给用户之后,用户体验到的就是开发者为其提供的软件可靠性水平;而复杂软件系统的演化是持续性的,在用户使用过程中,软件系统依然在变化中,它不会呈现出一个稳定的可靠性水平,也就是说软件系统的可靠性水平也是一个持续变化的过程。那么与可靠性相关的技术工作也就变成了常态化的过程,因此基于可靠性模型进行的可靠性预计、评估和验证等传统技术手段就难以实施了,因为很难对一个持续演化的系统建立相对固定的可靠性模型,或者说需要通过新的科学技术手段来建立这样的可靠性模型。

1.5.5 失效常态性带来的影响

软件可靠性是与软件系统的失效和故障相关的技术领域,如上文所述,复杂软件系统中的失效和故障已经变成了常态存在,这意味着软件可靠性技术可能面临两种不同方向的改变:要么今后不会再有可靠性技术;要么从根本原理上改变可靠性技术。

1.5.6 系统边界腐蚀性

复杂软件系统的边界模糊,使得人成为了系统的一部分。而传统软件可靠性工程中,人作为使用者是在系统之外的。在使用传统技术构建的软件使用模型和运行剖面中,是不包含对人的建模的。

1.6 典型的装备复杂软件系统

本节主要介绍在装备领域比较典型的一类复杂软件系统——综合航电系统。

在航空电子系统领域,随着系统向着数字化、模块化和综合化的方向发展,航空电子系统已经演变成模块级高度综合集成的系统。传统的独立电子装备已经不复存在,取而代之的是将传统的多个功能的独立电子装备作为一个整体进行统一设计,从而在性能、体积、重量、成本等方面具有传统方式不可比拟的优势。但随着系统规模的不断增大,系统的复杂性也急剧上升,模块级高度综合集成的航电系统已经成为了一个高度复杂的系统。

1.6.1 复杂航电体系结构——IMA 结构

本节从航电体系结构的发展历程着手,一方面从人们对航电系统的需求复杂化的角度分析联合式数字结构和 IMA(integrated modular avionics)(该结构在国内一般称为综合航电)结构的差异以及 IMA 结构产生的原因;另一方面,结合 IMA 结构的特点与复杂系统的对比,分析 IMA 结构的复杂性及其针对复杂性的解决办法。

1. 航电体系结构发展历程

20 世纪 40—60 年代前期,战机的航电设备都有专用的传感器、控制器、显示器和模拟计算机。设备之间交联较少,基本上各自独立,不存在中心控制计算机。这是第一代航电结构,称为分立式、离散式或模拟式结构(independent/analog avionics),代表机型有 F-4。其特点是专用性强、灵活性差、信息交换困难。

20 世纪 60 年代中期,数字计算机开始大量应用于机载导航和火控计算,形成控制中心,其他模拟计算子系统比如大气数据系统等通过 A/D、D/A 转换与之交互。由于具有中心控制计算机,所以这一时期的航电称为集中式体系结构,这类技术的代表机型有 F-111D 等。

20 世纪 70 年代,集中式结构里的模拟计算机逐渐被数字计算机所取代,形成了功能各自独立的子系统或航电设备,通过 1553B 多路数据总线交联并与中心计算机进行通信。这种集中分布式结构是航空电子数字信息化的结果,实现了信息链后端控制与显示部分的资源共享。而模块化软件设计技术的使用既减少了研制经费,缩短了研制周期,又增强了系统的可维护性和可扩展性。这类技术的代表机型有 F-15、F-16 等。

集中式和集中分布式体系结构都处于航电计算机由模拟式向数字式全面过渡的阶段,因而大多数研究者倾向于将二者划归到一起,统称为联合式,同属第二代航电体系结构。

20 世纪 80 年代,"宝石柱"计划刻画了一种新的综合航电结构,提出了模块化、开放式、高容错性和高灵活性等需求。它以 VLSI 技术、数字信号处理技术和图像处理技术为基础,通过对射频部件和天线口径的广泛共享,实现了航电各子系统

(如雷达、电子战等)的传感器信号和数据的高度综合处理。这类技术的代表机型是F-22。

自1990年以来,综合航空电子随着"宝石台"计划的开展得到进一步延伸。它采用开放式体系结构,充分应用商用货架(commercial off-the-shelf,COTS)产品实现软件和硬件功能单元,使用统一光纤网连接所有功能区,并推动雷达、电子战、CNI等射频部件的综合,整个系统的综合能力较"宝石柱"计划阶段大为增强,因此又称为先进综合航空电子,其代表机型是目前最为先进的F-35战机。

通常而言,综合式和先进综合式分别划归第三、四代航电体系结构。不过国外倾向于使用IMA来统一表达"宝石柱"和"宝石台"所定义的结构。

与上述划分角度不同,有研究者也试图从总线和单元模块发展的角度将航电结构发展划分为分布式模拟结构、分布式数字结构、联合式数字结构和IMA等4个阶段。总体来看,到目前为止,航电体系结构已经发展了3代(分立式、联合式和综合模块化)、5个阶段(离散式、集中式、集中分布式、综合式和先进综合式)。图1-2描述了航电体系结构的演化进程。

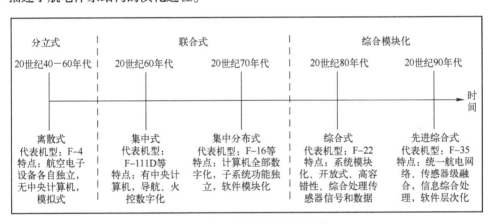

图1-2 航电体系结构演化进程

2. 联合式与IMA结构对比

联合式系统由航空电子单元组成,这些单元由不同的设备供应商供应,这些单元嵌入式系统中的软件通常只适用于该硬件。另外,单元之间的通信基本上是通过不同的数据总线,常见有2种或3种总线标准。图1-3描述了典型的联合式系统结构。

航空业界对于按照联合式结构开发飞机的效果,普遍存在一个共识,那就是频繁维修、分机的可利用率低、硬件和软件的重复利用率低以及需大量的备件存货。上述特点明显提高了航空电子系统前期生产和持续维修的成本。目前,使用者对于任务和操作的要求越来越复杂,因此航空电子系统也变得越来越庞大,但是市场

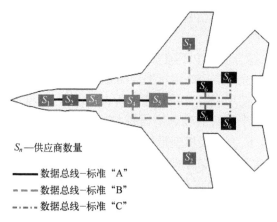

S_n—供应商数量
—— 数据总线-标准"A"
- - - 数据总线-标准"B"
-·-·- 数据总线-标准"C"

图 1-3　典型的联合式飞机系统

上可利用的组件却越来越少。

很显然,随着飞机技术的发展,联合式结构已经不能满足航电系统中对任务执行、操作效能以及生命周期成本(life cycle cost,LCC)的需求,势必会产生一种新型结构来满足这些需求,该结构的特点与需求对应关系如表 1-3 所列。

表 1-3　结构特点与需求对应关系

结 构 特 点	任务执行	操作效能	LCC
定义一种具有广泛应用性的模块集	—	√	√
把模块设计为可替换模块	—	√	√
最大化模块间的可替换性和可操作性	—	√	√
采用开放系统架构	—	—	√
最大化使用 COTS 技术	—	√	√
最大化软件和硬件的技术透明	—	—	√
最小化软件和硬件升级影响	—	—	√
最大化软件重用和移植	—	√	√
定义综合 BIT 和容错技术以便于推迟维修	√	√	√
为功能和物理上的高度综合提供支持	—	—	√
减少再认证以确保增长能力	√	—	√

一旦这 3 个层次的需求被转化为架构特点,一种新的航电系统架构——IMA架构便应运而生了。IMA 系统的结构如图 1-4 所示,IMA 核心系统是一个或者多个组合架构组成的结构,这些组合架构由标准化且种类有限的模块、与硬件无关的可重用的功能应用、操作系统和系统管理软件共同组成,这些模块使用统一的网络进行数据通信。IMA 可以看成一个独立的实体,包含很多的集成处理资源,可以用

来建立任何规格和复杂度的处理器平台,从而解决了与任务执行、操作效能与生命周期成本需求之间的矛盾。

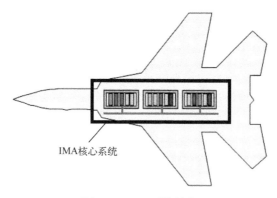

图 1-4　IMA 系统结构

3. IMA 结构特点

IMA 是目前航电结构发展的最高层次,旨在降低飞机 LCC、提高航电功能和性能以及解决软件升级、硬件老化等问题。与联合式航电中,各子系统软硬件专用、功能独立的理念不同,IMA 本质上是一个高度开放的分布式实时计算系统,可以支持不同关键级别的航电任务程序。其主要特性概括如下:

1) 系统综合化

IMA 最大限度地推进系统综合,形成硬件核心处理平台、射频传感器共享;高度融合各种传感器信息,处理结果可以为多个应用程序复用。

系统能够统一控制、调度和显示,并能辅助飞行员进行战术决策和系统管理。

2) 结构层次化

IMA 通过各类标准接口隔离应用程序与底层硬件实现,使得应用程序只与飞机功能有关而与硬件实现无关,系统无需变更硬件即可载入新的应用程序,增强了软件的可移植性。同时,更换硬件构件也不影响应用程序运行,有利于解决硬件老化问题。

3) 功能软件化

IMA 尽量使用软件取代硬件实现航电功能,可以减少配置子系统个数,减少飞机重量、空间和成本,提升资源利用率,并为后续扩展预留更多空间。

4) 网络统一化

IMA 统一了航电网络,改变了联合式结构中多种数据总线并存的格局,有利于降低成本、减轻系统重量、提高数据传送速度。

5) 产品商用化

IMA 结构中的软件和硬件尽可能采用 COTS 产品,推进产品的标准化、模块化,有利于产品移植和降低系统 LCC。

6) 调度灵活化

IMA 将应用程序进行细粒度划分,采用周期轮转和/或优先级抢占调度策略,确保每个应用程序或安全关键程序都能够在规定的限定周期内完成。

7) 认证累计化

IMA 强调可负担性,引入安全累计认证思想。当需要更换或新增某个硬件或软件构件时,只需对此构件进行安全认证即可,无需重新认证整个系统的安全性,有助于减少认证开销。

8) 维护中央化

IMA 引入航电中央维护思想,机上故障预测和健康监控系统与地面维护中心实时连接,形成中央维护系统。战机远离维修场站时,中央维护系统的机上部分能够动态重构航电,持续保持航电功能和性能。重要维护系统的机下部分则更便于视情况进行维护。

4. 从复杂系统角度分析 IMA 结构

系统是指既相互联系又相互作用的元素之间的有机结合,它包括实体、属性与活动 3 个要素。实体是组成系统的具体对象元素,属性是实体的状态、参数特征,活动是表示对象随时间推移而发生的状态变化。可以将系统分为简单系统、复杂系统和开放系统 3 种。

简单系统是指系统内功能实体之间的耦合程度不高的系统。复杂系统是指系统内功能实体之间的耦合程度比较高的系统。开放系统是指系统与外部环境之间不断进行物质、能量和信息的交换,这种交换使系统可从外界环境输入负熵,使系统的总熵减少,从而增加系统的有序性。

复杂系统的显著特点是开放性、复杂性,同时具有突现性、不稳定性、非线性、不确定性、不可预测性及病态结构等特征。

综合航电系统是一个高度复杂的开放式系统,具备复杂系统的所有特性。

1) 开放性

综合航电系统从研制到装备服役,全寿命周期超过 30 年,在这么长的时间内,外部环境不断发生变化,微电子技术遵循摩尔定律向前发展,每 18 个月性能提升 1 倍,应用系统技术指标不断提升,新应用系统不断加入,作战理念、作战模式不断发生变化。要使综合航电系统快速适应外部环境的变化就必须考虑开放性。

2) 复杂性

从纵向看,综合航电系统涉及的应用系统包括雷达、电子战、通信导航/识别、光电等多传感器功能综合集成,各应用系统相互关联,耦合性强;从横向看,综合模块化系统涉及系统智能控制管理、智能信息融合、应用软件、基础框架软件、网络管理软件、硬件平台、硬件模块等。目前,一个典型的综合航电系统包含 50 余种应用功能线程,定义了 150 余种系统类,全系统超过 40000 余个可重配置项,整个系统软件量大于 500 万行,设计开发队伍超过 300 人,在技术及管理等方面都异常复杂。

3) 其他特性

纵观航电体系结构的发展历程可以发现,在第三代联合式数字结构中,系统各功能设备独立存在,功能设备之间通过数据总线互连在一起。各功能独立设备内聚性高,相关部件被包装在一起,局部化程度达到最高,而系统各功能设备之间采用松耦合工作方式。设备之间耦合程度越小,系统的更改越容易被限制在各设备内部,不会影响其他设备。而第四代综合模块化结构正好与第三代系统结构相反,在物理层面各功能实体被高度综合集成在一起,功能实体之间高度耦合,内聚性最小,局部化程度最低,耦合程度最高,任何一个部件修改都可能影响到其他功能实体,导致系统可靠性、可扩展性不强,系统复杂性急剧增加。

5. 处理 IMA 的复杂性

从系统集成观点看,第三代联合式数字结构是更适合系统集成的结构,各功能设备物理上完全独立,设备内部高度内聚,设备之间松散耦合,任何设备的升级、扩展都局限在设备内部而不影响系统其他部分。因此,解决综合航电系统复杂性问题的根本出路在于如何将物理上高度耦合的系统划分为逻辑上松耦合系统,提高系统各实体的内聚性,降低各功能实体之间的耦合性。

采用分层结构模型是解决电子信息系统领域复杂性问题的有效方法。通过分层处理,复杂系统划分为若干层次,各层次由不同的功能构件构成,构件完成特定的行为功能并具备接口定义,构件之间通过规定的标准协议通信。经过复杂系统分层逻辑模型处理后,构件(实体)、构件的属性(属性)、构件之间的互连关系(活动)构成了系统的 3 个要素。

通过分层结构模型将物理上高度内聚的第四代综合模块化系统进行抽象分层处理,各层由完成特定功能的功能实体构成,功能实体内部高内聚,功能实体之间松耦合,使之具备第三代联合式航电系统所具有的综合集成系统结构特性。

虽然分层处理模型为复杂电子信息系统提供了较好的处理方法,但系统复杂性问题依然存在,只不过这种复杂性由原先系统内部各功能实体、各因素之间无序的错综复杂关系转变为对系统内各层次、各功能实体之间的有序关联问题而已。图 1-5 描述了将各功能线程进行高度综合集成后,整个系统各层(应用层、系统层、模块支持层、COTS 软件层、COTS 硬件层)之间更加复杂的关联关系。

通过合理的分层处理,将复杂的模块级高度综合集成航电系统按照构件、构件的属性、构件之间的互连关系进行设计,构件按照统一的对外接口标准设计,使得

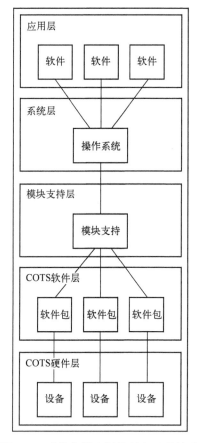

图1-5 系统各层之间的复杂互联关系

对系统的更新仅限制在与之关联的某构件内部,而不对其他构件产生影响是实现综合模块化系统适应外部环境变化,具备开放性的基础。而对构件、构件之间的互联关系进行维护及管理,允许方便地删除或插入新构件的"框架"技术则是实现综合航电系统可扩展性设计的基础。

综上所述,IMA结构的诞生一方面体现了综合航电系统的复杂性,另一方面采用分层结构来降低系统的复杂性,可以说IMA结构是复杂系统在航空电子领域的典型代表。

1.6.2 IMA软件体系结构

在航电体系结构的发展过程中,航电系统日益向综合化、模块化方向发展,航电软件在航空机载系统和设备中所占的比例逐步上升,并且成为实现飞机使命任务的关键之一。现代航电系统已由电子机械密集型向软件密集型过渡,航电软件规模越来越大,航电软件化的概念逐渐凸显。F-22 上由软件实现的航电功能高达80%,软件代码达到 170 万行;而在 F-35 中,这一数字刷新为 500 多万行。这表明,软件已经成为航电开发和实现现代化的重要手段。

相对于一般应用软件,航电软件具有以下特点:

(1) 绝大多数航电软件有实时性要求,需要能及时、正确地响应外部发生的随机事件。

(2) 航电是一个安全关键系统。航电软件的安全性、可靠性关系到整个飞机的安危。

(3) 航电软件是一个复杂的系统。电子战、CNI、光电等任务程序共享硬件资源和信息,难以分割其间相互影响。

理想的 IMA 软件体系结构应既能贯彻 IMA 的理念,又能体现航电软件的特点。在具体实现上,IMA 采用软件分层策略,层与层之间通过标准接口进行访问,旨在实现应用软件与硬件实现的相互隔离,有利于软件产品和硬件产品的升级换代。同时应用程序面向功能进行设计,支持分区策略。目前,航空航天领域产生了 4 种典型的 IMA 软件体系结构,分别是 ARINC 653、ASAAC、GOA 以及 F-22 通用综合处理机上的软件体系结构。在这 4 种结构中,最具有代表性的分别是 ARINC 653 和 ASAAC。下面分别详述这两种结构。

1. ARINC 653 软件体系结构

严格来说,ARINC 653 规范只是制定了操作系统层和应用软件层之间的标准接口(APEX),离体系结构的层面相去甚远。但它引入了程序分区的思想,通过将应用程序分为若干个区,每个分区分配指定的内存空间和 CPU 时间槽,将失效约束在分区内部,实现分区的互不干扰,在一定程度上增强了系统的安全性和可预测性。在应用程序分区基础上,修订的 ARINC 653 规范还增加了系统分区,如图 1-6 中虚线部分所示,以应对可能出现的系统问题,如外部事件、系统故障等。

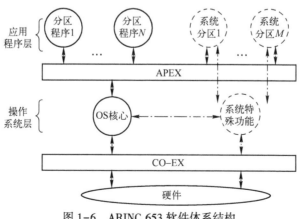

图 1-6 ARINC 653 软件体系结构

目前,基于 ARINC 653 软件体系结构实现的航电操作系统有 Integrity 2178B、Multicomputing OS、LynxOS 2178B、CsLEOS、VxWorks AE653 等,分别应用在 F-35、B767、C-130、S-92 等飞机上。这些应用案例表明,ARINC 653 不仅支持民用航电,也能用于军用航电,尤其是当 IMA 系统的开放性进一步提高时,COTS 产品在军用航电中的应用空间将会更广。

2. ASAAC 软件体系结构

相比 ARINC 653 软件体系结构而言,航电体系结构标准联合会(Allied Standards Avionics Architecture Council,ASAAC)提出的 IMA 软件体系结构更符合体系结构范畴,如图 1-7 所示。ASAAC 采用层次化结构,将软件系统划分为应用程序层、操作系统层和模块支持层,层与层之间采用 APOS、MOS 等标准接口,以隐藏具体实现。

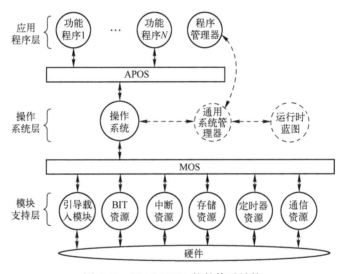

图 1-7 ASAAC IMA 软件体系结构

对比图 1-6 和图 1-7 可见,两种结构本质上趋于一致,在操作系统层都实现了一个实时操作系统和一个负责处理系统事务的系统管理器(system manager,SM)。两种结构的不同之处在于以下几点:

(1) ASAAC 结构中程序细分成进程而不是分区,采用基于优先级的抢占调度策略。

(2) ASAAC 调度控制、通信端口、配置管理以及健康管理都是由运行时蓝图而不是由 APEX API 进行控制的。

(3) ASAAC 将 ARINC 653 中的操作系统进一步细分成模块支持层(等效于 CO-EX)、通用系统管理器(用于健康监控)、运行时蓝图(管理预先定义的系统配置数据文件)和操作系统层(管理整个系统,负责响应应用程序的请求)。

2005 年,英国国防部将 ASAAC 软件体系结构采纳为暂行防务标准(DS 00274)。不过由于其技术较新、标准化程度较高、实现难度较大,目前还没有成功的工程化应用案例。

通过以上分析,在体系结构层次上,ASAAC 和 ARINC 653 并没有太多不同之处,均包含 IMA 软件分区分层的特点。但在软件测试中,往往更关注应用程序层软件(下文将应用程序层软件简称为应用程序)的特点,下面则针对 ASAAC 和 ARINC 653 这两种目前最为流行 IMA 结构进行应用程序的对比分析。

1.6.3 IMA 应用程序对比分析

表 1-4 所列为 ASAAC 和 ARINC 653 的软件体系结构特点。本节以 ASAAC 为主、ARINC 653 为辅,分别从通用模块、程序间通信方式以及程序模型 3 个方面来阐述这两种 IMA 软件结构中应用程序的异同。

表 1-4 ASAAC 和 ARINC 653 特点对比

IMA 软件体系结构	ASAAC	ARINC 653
使用领域	军用	民用为主,民军结合
体系结构标准化程度	高	低
使用普及度	没有工程化应用案例	普遍使用

1. 通用模块

IMA 核心系统由组合架组成,组合架又由标准化的种类有限的模块组成,这些模块同统一的网络进行数据通信。模块可以说是 IMA 结构的基本单元。

在 ASAAC 结构标准中,通用功能模块(common functional module,CFM)是一种可替换模块,负责给 IMA 核心系统提供计算能力、网络支持能力和能源转换能力。它在 IMA 核心系统中包含了以下 5 个模块:

① 信号处理模块(signal processing module,SPM)。
② 数据处理模块(data processing module,DPM)。
③ 大容量存储模块(mass memory module,MMM)。
④ 网络支持模块(network support module,NSM)。
⑤ 能源转换模块(power conversion module,PCM)。

CFM 标准定义了 CFM 的功能和接口标准以确保 CFM 之间的互操作性,并且在实施时提供相关设计指导。CFM 标准是透明的,它向多维市场开放,可以最大化地利用 COTS 技术。

在 CFM 中,还需要定义以下内容,以便 CFM 能够安装和部署。
① 一般 CFM 定义了可用于所有 CFM 基本功能的集合。
② 处理能力,它定义了每个 CFM 类型的独特功能。
③ 逻辑和物理接口,它定义了 CFM 的互操作性和互换性。

每一个 CFM 的内部架构是由一系列功能单元组成的,这些功能单元被应用于每个 CFM。如图 1-8 左侧所示的所有功能,除处理单元(processing uint,PU)以外的其他功能适用于每个 CFM 类型。另外,图 1-8 描述了 ASAAC 软件与 CFM 的关系,每一个 CFM 中都包含一个 ASAAC 软件结构。

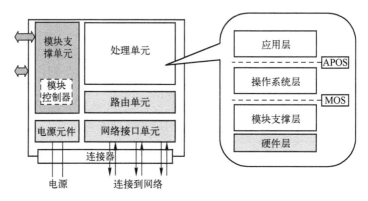

图 1-8　CFM 与 ASAAC 软件结构的关系

在 ARINC 653 标准 28 中,这种通用模块称为核心模块(core module),但是标准中并没有详细说明该模块的结构。此外,核心模块也不像 CFM 一样,针对不同的数据处理方式和用途拥有特殊的核心模块,但是,如图 1-9 所示,ARINC 653 核心模块提供程序分区的特点:分区是 IMA 系统中的一组功能相关的应用软件,这些软件在配置和执行时作为一个单一的软件来对待。分区基本上相当于通用 ASAAC 操作系统中的进程,包含自己的存储器、上下文以及配置属性等。用户可以通过配置文件配置空间和时间分区调度信息,然后通过编译配置文件进入 ARINC 653 操作系统,实现空间和时间分区调度的动态配置。ARINC 653 操作系统通过内存管理单元(MMU)保证空间分区的空间隔离,通过严格的时间周期轮转调度方法完成时间分区调度,在分区内可实现优先级调度或者轮转调度策略。这种程序分区的特点可以有效保证程序间故障的传递,即如果一个软件产生故障不会传递到其他软件中,从而提高软件的可靠性。

相同的是,无论是 CFM 还是核心模块,它们都是一种通用模块,可以运行通用的应用程序、可以相互替换、可以通过统一的网络进行通信。

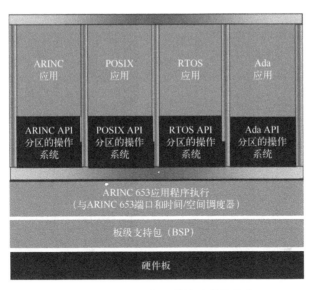

图 1-9　ARINC 653 核心模块及其软件分区

2. 程序间通信方式

ASAAC 程序间的通信是基于虚拟通道(virtual channel,VC)的,VC 具有以下属性:

① 无方向性。
② 消息导向性,也就是说,一条消息的定义是被指派到 VC 的。
③ 由操作系统层管理,包括创建、删除、路由。
④ 时间和资源的可预测性。

上述属性允许一个进程发送数据到一个或多个进程。对于发送进程来说,一个接收进程可以位于同一个处理单元、同一个通用功能模块甚至是不同的通用功能模块。发送进程不知道任何接收进程的信息,它仅仅发出特定的数据到达特定的 VC。同样地,一个接收进程也不知道任何发送进程的信息,它仅仅从特定的 VC 中接收特定的数据。

图 1-10 描述了不同通用功能模块间程序的通信。

在图 1-10 中,在发送端,VC 每下降一层就会添加一个通信帧头;在接收端,每上升一层就去除一个帧头,最终到达接收进程,具体的描述如图 1-11 所示。

由于 ARINC 653 独特的分区特点,其程序间的通信被表述为分区通信。它可以在同一个处理机模块上,也可以在不同的处理机模块上,分区间通信还可以是分区与设备之间的通信。通信双方不知道彼此的名字和物理位置,通过本地端口来发送/接收消息,消息的目的是端口而不是进程。所有的通信都是基于消息的,通过消息连接分区的基本机制是通道,通道定义了一个消息源与一个或多个目的之

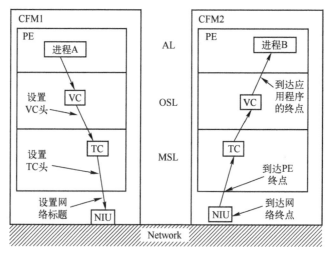

图 1-10 应用层的通信路由

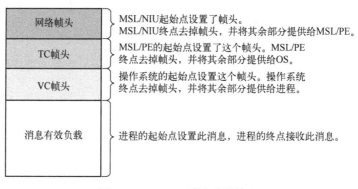

图 1-11 ASAAC 消息传输帧头

间的逻辑连接。应用程序通过端口来访问通道。

分区间通信是由操作系统来实现的。为了完成分区间通信,ARINC 653 为分区间通信规定了一种基于通道通信的信息交换和同步机制。该通信服务机制的通信协议栈结构如图 1-12 所示。源分区应用程序调用 ARINC 653 规定的 APEX 函数将数据发送到端口,端口按照端口通信协议组织数据并发送到通道,然后通过物理层接口发送到目标分区的物理接口,最后发送到目标分区的应用程序。通过分析可以看到,ASAAC 和 ARINC 653 的通信方式是十分相似的。

3. 应用程序层的程序模型

ASAAC 软件的模型是能够确保系统实时性的,但这并不意味着程序的设计方法会因此被限制;反之,任何合适的设计方式都能被应用在程序设计中,如数据流和面向对象的设计方法。

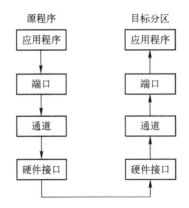

图 1-12 分区间通信协议栈结构

如图 1-13 所示，在 ASAAC 软件体系结构中，任何程序或者系统管理功能都被划分成进程。进程之间的相互作用则被映射成虚拟通道。

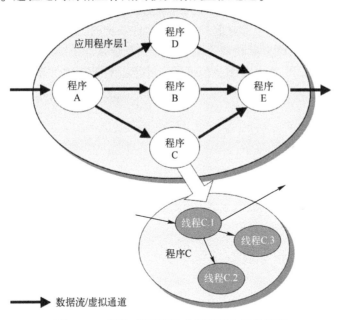

图 1-13 程序、线程以及虚拟通道之间的关系

在 ARINC 653 标准中，没有明确提出程序模型的概念，但说明了进程之间的通信是通过消息通道来完成的，以及用线程来调用服务的概念。如图 1-14 所示，在讲述空间分区的时候，也明确提出每个程序分区中应用程序是由进程组成。由此可见，ARINC 653 在程序模型方面也与 ASAAC 相差无几。

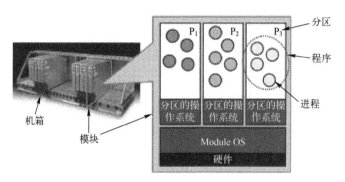

图 1-14 ARINC 653 空间分区

1.7 本章小结

复杂软件系统是未来软件发展的必然趋势,但是与之相应的理论基础和技术尚不成熟,业界还没有完全建立起构建复杂软件系统的工程学方法,而软件可靠性领域的研究者也才刚刚开始将研究重点转移到复杂软件系统的相关问题上来。在这样的背景和前提下,本书试图从梳理国内外学者对复杂软件系统的研究出发,结合作者多年来的工程实践与思考,对复杂软件系统的可靠性技术进行归纳、总结以及大胆的展望。

第 2 章

复杂软件系统的故障机理

  Ruth Wiener 于 1993 年在其著作《数字化之前:为什么我们不应该依赖软件》中写道:"即便是一个中等规模的软件也是人类制造的最复杂的制品之一,而软件开发过程也是我们最复杂的活动之一。无论我们投入了多少人力、财力和时间,结果往往是只能做到基本的可靠,即便是在最彻底和严格的测试之后,仍然会留有一些错误。我们永远无法用所有可能的输入去测试系统的所有可执行的路径。"这段话放在今天来看,依然是正确的。这 20 多年来,软件错误在不断地导致着生命的丧失、经济的损失以及任务的失败。20 世纪有著名的"阿丽亚娜"5 火箭、Therac-25 的杀人事件以及"爱国者"导弹系统宕机事件等,到了 21 世纪,2006 年美国国税局软件的故障最终导致 2 亿~3 亿美元的经济损耗,并且还花费了 2100 万美元来修复该错误。在安全关键领域,如第 1 章介绍的 IMA 系统,虽然带来了重量减轻、安装维护容易且成本降低的好处,但是复杂性却成倍增加,原先隔离于物理上不同的硬件联合体的功能被组合到单个硬件平台,一旦出现硬件故障,相关的多个功能都会失效,这种复杂性的增长使得安全和可靠分析更加困难。2008 年,澳航 A330-303 客机在上升至 37000 英尺(11277.6m)高空时,在短短 180s 内发生两次向下的急速"俯冲",导致客机上的 110 名旅客和超过一半的机组成员受伤。澳大利亚运输安全局提供的事故调查报告显示,该事故是因为 A330-303 客机上的一个大气数据惯性基准组件(ADIRU)在事故发生前突然失灵,向其他系统发送错误数据,而机上的主飞行控制计算机(FCPC)根据这些错误参数,对客机实施俯冲指示,从而导致了这次事故。

  复杂软件系统的规模庞大、结构复杂,不仅使得软件的开发过程变得复杂且很难得到保障,而且软件产品中各个组件之间的相互关系呈现出多样性和差异性,使得故障在异质成员之间传播时引起不同强度以及不同类型的故障,复杂软件系统内的故障行为因此就复杂且多样。同时,在复杂软件系统中,存在着非线性相互作用、自组织和整体行为涌现现象,使得软件的行为更加复杂和难以预测,复杂软件系统故障行为以及失效原因具有明显的不确定性。了解软件在异常情况下的特性至关重要,特别是了解故障如何在软件中传播并影响软件的执行。本章重点讨论可靠性领域所关注的"故障"及"失效"在复杂软件系统中的行为。

2.1 软件故障的复杂性

对复杂软件系统的故障特征以及机理进行研究是分析复杂软件系统不确定性及可靠性等的基本出发点。在简单软件系统(相对于复杂软件系统)中,一个缺陷一旦被激活,就会通过软件的运行过程将行为的缺失或失效暴露出来,有时也称其为"单点故障假设"。然而复杂软件系统是由大量局部自治软件系统集成而来,系统与系统、系统与人之间的耦合关系复杂且多变,很难通过简单叠加各个自治系统的特征来描述整个系统的行为,系统的故障也表现出复杂的特性。

复杂软件系统的故障通常发生在系统与系统的互联部分,这就导致一个系统的故障非常可能触发并引起与其交联的其他系统故障,尤其对于网络系统,如电网、互联网和交通网络等系统中,网络的阻塞和大规模的系统级失效都是这类级联故障(cascading failure)所引起的。目前人们对于这类故障通常有两个主要的关注点,一个是从故障影响的角度出发,探究一旦故障发生,它是如何从一个模块(或系统)到达另一个模块(系统)的,不同的软件体系结构对故障的传播(fault propagation)有什么样的影响,以及如何才能准确地描述这种传播的过程。另一个关注点是从应用的角度出发,对不同的故障类型(包括硬件故障、数据故障等)在不同类型的软件(包括嵌入式系统、分布式系统、操作系统等)中的传播规律,以及利用这些规律进行故障挖掘、故障检测与定位以及可靠性预测等方面内容进行研究。

软件结构的复杂性是导致软件故障复杂性的一个主要原因。在近几年逐渐形成的对故障机理的研究框架中,基础就是对复杂软件系统的结构进行深刻的认识,然后探寻软件结构特性与故障传播行为的内在联系,通过构建关键的量化指标或者度量方法,从机理上揭示复杂软件系统中故障传播的主要统计规律以及评估故障传播可能造成的危害。

例如,美国新泽西理工学院计算机科学系的重点研究工作就集中于描述软件体系结构的一些性质,然后使用误差传播概率、变更传播概率以及需求变更传播概率等概念对软件体系结构中各种类型的故障传播行为进行描述,其中,误差传播概率反映了软件在运行时存在于一个组件内的错误传播到体系结构的其他组件的概率。变更传播概率则体现了由于修正或完善维修操作对组件 A 进行了变更,为了保证系统整体的功能组件 B 也要随之变更。需求变更传播概率反映了对一个组件进行需求变更,传播到架构其他组件的可能性。再如,《Analysis of Error Propagation between Software Processes in Source Code》一书的作者 Sizarta Sarshar 关注了在代码层面的故障传播,在他的研究中,他创建了一种研究软件进程之间故障传播的方法,研究目的在于确定误差传播机制有哪些可以在程序源代码中鉴别出来的特征。在研究中他提出了一种使用失效模式及影响分析(FMEA)的方法,并应用于系统调用相关的共享内存。与分析软件系统功能的一般方法不同,它的目的是当程序与这些服务进行交互时,识别出失效模式,模式中包括传递参数和返回变量。这种分析技术可以识别许多潜在的失效,其中一些失效可能会影响其他进程,导致误差传播。

对传播过程进行深入研究,有助于理解软件故障的机理,认识内在规律。越来越多的研究者认识到,故障传播对复杂软件系统的各分支研究都有一定的影响。而故障以何种机理传播,研究者对此存在两种观点,一种观点认为,系统的体系结构决定了故障传播行为,即同样的故障在不同体系结构的软件系统中会演化为不同类型或不同严重级别的系统失效。这种观点将故障传播的研究建立在系统结构分析的基础上,因此这些学者将故障传播的研究重点集中于故障在体系结构内传播的规律上。另一种观点认为,不同类型的软件故障具有不同的特征,继而会演化为不同类型的系统失效,即不同的故障在同样的软件内其故障传播行为规律不同,故障类型决定了传播的行为,因此这些学者将故障传播重点集中在对故障特性的研究上。

2.2 故障传播的相关研究

一般来说,总是从两个维度来关注故障的传播机制,即软件演化维和软件运行维。软件系统在整个生命周期内逐步形成并进行修改,故障亦然。软件演化维描述在生命周期中,对软件故障的传播进行建模和分析,故障从某一阶段引入后,在以后的开发阶段中,如何进行生长和扩散传播,涉及软件的演化与进化论的相关理论。本书讨论复杂软件系统的可靠性技术,故而更加关注的是如何在软件运行维研究故障传播问题。

2.2.1 故障传播的概念

目前研究软件故障传播的文献中,涉及的有错误传播、缺陷传播、故障传播和失效传播等词语,在我们关注的传播问题中,可以认为这些词语的使用是一致的,不必加以区分。原因在于,从错误、缺陷、故障及失效的定义可以看到:①其定义的阶段是不同的,即时间维度上对应着不同的阶段;②由于其产生于不同的时间段,必然导致对应的软件阶段不同,因此软件实体(software entity)代表着软件不同的颗粒度(函数、组件、模块和进程等)。缺陷对应的软件实体颗粒度最小,失效对应的软件实体颗粒度最大。此外,在描述软件实体时还要求软件传播过程与软件实体描述的特点相对应。因此,在描述传播问题时,只要用词与软件开发阶段、软件实体的颗粒度以及传播特点相对应,就认为研究的内容本质上是相同的。考虑到传播是一个动态的过程,是在软件运行时的行为,因此本书使用软件故障传播一词。

故障传播描述了组件故障导致系统失效的过程,该过程描述:假如组件的一个内部活动的代码实现存在缺陷——内部错误,当这部分代码被执行后,错误就会导致组件的一个内部故障。该故障一旦到达组件的接口,就会导致组件的失效。而如果该故障被其他的内部活动指令所掩盖,就不会出现组件的失效。类似可得,基于组件系统内,一个组件故障,如果故障传播到系统的接口,则该组件故障会导致系统失效,而如果故障被其他组件的指令掩盖,则不会导致系统失效。

从系统科学的角度看,软件故障的传播是在系统实体间发生的一个复杂的传播过程,这些实体包括物理实体、运行于单个或多个CPU上的进程、数据库中的数据对象、程序内的函数或程序中的语句等。

在复杂软件系统中,由于内部或者外部原因,使得某个实体发生故障,由此可能引起其他实体发生故障的过程称为故障传播。利用某种形式对故障传播的刻画称为故障传播模型。

关于故障传播模型的研究内容大致可以分为图2-1所示的几个部分。

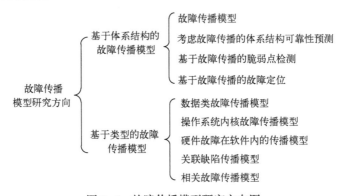

图2-1 故障传播模型研究方向图

2.2.2 基于体系结构的故障传播模型

基于体系结构的故障传播模型认为,故障传播行为由系统体系结构决定,即同样的故障在不同体系结构的软件系统中也会演化为不同类型或不同严重级别的系统失效。在体系结构模型的基础上,研究者通常会定义出一些故障传播的特征量来描述传播行为。下面介绍几种常见的与故障传播相关的概念。

1. 故障传播概率

故障传播概率是软件体系结构的属性之一,它反映了软件在运行时,存在于组件 A 内的错误传播到组件 B 的概率,即

$$\mathrm{EP}(A,B) = \mathrm{Prob}([B](x) \neq [B](x') \mid x \neq x') \tag{2-1}$$

故障传播概率描述了组件 A 以概率 1 调用组件 B 条件下错误传播的概率,为使模型更加接近实际使用时的情况,提出了无条件错误传播概率,表示为:$E(A,B) = \mathrm{EP}(A,B) \times T(A,B)$。它由错误传播概率 $\mathrm{EP}(A,B)$ 和概率转移矩阵 $T(A,B)$ 决定。概率转移矩阵的元素代表了连接件被激活的概率,即组件 A 调用组件 B 的概率。

2. 错误渗透率

输入信号中的一个错误渗透到输出信号中的概率,每一对输入输出信号都有一个错误渗透率,它是当输入存在错误时输出出现错误的条件概率,表达式为

$$0 \leq P_{i,k}^M = \Pr\{\text{err in } o/p_k \mid \text{err in } o/p_i\} \leq 1 \tag{2-2}$$

以错误渗透率的提出为基础,相继提出了相对渗透率以及无权重的相对渗透率。错误渗透率针对一对输入输出对,而相对渗透率则是针对一个模块错误由输入传播到输出的概率,即

$$0 \leq P^M = \left(\frac{1}{m} \cdot \frac{1}{n}\right) \sum_i \sum_k P_{i,k}^M \leq 1 \tag{2-3}$$

相对渗透率未必能够反映一个模块整体的错误渗透率,但可作为一个抽象的度量值来表征模块之间相对的错误渗透能力。因此,提出了无权重的相对渗透率,即

$$0 \leq P^M = \sum_i \sum_k P_{i,k}^M \leq m \cdot n \tag{2-4}$$

3. 错误传送概率和错误透明度

如果将软件的体系结构视为由错误控制模块(ECM)组成,那么错误传播过程可以分为 3 步:首先,存在于源 $\mathrm{ECM}(\mathrm{ECM_S})$ 的错误;然后,错误从 $\mathrm{ECM_S}$ 传播出去;最后,导致目标 $\mathrm{ECM}(\mathrm{ECM_T})$ 产生错误。借鉴错误渗透率的概念,提出了错误传送概率和错误透明度的概念。错误传送概率指在 $\mathrm{ECM_S}$ 的输入发生了一个瞬时错误,并通过 $\mathrm{ECM_S}$ 的输出 M_j 传播至 $\mathrm{ECM_T}$ 的输入集,定义式为

$$P_j^1 = (\Pr\{I\}/N) \cdot \sum_{k=1}^{N} \Pr\{M_j \mid I_k\} \tag{2-5}$$

式中:$\Pr\{M_j \mid I_k\}$ 为位于第 k 个输入 I_k 的错误通过 M_j 传播出去的概率;$\Pr\{I\}$ 为 ECM 输入集 I 发生错误的概率,在注入实验中,$\Pr\{I\} = 1$;N 代表模块 ECM 的输入个数。错误传送概率描述了错误传播的前两步,即 $\mathrm{ECM_S}$ 产生错误并传播出去;而

错误透明度描述了接受了错误输入 M_j 后,ECM_T 发生错误的概率,该参数描述了错误传播的最后一步,基于前两步的结果使 ECM_T 产生了错误。错误从 ECM_S 的输入传播至 ECM_T 的输出过程如图 2-2 所示。

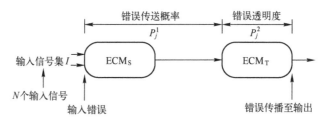

图 2-2 错误从 ECM_S 的输入传播至 ECM_T 的输出过程

4. 故障传播函数

应用统计的方法,将故障传播模型用 $y=f(X+Z)$ 来表示,f 代表系统函数或传播函数,X 是系统的输入向量,Z 是 X 向量的错误向量,y 是系统的输出。该方法使用数理统计的方法,将 $f(X)$ 用泰勒公式展开并推导计算或估计错误 Z 分散分布时 y 的均值和方差。另外,也有学者应用区间数学理论,提出基于区间运算分析的数据流模型,用于量化描述故障传播。

2.2.3 基于类型的故障传播模型

基于类型的故障传播模型认为,故障传播行为由故障的类型决定,即不同类型的故障即使在相同的软件体系结构中也会演化为不同类型或不同严重级别的系统失效。这类研究中,通常会按照引起故障的原因和故障发生的位置将故障进行分类,下面选取几类有代表性的故障进行传播模型的介绍。

1. 数据类故障传播模型

数据类故障主要依靠数据流进行传播,其中尤其以共享数据方式的传播最为复杂,会导致影响的范围很广。另外,由于计算机软件会对数据进行复杂的计算和处理,因此数据类故障会在传播过程中发生演化和变异,增加了复杂性。

在对数据类故障的传播规律研究中,通常会借助故障注入技术,在模块的输入信号注入故障,每一次只在一个输入信号注入一个故障,并记录该模块的输出,比较无故障的软件运行情况以及注入故障后的软件运行情况,追踪故障传播的路径,分析模块化软件中数据错误的传播,通常认为存在于原输入信号的错误可能会沿着不同的路径传播到系统输出,从而影响系统输出的结果,因此数据类故障的传播模型的根节点不局限于系统的输入,而一般是将分析中所有感兴趣的信号作为根节点。这样模型有利于寻找系统中最容易传播错误的脆弱点,通过脆弱性分析可以识别出哪些组件的可信性结构和设计机制是最有效的。

当然,按照类型进行故障传播的模型与基于体系结构的模型并不冲突,可以通过前面提到的错误渗透率(error permeability)这一概念,并提出一系列相关参数,然后分别在信号和模块级别上研究数据类错误在软件中的传播过程,描绘出错误传播树,寻找最容易传播错误的模块,通过分析与错误渗透率及有关的其他参数,描述如何选择合适的位置进行错误检测(EDM)和错误恢复(ERM)。

2. 操作系统内核故障传播模型

之所以将操作系统的故障作为单独一类故障,有 3 个主要原因:一是当代的操作系统本身就是一个复杂系统,如 Windows 操作系统的源代码数量就号称软件之最,所以操作系统的故障本身就体现了足够的复杂性;二是操作系统软件是绝大多数复杂大系统的基本组成部分,操作系统故障的影响和传播范围是最为广泛和深远的,也是最难捕捉和定位的;三是操作系统是链接应用软件与硬件的桥梁,它的安全性以及对时间因素和硬件错误的敏感性极高。

操作系统内故障的传播主要依靠程序组件之间的交互和调用,结合操作系统的基本体系结构,可以从操作系统内核与设备驱动之间以及内核与应用程序之间两个层次进行考虑。

(1)将设备驱动程序看作原子单元,这些原子单元只与操作系统内核进行交互,而不是彼此之间进行交互,并在定义参数时只考虑驱动程序与内核之间的交互。这样构建的传播模型主要用来表达与硬件相关的一些故障是如何传播到软件层面的,以及软件故障是如何影响硬件状态的。

(2)操作系统内核提供了应用程序可以调用的各种服务,内核中的故障主要通过调用关系进行传播,构建调用关系图是基本的思路。对于提供并发机制和支持分布式机制的复杂操作系统来说,往往还需要借助状态机或 Petri 网等描述能力更强的建模语言。

3. 硬件故障在软件内的传播模型

复杂软件系统的一个典型特点就是软件与硬件的关系比其他系统更为密切,软件与硬件的边界日趋模糊,而硬件故障也成为复杂软件系统中一类比较特殊的故障。在可靠性领域,软件的故障机理与硬件的故障机理是不同的,硬件故障机理以物理和化学因素为主(疲劳、老化、断裂、腐蚀等),而软件故障归根结底都是由人为的错误引起的,但是在复杂软件系统中,当硬件发生故障时由于软件与硬件之间存在的复杂交互关系,导致软件也会因此而受到影响,即硬件故障会很容易传播到软件中,而对这种硬件故障的防范对于软件设计者来说往往是非常困难的。

硬件故障按照与软件的"远近距离"不同,通常分为板上硬件故障和设备级硬件故障两大类,在有些复杂系统中还包括交联设备级的硬件故障,在此仅介绍板上硬件故障的一些相关研究。板上硬件故障通常是指软件运行过程直接依赖和操作的硬件设备,如存储器和寄存器等。按照故障的发生频率,可以将其分为瞬时故障(transient fault)和间歇性硬件故障(intermittent hardware fault)两种。

瞬时故障通常发生在缓冲存储器或者是在处理器寄存器中,由于缓存器的使用效率非常高,所以瞬时故障发生概率大。如果处理器进行读写操作都是通过缓存器进行的,那么系统的性能将会大幅提高。处理器的时钟频率越快,越能够减少循环时间,因此为了满足处理器缓存器的带宽需要,用于缓存器读写操作的时间就会越短。读写时间的减少使得瞬时故障发生的可能性大大增加。对于这类故障,有些操作系统虽然提供了相应的保护机制,如 MVS/SP 操作系统中高效的错误恢复功能,以及自动收集错误检测和错误修改、记录错误发生时机器的实时状态。然而通过操作系统对与硬件相关的软件错误的处理情况以及故障恢复效率的研究表明,操作系统几乎不能诊断出与硬件相关的软件错误。系统恢复机制在处理与硬件相关的软件错误时,也比处理单纯的软件故障效率要低。不过研究结果也表明,与硬件相关的软件故障具有特定的模式,对这些模式的研究可以为使用该类错误进行错误预测和恢复提供了可能。

间歇性硬件错误在硬件层面通常会采用故障避免技术通过减小过程变化、限制电压范围或者进行温度管理来实现减少间歇性故障,然而使用这些硬件方法并不能完全杜绝这类故障的发生,还是会有类似的故障发生并传播到软件,而且大多数间歇性硬件故障会导致系统崩溃。因此,需要在软件层面上缓解该类故障对检测、诊断和恢复的影响。

对间歇性硬件故障的研究通常会构建崩溃模型,模型中表示出哪一部分间歇性故障会导致程序崩溃,以及导致程序崩溃前故障是如何在软件中进行传播的,研究中会使用 DDG 动态依赖关系图,并在指令层面上对间歇性故障在程序中的传播进行建模。通过使用模拟器进行故障注入实验,研究者得到的结论是,间歇性故障对软件最主要的影响就是发生程序崩溃。在所有注入的故障中,62%~79%会导致程序崩溃,余下的 20%~34%是良性的,只有 4%会导致无记载数据损坏(silent data corruption)。使用 DDG 模型可以预测出故障注入实验发现的所有崩溃。漏报率大概在 0.06%,误判率为 20%。DDG 模型预测的故障导致的崩溃位置和传播,在 100 条指令内是精确的(93%),剩下的是由于程序不适合使用 DDG 模型。使用 DDG 模型进行分析,每个基准程序大概需要 4~89s,而使用模拟器则需要 6~70h。

4. 关联缺陷

事实上,上面介绍的各类故障在复杂软件系统中通常不是单独出现,而是呈现出一种复杂的相关关系,可以统称为关联缺陷。学者们将关联缺陷(defect correlation)视作软件中一种常见的现象,当软件中某些缺陷被激活后,该缺陷可能会导致其他缺陷的检测率发生改变,或者甚至影响该缺陷是否被激活。如果缺陷 Db 是否存在会影响 Da 的缺陷检测能力,则称缺陷 Da 和 Db 为关联缺陷。关联缺陷可分为两类,即正关联缺陷和负关联缺陷。从根本上说,软件关联缺陷是导致软件级联故障、关联失效的根本原因。

关联缺陷的出现对于软件可靠性研究产生了很大的影响。绝大多数的可靠性模型及可靠性增长模型都有类似的共识:不考虑缺陷的差异性,认为所有缺陷的严重程度相同,且认为缺陷被检测出的概率也相同,在剔除掉一个缺陷的同时,不会引进其他新的缺陷。关联缺陷的出现使得这样的假设变得不再合理。因此,在实际的软件测试过程中,很多研究者将软件的失效视为相关联的,而不是完全独立的,并基于该认识提出了许多新的软件可靠性模型。在这些模型中,缺陷并不是独立的,而是存在着各种关联关系,并且在缺陷排除的过程中可能会引入新的缺陷,导致缺陷数目的增加。马尔可夫随机过程和排队论是这种模型的主要建模基础。

另外,关联缺陷对软件测试技术也提出了新的要求。基于关联缺陷对静态测试方法进行优化,考虑关联缺陷的回测测试用例集的选择以及测试充分性的讨论都是这个领域的研究热点。

2.2.4　考虑故障传播的体系结构可靠性预测

前面曾经提到,复杂软件的故障受到体系结构的影响,传播的路径会不同,同时传播过程中对软件可靠性造成的影响也会不同,基于此种认识,就可以对软件的体系结构进行可靠性预测或评价。

通常情况下,在软件内部一个组件的故障导致系统失效的过程可以简单描述如下:假如组件的一个内部活动代码实现存在缺陷——内部错误。当这部分代码被执行后,错误就会导致组件的一个内部故障。该故障一旦到达组件的接口,就会导致组件的失效。而如果该故障被其他的内部活动指令所掩盖,就不会出现组件的失效。类似可得,基于组件系统内,一个组件故障,如果故障传播到系统的接口,则该组件故障会导致系统失效,而如果故障被其他组件的指令掩盖,则不会导致系统失效。在这一过程中,软件系统的可靠性有以下 3 个主要影响因素:

(1) 每个组件的内部失效概率。

(2) 每个组件的故障传播概率,组件将接收到的错误输入传播至其输出接口的概率。

(3) 故障传播路径概率,每一条可能的从组件到系统输出的故障传播路径的概率。

前两个因素是组件的固有属性,而第三个因素则依赖于系统的结构。这里假设内部失效概率与故障传播概率相互独立。故障路径传播概率在有些研究中会用故障传播概率来代替,无论哪一种,都是用来表征软件体系结构特征的定义量。因为在体系结构表达方面的手段颇多,如在面向对象方面利用 UML 用例图、序列图、状态图以及部署图等,所以与可靠性相关的定义量的计算需要结合某一具体的体系结构表达方式。

利用传播理论进行体系结构可靠性研究中,不同的假设会产生出不同的模型。例如,可以认为体系结构内组件内部的一个错误不仅会单独导致系统失效,影响系统的可靠性,而且该错误也会传播到其他组件,触发其他组件错误继而影响整个系统的可靠性。即组件内部的错误对系统的影响是双重的。

也有研究者认为,每个组件内部失效的概率以及错误传播的概率是彼此独立的。也就是说,当一个组件失效时,该组件常常将错误传输到下一个组件,而与该组件是否收到之前组件的错误输入无关。当然如果此处考虑容错机制的存在,则会更加复杂。一个组件的故障传播到另一个组件,同时由于错误的输出会被其他组件的指令重写(容错),因此组件仍然能够产生正确的输出,容错机制的存在会改变故障的传播路径,继而影响系统的可靠性。

2.2.5 基于故障传播的故障定位

通常,可靠性领域的故障定位研究大多是基于程序的依赖关系,一般将依赖关系分为两类,即控制依赖和数据依赖,在依赖关系的基础上通过计算可疑度进行故障定位,可疑度越高则故障在该基本块内的可能性越高。然而随着软件复杂程度的增加,故障在软件中会存在一个"较长时间"的传播过程,如果不考虑这个过程,那么即使在获得可疑度最高的模块后也并不能确定故障究竟是产生于该模块,还是该模块仅仅传播了产生于前驱模块的错误,同时故障的传播特性也会导致可疑度计算的不准确性。

在复杂软件系统中,可以通过分析故障的传播来修正可疑度的计算,继而实现准确的故障定位。简单来说,如果认为故障的传播是通过程序中存在的控制依赖关系进行的,那么传播可疑度的计算就可以建立在计算依赖对的可疑度 $\theta^{\Delta}(\varepsilon)$ 的基础上。依赖对的传播率计算方法为

$$W(b_j, b_k) = \frac{\theta^{\Delta}(b_j, b_k)}{\sum_{\forall (b_*, b_k)} \theta^{\Delta}(b_*, b_k)} \quad (2\text{-}6)$$

其中,分子部分代表依赖对 b_j 与 b_k 的可疑度,b_k 为 b_j 的后继块之一,程序的故障状态可能会通过依赖对 (b_j, b_k) 由 b_j 传播到 b_k。分母部分则代表所有以 b_k 为后继块的依赖度之和,二者的比值作为指标衡量 b_j 对 b_k 的传播率。

真实的复杂软件系统中故障的传播不仅通过程序中的控制依赖关系进行,也会通过数据依赖关系进行,所以更为合理的方式是通过构造程序依赖图实现两者的结合。程序依赖图是一个有向图,用节点来表示程序的状态,用边来表示控制依

赖和数据依赖。控制依赖边上有权值，这些权值可以代表分支条件的判断情况；数据依赖边上也有权值，这些权值代表沿着改变传递的变量，在程序依赖图的基础上可以通过转换得到联合依赖图，并在此基础上给出可疑度的修正计算方法，即

$$\text{final\_susp}(n_i) = \text{suspiciousness}(n_i) + \sum_{\forall \text{edg}(n_i, n_j) \in \text{edg}(n_i, *)} \left[k_{\text{edg}(n_1, n_j)} \cdot \text{suspiciousness}(n_j) \right]$$

(2-7)

由此可以看出，语句 n_i 的错误有两个来源：一个是其本身产生的；另一个是从前驱节点传播过来的。式(2-7)中括号部分表示了语句 n_i 来自父节点 n_j 的那部分错误。k 代表每条数据依赖边传播错误的概率。

通过可疑度的计算，首先可以找到可疑度最大的节点 $V_{\max}$，接着分析与其直接前驱节点是否存在故障传播趋势，如果存在故障传播趋势，则递归处理该前驱节点直至到达某个节点 V_0 不再存在这种传播趋势为止。然后以该节点为起点，以节点 $V_{\max}$ 为终点建立一条虚边来修正 V_0 的可疑度。由此，考虑故障传播因素的影响后，可以准确区分以下两种情况：①故障位置在 $V_{\max}$ 前驱节点中，只是经由边 $(V_0, V_{\max})$ 到 $V_{\max}$ 处；②故障位置就是在 $V_{\max}$ 处。

2.3 基于体系结构的故障传播模型研究

在 2.2.2 节中已经简单介绍过基于体系结构的故障传播研究中的几个基本概念，本节将结合体系结构的定义详细介绍一种故障传播模型。

软件体系结构是对软件系统在较高层次上的抽象，同时还包括创建体系结构的原则以及文档。软件体系结构一旦建立，应该能够依据该结构正确地推导出软件系统，一个软件体系结构应当包括软件元素、软件元素之间的关系以及软件元素和关系的有关性质。软件体系结构相当于建筑结构，至关重要。由于软件体系结构抽象层次较高，因此选择一种体系结构并实施后就不要更改，否则会造成巨大的成本浪费。

体系结构模式也是一种通用的且可重复使用的方法，能够解决在特定软件环境中重复出现的问题。类比建筑风格，软件体系结构也具有自己的风格，它从构建软件的组织结构的角度来审视软件系统，由一系列组件、连接器以及描述它们如何相互作用的限制来组成。Garlan-Shaw 模型：SA = {components, connectors, constrains} 就是典型的体系结构之一。研究者认为体系结构由三部分组成，其中包含组件、连接器以及一些必要的限制。组件可以小到一段代码，也可以大到一个系统或子系统。连接器表示组件之间的相互作用。一个软件体系结构还包括某些限制。

本书将软件体系结构模型定义为 SA = {components, signals}。

软件体系结构由一组元素构成,分别是组件和信号。组件是可以识别的输入、某一部分、一个集合或者子集合、一个系统或者子系统等。组件可以完成一个活动、一项任务或者一个工作,此外一个组件在系统中可以执行一个不同于其他组件的功能,且组件与组件相互连接可以实现一个更完整的功能或系统。组件通常是可以复用的。信号则代表组件输入和输出的信息,包括控制信号、调用信号、数据信号等。

定义 2-1 故障信号:当一个信号的取值在正常范围(需求规定)之外时称为故障信号;反之称为正常信号。

定义 2-2 信号 i 的相关组件:如果信号 i 可以影响组件的行为,或者影响组件产生的信号值,那么被信号 i 影响的组件称为信号 i 的关联组件。

定义 2-3 可达信号:在软件单次运行的过程中,如果信号 i 可以通过影响由 i 的关联组件产生的信号最终影响到信号 j,称信号 i 到信号 j 是可达的,信号 j 是信号 i 的可达信号。

定义 2-4 信号 i 与信号 j 之间的传播路径 r_{ij}:如果信号 i 到信号 j 是可达的,那么 r_{ij} 可以由一条定向路径 $P(C,S,E)$ 表示,其中 C 表示在信号 i 和信号 j 之间信号 i 的关联组件;S 表示组件之间传递的信号;E 是一组定向边的集合,表示组件间信号传递的方向。在复杂软件系统中,信号 i 与 j 之间可能不止一条路径,因此规定,相比于信号 i 与 j 之间的其他路径,如果某条传播路径 r_{ij} 中有一个不同于其他路径的信号或组件,则认为它是一条不同的路径。

定义 2-5 传播路径集 R_{ijn}:表示信号 i 和信号 j 之间不同传播路径的集合,其中 n 表示传播路径的个数。

根据上述定义,使用网络 $G(S,C,P)$ 来描述给定的软件系统,其中 S 表示网络中所有的信号,C 表示网络中所有的组件,P 表示软件中的传播路径。

对于体系结构定义,可以做图 2-3 所示的理解。

图 2-3 体系结构定义的理解

图中信号 i 到 j 是可达的,组件 A、B、C 是信号 i 的关联组件,信号 i 到 j 的传播路径为 $=P(C,S,E)$,其中 $C=\{组件A,组件B,组件C\}$,$S=\{信号a,信号b\}$。

基于体系结构的认识,可以将故障传播的过程描述为图 2-4 所示。假如组件的一个内部活动的代码实现存在缺陷——内部错误。当这部分代码被执行后,错误就会导致组件的一个内部故障。该故障一旦到达组件的接口,会导致组件的失效,并通过信号将故障传播出去。而如果该故障被其他的内部活动指令所掩盖,就不会出现组件的失效。类似可得：基于组件系统内，一个组件故障，如果故障传播到系统的接口，并且通过信号传播出去，则该组件故障会导致系统失效，而如果故障被其他组件的指令掩盖，则不会导致系统失效。

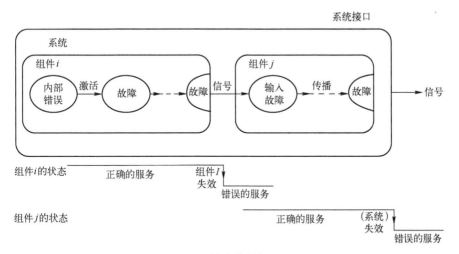

图 2-4　故障传播的过程

2.3.1　元胞自动机与故障传播

元胞自动机是一种离散模型，可用于计算理论、数学、物理、复杂科学、理论生物学和微观结构模型等描述中。元胞自动机由元胞规则网络组成，每个网格可能有有限个状态，而同一时间内，一个网格只能是其中的一种状态。网格可以是任何有限维度。与一个元胞相邻近的元胞集合称为该元胞的邻里，每个元胞都有自己的邻里。在 $t=0$ 的初始时刻，每个元胞都分配一个初始状态，时间 t 推进 1，就会根据一定的规则产生新一代元胞，这一规则根据本时刻的元胞及其邻里节点的状态来决定每个元胞的新状态。一般情况下，该规则是不随时间变化的，并且同时作用于所有网格，当然也有例外，如随机元胞自动机和异步元胞自动机。

元胞自动机的概念，最初在 20 世纪 40 年代由 Stanislaw Ulam 和 John von Neumann 提出，当时两人同在洛斯阿拉莫斯国家实验室工作。尽管其后也有人对元胞自动机进行了研究，但是直到 20 世纪 70 年代生命游戏——一个二维元胞自动机的提出（生命游戏是英国数学家约翰·何顿·康威在 1970 年发明的细胞自动机。它最初于 1970 年 10 月在《科学美国人》杂志中 Martin Gardner 的"数学游戏"专栏出现），元胞自动机的概念才广泛引起学者们的关注。在 20 世纪 80 年代，Stephen Wolfram 从事一维细胞自动机的研究，或可称为初等元胞自动机。而 Matthew Cook 的研究则表明，这些规则是图灵完备的。

元胞自动机是复杂系统建模的一种有效手段,并且在描述同步并行过程上尤为突出,此外元胞自动机也常常用于模拟非线性系统,在系统组件之间因耦合作用产生的动力学问题上也有相当强的解决能力,如传染病的传播、网络病毒的传播、交通堵塞的演化、电网级联故障、流言传播、森林火灾灾情传播等。由此可以看出,元胞自动机在交通、网络、社会学、生态学等多方面学科领域的传播问题研究上起到了重要作用。因此,使用元胞自动机来对软件故障传播的过程进行建模,可以有效模拟出根据局部故障信息传播导致整个系统所有组件状态变化的过程。此外,由于软件系统内的结构多种多样,可以根据系统结构的不同制定不同的故障传播规则,从而根据多种传播规则共同确定故障传播的路径。由此可以看出,元胞自动机在描述故障传播过程时具有很强的灵活性。

2.3.2 基于体系结构的故障传播模型

1. 两个信号间的故障传播

在上述定义的基础上,首先给出两个信号间故障传播的表示方法。由于信号的状态分为故障和正常两种,因此定义集合 $S_i = \{0,1\}$ 来表示信号 i 的状态,由式(2-8)定义:信号 i 有

$$S_i = \begin{cases} 0 & (信号\ i\ 是正常信号) \\ 1 & (信号\ i\ 是故障信号) \end{cases} \quad (2-8)$$

对于组件 A,如果信号 i 为 A 的输入信号,信号 j 为 A 的输出信号,那么对于组件的输入输出来讲将会出现以下 4 种情况。

① $S_i = 0, S_j = 0$,表示在组件 A 中没有故障发生,或者 A 内部的故障并没有影响到 A 的输出信号。

② $S_i = 0, S_j = 1$,表示信号 i 导致组件 A 中故障的发生,并且产生了故障输出信号 j。

③ $S_i = 1, S_j = 0$,表示组件 A 内部的容错机制将输入故障信号容掉,得到了正确的输出信号。

④ $S_i = 1, S_j = 1$,表示组件 A 并没能容掉输入故障信号,其输出的信号是故障信号。

模型假设信号的故障仅由组件的故障导致,为量化上述 4 种情况,提出组件的失效率和容错率的概念,定义如下。

定义 2-6 失效率 f:将组件 A 正常输入得到故障输出的概率作为组件 A 的失效率,组件 A 失效率的计算公式为

$$f_A = \frac{m}{n} \quad (2-9)$$

其中,向组件 A 输入 n 个正常信号,而组件 A 的输出有 m 个故障信号,若组件 A 是

硬件,那么 A 的失效率可由式(2-10)计算,其中 $R_A(t)$ 是硬件 A 的可靠性函数,即
$$f_A = 1 - R_A(t) \tag{2-10}$$

定义 2-7 容错率:将组件 A 故障输入得到正常输出的概率作为组件 A 的容错率,计算公式如式(2-11)所示,其中,向组件 A 输入 n 个故障信号,而组件 A 的输出有 m 个正常信号。

$$g_A = \frac{m}{n} \tag{2-11}$$

定义 2-8 组件状态转移矩阵 M_A:组件的状态转移矩阵用一个 2×2 的矩阵来表示,定义为

$$M_A = \begin{pmatrix} S_{00} & S_{01} \\ S_{10} & S_{11} \end{pmatrix} \tag{2-12}$$

组件 A 的输入信号为 i,输出信号为 j,那么 $S_{00} = \text{Prob}(S_j = 0 \mid S_i = 0)$;$S_{01} = \text{Prob}(S_j = 1 \mid S_i = 0)$;$S_{10} = \text{Prob}(S_j = 0 \mid S_i = 1)$;$S_{11} = \text{Prob}(S_j = 1 \mid S_i = 1)$。

由此可以得到状态转移矩阵计算公式为

$$M_A = \begin{pmatrix} S_{00} & S_{01} \\ S_{10} & S_{11} \end{pmatrix} = \begin{pmatrix} 1 - f_A & f_A \\ g_A & 1 - g_A \end{pmatrix} \tag{2-13}$$

定义 2-9 信号状态转移矩阵 M_{ij}:如果信号 i 与信号 j 是可达的,则信号状态转移矩阵的定义为

$$M_{ij} = \begin{pmatrix} \text{Prob}(S_j = 0 \mid S_i = 0) & \text{Prob}(S_j = 1 \mid S_i = 0) \\ \text{Prob}(S_j = 0 \mid S_i = 1) & \text{Prob}(S_j = 1 \mid S_i = 1) \end{pmatrix} \tag{2-14}$$

根据定义可知,故障传播路径 r_{ij} 是传播路径集的一个元素,假设在某一执行路径上存在 n 个组件$(1, 2, \cdots, n)$,不难获得信号 i 到信号 j 路径上的状态转移矩阵 $M_{R_{ij}}$ 为

$$M_{R_{ij}} = M_1 M_2 M_3 \cdots M_n \tag{2-15}$$

例如,当 $n = 2$ 时,有

$$M_{R_{ij}} = M_A \cdot M_B = \begin{pmatrix} S_{00} & S_{01} \\ S_{10} & S_{11} \end{pmatrix} \begin{pmatrix} S'_{00} & S'_{01} \\ S'_{10} & S'_{11} \end{pmatrix} = \begin{pmatrix} S_{00}S'_{00} + S_{01}S'_{10} & S_{00}S'_{01} + S_{01}S'_{11} \\ S_{10}S'_{00} + S_{11}S'_{10} & S_{10}S'_{01} + S_{11}S'_{11} \end{pmatrix}$$

$$\tag{2-16}$$

其中

$$S_{00}S'_{00} + S_{01}S'_{10} = \text{Prob}(S_j = 0 \mid S_i = 0)$$
$$S_{00}S'_{01} + S_{01}S'_{11} = \text{Prob}(S_j = 1 \mid S_i = 0)$$
$$S_{10}S'_{00} + S_{11}S'_{10} = \text{Prob}(S_j = 0 \mid S_i = 1)$$
$$S_{10}S'_{01} + S_{11}S'_{11} = \text{Prob}(S_j = 1 \mid S_i = 1)$$

由此可以得出每条传播路径的状态转移矩阵，则第 k 条路径的状态转移矩阵 $M_{R_{ijk}}$ 可表示为

$$M_{R_{ijk}} = \begin{pmatrix} 1-f_k & f_k \\ g_k & 1-g_k \end{pmatrix} \qquad (2-17)$$

那么由信号 i 到信号 j 的状态转移矩阵可由以下计算公式获得，即

$$M_{ij} = \begin{pmatrix} (1-f_1)(1-f_2)\cdots(1-f_n) & 1-(1-f_1)(1-f_2)\cdots(1-f_n) \\ g_1 g_2 \cdots g_n & 1-g_1 g_2 \cdots g_n \end{pmatrix} \qquad (2-18)$$

特别地，如果信号 i 与信号 j 是不可达的，则状态转移矩阵为

$$M_{ij} = \begin{pmatrix} 1 & 1 \\ 1 & 1 \end{pmatrix} \qquad (2-19)$$

通过上述一系列定义，建立了传播模型中需要的信号及失效率和容错率等相关概念，后面可以据此建立传播模型了。

2. 故障传播模型

假设复杂软件有 N 个信号，$M(t)$ 为 $N\times N$ 的矩阵，i 行 j 列的元素代表了 t 时刻从信号 i 到信号 j 的状态转移矩阵 M_{ij}。M_{ij}^{T} 软件在运行过程中是动态变化的，因此为获得系统运行一个周期后的信号状态，定义 $d_i(t)$ 为在时刻 t 信号 i 的状态矩阵，即

$$d_i(T) = \begin{pmatrix} \mathrm{Prob}(S_i = 0 \mid t=T) \\ \mathrm{Prob}(S_i = 1 \mid t=T) \end{pmatrix} \qquad (2-20)$$

定义矩阵 $D(t)$，矩阵的对角线元素即为每个信号的状态矩阵 $d_i(t)$，定义为

$$D(t) = \begin{pmatrix} d_1(t) & \cdots & 0 \\ \vdots & & \vdots \\ 0 & \cdots & d_n(t) \end{pmatrix} \qquad (2-21)$$

$t+1$ 时刻信号 i 的状态矩阵定义为

$$D(t+1) = M^{\mathrm{T}}(t) \cdot D(t) = \begin{pmatrix} m_{11}^{\mathrm{T}}(t)d_1(t) & \cdots & m_{n1}^{\mathrm{T}}(t)d_n(t) \\ \vdots & & \vdots \\ m_{1n}^{\mathrm{T}}(t)d_1(t) & \cdots & m_{nn}^{\mathrm{T}}(t)d_n(t) \end{pmatrix} \qquad (2-22)$$

在该矩阵中，第 i 行 j 列的元素代表了 $t+1$ 时刻信号 i 到信号 j 的状态转移矩阵。在此假设，如果在 t 时刻信号 i 可以影响信号 j 而且使得信号 j 在 $t+1$ 时刻产生故障，则信号 j 在时刻 $t+1$ 时的状态 $S_j(t+1) = 1$。

不妨设 $t+1$ 时刻，信号 j 的状态矩阵为

$$m_{ij}(t)d_i(t) = \begin{pmatrix} P_i \\ 1-P_i \end{pmatrix} \qquad (2-23)$$

式中：P_i 为信号 j 在信号 i 的影响下，状态为 0 的概率；$1-P_i$ 为状态为 1 的概率。那么假设其他信号对信号 j 的影响相互独立，则信号 j 在其他信号影响下，在 $t+1$ 时刻的状态矩阵为

$$d_j(t+1) = \begin{pmatrix} P_1 P_2 \cdots P_n \\ 1 - P_1 P_2 \cdots P_n \end{pmatrix} \quad (2\text{-}24)$$

3. 利用元胞自动机表示故障传播模型

复杂软件系统 $G(S,C,P)$ 具有 n 个信号，元胞自动机模型定义为 $CA = (C, Q, V, f)$。

元胞空间 C：n 维空间，每个元胞都是一个软件中的信号。

邻居 V：如信号 j 的邻居即为信号 j 的可达信号的集合。

有限状态集 Q：$S_i(t) = \{1, 0\}$ 来代表信号 i 在时刻 t 的状态，其中，1 代表故障信号，0 代表正常信号。

状态转换规则 f：状态转换规则是元胞自动机的核心，在元胞自动机传播模型中遵循的状态转换规则为

$$S_i(t+1) = f_i(P_1 P_2 \cdots P_n) \quad (2\text{-}25)$$

P_j 代表了信号 j 在信号 i 的影响下，状态为 0 的概率。令 $p = P_1 P_2 \cdots P_n$，状态转换规则表示为

$$f_i(p) = \begin{cases} 0 & (x \leq p) \\ 1 & (x > p) \end{cases} \quad (2\text{-}26)$$

式中：x 为介于 0~1 之间的随机数。

信号可以分为以下 3 类。

① 在每个软件运行周期内，仅由硬件产生的信号。

② 在下一个软件运行周期，作为输入的信号。

③ 在下一个软件运行周期，不会影响任一信号的信号。

不同信号类型，对应着不同的转换函数，因此，为了将不同的信号类型考虑在内，将状态转换规则进行改进，其中 $R_i(t)$ 是产生信号 i 的硬件的可靠性函数。

$$S_i(t+1) = \begin{cases} f_i(1 - R_i(t)) & (i \in \text{class } 1) \\ f_i(P_1 P_2 \cdots P_n) & (i \in \text{class } 2) \\ 0 & (i \in \text{class } 3) \end{cases} \quad (2\text{-}27)$$

定义 2-10 平均传播强度 E_n：在初始时间 t_0 到终止时间 t_n 之间平均的故障信号数量。E_n 的值越大，故障传播的影响范围越大。

2.4 引入相关故障的故障传播模型研究

2.4.1 相关故障

在前面的 2.2.3 节中已经简单介绍过相关故障的概念,本节将建立考虑相关故障的传播模型。

由于软件结构、数据流和控制流等因素的影响,故障之间并不是完全独立的,一个故障发生后可能引起另一个故障相继发生。

狭义的相关故障定义:在程序 Pr 中,给定两个已知故障 p 和 q,当且仅当假设故障 p 不发生总能得出故障 q 也不发生时,称 p 和 q 具有相关关系,p 和 q 是一对相关故障。

广义的相关故障定义:对于一段程序 Pr,含有 m 个组件,组件故障率用 f 表示,则有以下性质。

① f 代表组件故障率,$f_i(t) \in (0,1)$,其中 1 表示组件失效,0 表示组件正常。

② 如果存在两个组件,$(i,j) \in C$,使得 $f_i(t) \neq f_{ij}(t)$,即组件 i 故障与否受到组件 j 是否故障的影响,则称组件 i 与组件 j 的故障相关。

③ 若 $f_i(t) = 0$ 且 $f_{ij}(t) = 0$,或 $f_i(t) = 1$ 且 $f_{ij}(t) = 1$,则称为正相关。

④ 若 $f_i(t) = 0$ 且 $f_{ij}(t) = 1$,或 $f_i(t) = 1$ 且 $f_{ij}(t) = 0$,则称为负相关。

复杂软件系统内相互影响的组件,可以分为影响其他组件的组件,称为影响组件(influencing component)以及被其他组件影响的组件,称为被影响组件(influenced component)。根据包含影响组件和被影响组件个数以及两者之间影响形式的不同,可以将相关故障分为图 2-5 所示的 5 种类型。

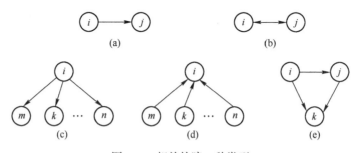

图 2-5 相关故障 5 种类型

图 2-5(a)是单向相关关系,是相关故障中的基础类型,组件 i 单向影响组件 j;图 2-5(b)是双向相关关系,组件 i 和组件 j 相互影响,该类型是双向相关故障的基础类型;图 2-5(c)是单个组件同时影响多个组件,即影响组件个数为 1,被影响组

件个数为 $p(p>1)$，记为 1-n 相关故障；图 2-5(d) 为多个组件影响同一组件，即影响组件个数为 $q(q>1)$，被影响组件个数为 1，记为 n-1 相关故障；图 2-5(e) 为复杂软件系统相关故障关系的一种。复杂软件系统组件之间的相关关系可以由以上 5 种类型组合得到。

2.4.2 考虑相关故障的故障率

根据故障相关的定义可知，存在故障相关组件的故障率应该包括组件独立时本身的故障率和组件受到其他部件的影响而增加的故障率。因此，被影响组件的故障率可以表示为自身故障率与其影响部件的故障率的函数。

假设，软件系统中组件 1 与组件 2 的故障率互相影响，即双向相关，如图 2-6 所示，那么这两个组件在故障相关下的故障率分别表示为

图 2-6 双向相关关系

$$f_1(t) = \varphi_1[f_{I_1}(t), f_2(t)_A, t], \quad f_2(t) = \varphi_2[f_{I_2}(t), f_1(t)_A, t] \quad (2-28)$$

式中：$f_1(t)$、$f_2(t)$ 分别为组件 1 和组件 2 在考虑相关故障影响时的故障率，即相关故障率；$f_2(t)_A$ 为组件 2 影响组件 1 产生的故障率；$f_1(t)_A$ 为组件 1 影响组件 2 产生的故障率；$f_{I_1}(t)$、$f_{I_2}(t)$ 分别为组件 1 和组件 2 在故障独立时的故障率。将该定义扩展到具有 N 个组件的复杂软件系统，则每个组件的相关故障率可以表示为

$$\begin{cases} f_1(t) = \varphi_1[f_{I_1}(t), \hat{f}_{j_1}(t)_A, t] \\ f_2(t) = \varphi_2[f_{I_2}(t), \hat{f}_{j_2}(t)_A, t] \\ \vdots \\ f_i(t) = \varphi_i[f_{I_i}(t), \hat{f}_{j_i}(t)_A, t] \\ \vdots \\ f_N(t) = \varphi_N[f_{I_N}(t), \hat{f}_{j_N}(t)_A, t] \end{cases} \quad (2-29)$$

式中：$f_i(t)$ 和 $f_{I_i}(t)$ 分别为组件 i 的相关故障率和独立故障率；$\hat{f}_{j_i}(t)$ 为所有对组件 i 有影响的组件产生的故障率；角标 j_i 表示组件 j 对组件 i 的影响，如果在一个系统中存在 6 个组件，组件 5 受到组件 2、组件 4 和组件 6 的影响，那么 $j_5 = 2, 4, 6$，可得

$$f_5(t) = \varphi[f_{I_5}(t), \hat{f}_{j_5}(t)_A, t] = \varphi[f_{I_5}(t), f_2(t)_A, f_4(t)_A, f_6(t)_A, t] \quad (2-30)$$

根据泰勒公式将式(2-29)中的相关故障率 $\lambda_i(t)$ 表示为

$$f_i(t) = \varphi_i[f_{I_i}(t), \hat{f}_{j_i}(t)_A, t]$$

$$= \varphi_i|_{f_{j_i}(t)_A = 0} + \sum_{j_i} \frac{\partial \varphi_i}{\partial f_{j_i}}\bigg|_{f_{j_i}(t)_A = 0} f_{j_i}(t)_A$$

$$+ \sum_{j_i,k_i} \frac{\partial^2 \varphi_i}{2\partial f_{j_i} f_{k_i}}\Big|_{f_{j_i(t)A}=0} f_{j_i}(t)_A f_{k_i}(t)_A$$

$$+ \sum_{j_i} \frac{\partial^2 \varphi_i}{4\partial f_{j_i}^2}\Big|_{f_{j_i(t)A}=0} f_{j_i}^2(t)_A + o(f_{j_i}^3(t)_A) \tag{2-31}$$

式中:$f_{j_i}(t)$、$f_{k_i}(t)$为组件j、k对组件i影响所产生的故障率。为强调组件互相影响所产生的故障率,将式(2-31)改写为

$$f_i(t) = \varphi_i\big|_{f_{j_i(t)A}=0} + \Bigg[\sum_{j_i} \frac{\partial \varphi_i}{\partial f_{j_i}}\Big|_{f_{j_i(t)A}=0} \sum_{j_i,k_i} \frac{\partial^2 \varphi_i}{2\partial f_{j_i} f_{k_i}}\Big|_{f_{j_i(t)A}=0} f_{k_i}(t)_A$$

$$+ \sum_{j_i} \frac{\partial^2 \varphi_i}{4\partial f_{j_i}^2}\Big|_{f_{j_i(t)A}=0} f_{j_i}(t)_A + \frac{o(f_{j_i}^3(t)_A)}{f_{j_i}(t)_A}\Bigg] \times f_{j_i}(t)_A \tag{2-32}$$

如果说组件i不受其他组件的影响,即$f_{j_i}(t)=0$,也就是说,组件i是故障独立的,此时组件i的故障率根据式(2-32)变为

$$f_i(t) = \varphi_i\big|_{f_{j_i(t)A}=0} = f_{I_i}(t) \tag{2-33}$$

令式中的

$$\theta_{ij} = \sum_{j_i} \frac{\partial \varphi_i}{\partial f_{j_i}}\Big|_{f_{j_i(t)A}=0} + \sum_{j_i,k_i} \frac{\partial^2 \varphi_i}{2\partial f_{j_i} f_{k_i}}\Big|_{f_{j_i(t)A}=0} f_{k_i}(t)_A + \sum_{j_i} \frac{\partial^2 \varphi_i}{4\partial f_{j_i}^2}\Big|_{f_{j_i(t)A}=0} f_{j_i}(t)_A + \frac{o(f_{j_i}^3(t)_A)}{f_{j_i}(t)_A}$$

$$\tag{2-34}$$

θ_{ij}为存在相关故障的组件间的相关系数,代回式(2-33)得到组件i的故障率为

$$f_i(t) = f_{I_i}(t) + \sum_j \theta_{ij}(t) f_{j_i}(t)_A \quad (i=1,2,\cdots,N) \tag{2-35}$$

式(2-35)表明,一个组件在故障相关下的故障率可以表示为其本身独立时的故障率与其他组件对其影响的故障率之和。将式(2-35)改写为矩阵形式,即

$$\{f(t)\} = [I]\{f_I(t)\} + [\boldsymbol{\theta}(t)]\{f(t)_A\} \tag{2-36}$$

式中:$\{f(t)\}$是$M\times 1$的向量矩阵,为相关故障率;$\{f(t)_A\}$是$M\times 1$的向量矩阵,为其他组件的影响相关故障率;$\{f_I(t)\}$是$M\times 1$的向量矩阵,为独立故障率;$[I]$为$M\times M$的单位矩阵。

$\boldsymbol{\theta}(t)$是相关系数矩阵。$\boldsymbol{\theta}(t)$具有以下性质。

① $\{\boldsymbol{\theta}(t)\}$是一个非负矩阵,即$\theta_{ij}(t) \geq 0 (i,j=1,2,\cdots,N)$。如果$\theta_{ij}(t)=0$,则代表组件$j$故障与否对组件$i$没有任何影响。如果一旦组件$j$故障就有组件$i$一定故障,那么$\theta_{ij}(t)=1$。

② $\boldsymbol{\theta}(t)$的迹是0,即$\mathrm{tr}([\boldsymbol{\theta}(t)]) \equiv 0$,又$\theta_{ij}(t) \geq 0$,即$\theta_{ii}(t)=0$,组件自身的相关系数为0,组件故障与否对自身没有影响。

③ 在大部分复杂软件中,很少有独立的一个组件,而是与系统的其他组件相互影响。

特殊地,如果在系统内组件失效是相互独立的,则相关系数矩阵的所有元素都为 0,即

$$\theta_{ij}(t)=0 \quad (i,j=1,2,\cdots,N) \tag{2-37}$$

代入式(2-36)可得

$$\{f_i(t)\}=\{f_{I_i}(t)\} \quad (i=1,2,\cdots,N) \tag{2-38}$$

式(2-38)表明,组件 i 的相关故障率只与该组件的独立故障率有关。

组件 C 的独立故障率为 $f_{I_C}(t)$,且该组件故障与否与其他组件无关。假设不论任何时间组件 C 发生故障,组件 1、组件 2、……、组件 N 在同一时间都失效。而组件 1、组件 2、……、组件 N 的故障之间没有相互影响。这种现象称为共因失效。在这种情况下,组件 C 是影响组件 1、组件 2、……、组件 N 的唯一因素,此时 $\theta_{ij}(t)$ 可表示为

$$\theta_{ij}(t)=\begin{cases} 1 & (i=1,2,\cdots,N, j=C) \\ 0 & (\text{其他}) \end{cases} \tag{2-39}$$

代入式(2-36)可得

$$f_i(t)=\begin{cases} f_{I_i}(t)+f_{I_C}(t) & (i=1,2,\cdots,N) \\ f_{I_C}(t) & (i=C) \end{cases} \tag{2-40}$$

由于 $f_{I_C}(t)>0$,因此组件 i 的相关故障率大于其独立故障率。如果 $f_{I_i}(t)=\lambda_{I_i}$ 且 $f_{I_C}(t)=\beta\lambda$,此时 β 是共因因子。

2.4.3 考虑相关故障的故障传播模型

1. 考虑单向相关故障的故障传播

考虑组件 j 对组件 i 的影响作用后(图 2-7),则组件 A 的状态转移矩阵 $\boldsymbol{M}_A$ 可以表示为

$$\boldsymbol{M}_A=\begin{pmatrix} S_{00} & S_{01} \\ S_{10} & S_{11} \end{pmatrix}=\begin{pmatrix} 1-f_A & f_A \\ g_A & 1-g_A \end{pmatrix}=\begin{pmatrix} 1-[f_{IA}(t)+\theta_{AB}(t)f_{B_A}(t)_A] & [f_{IA}(t)+\theta_{AB}(t)f_{B_A}(t)_A] \\ g_A & 1-g_A \end{pmatrix} \tag{2-41}$$

信号 i ──→ A ──→ B ──→ 信号 j

图 2-7 单向相关故障

信号 i 到信号 j 路径上的状态转移矩阵 $\boldsymbol{M}_{R_{ij}}$ 为 $\boldsymbol{M}_{R_{ij}}=\boldsymbol{M}_A\boldsymbol{M}_B$,即

$$M_{R_{ij}} = M_A \cdot M_B = \begin{pmatrix} 1-[f_{IA}(t)+\theta_{AB}(t)f_{B_A}(t)_A] & f_{IA}(t)+\theta_{AB}(t)f_{B_A}(t)_A \\ g_A & 1-g_A \end{pmatrix} \begin{pmatrix} 1-f_B & f_B \\ g_B & 1-g_B \end{pmatrix}$$

(2-42)

特别地，当 $\theta_{AB}=0$ 时，$M_{R_{ij}} = M_A \cdot M_B = \begin{pmatrix} 1-f_{IA}(t) & f_{IA}(t) \\ g_i & 1-g_i \end{pmatrix} \begin{pmatrix} 1-f_B & f_B \\ g_B & 1-g_B \end{pmatrix}$

2. 考虑 $n-1$ 相关故障的故障传播

考虑组件 $P,L,\cdots,Q$ 对组件 A 的影响作用后，则组件 A 的状态转移矩阵 M_A 可以表示为（图 2-8）

$$M_A = \begin{pmatrix} S_{00} & S_{01} \\ S_{10} & S_{11} \end{pmatrix} = \begin{pmatrix} 1-f_A & f_A \\ g_A & 1-g_A \end{pmatrix}$$

$$= \begin{pmatrix} 1-\left[f_{IA}(t)+\sum_j \theta_{Aj}(t)f_{j_A}(t)_A\right] & \left[f_{IA}(t)+\sum_j \theta_{Aj}(t)f_{j_A}(t)_A\right] \\ g_A & 1-g_A \end{pmatrix}$$

(2-43)

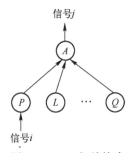

图 2-8 $n-1$ 相关故障

信号 i 到信号 j 路径上的状态转移矩阵为

$$M_{R_{ij}} = M_A M_B$$

$$M_{R_{ij}} = M_A \cdot M_B$$
$$= \begin{pmatrix} 1-\left[f_{IA}(t)+\sum_j \theta_{Aj}(t)f_{j_A}(t)_A\right] & \left[f_{IA}(t)+\sum_j \theta_{Aj}(t)f_{j_A}(t)_A\right] \\ g_A & 1-g_A \end{pmatrix} \begin{pmatrix} 1-f_B & f_B \\ g_B & 1-g_B \end{pmatrix}$$

(2-44)

2.5 一个实例系统分析

本节通过两个实例分别演示基于体系结构的故障传播模型和考虑相关故障的

传播模型。

2.5.1 基于体系结构的故障传播模型实例分析

本节以飞机刹车制动系统作为实例来构建基于体系结构的故障传播模型。将该系统的体系结构模型建立如图 2-9 所示。

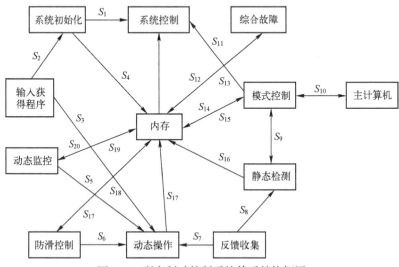

图 2-9 刹车制动控制系统体系结构框图

使用 1000 组正常信号和 1000 组故障信号,来估计每个软件和硬件组件的失效率和容错率(表 2-1)。此处假设硬件的容错率是 0。

表 2-1 刹车制动系统参数表

组 件	参 数	
	失 效 率	容 错 率
系统初始化	0.003	0.991
系统控制	0.001	0.916
综合故障	0.011	0.972
模式控制	0.007	0.993
静态检测	0.01	0.936
收集反馈	$\exp(-0.00000023t)$	0
动态操作	0.012	0.994
防滑控制	0.005	0.914
动态监测	0.013	0.943
输入获取	$\exp(-0.0000001t)$	0
存储器	$\exp(-0.00000004t)$	0
主机	$\exp(-0.000000093t)$	0

MATLAB 仿真运行 1000 次获得运行结果及分析如图 2-10~图 2-16 所示。

（1）横坐标为执行周期数 n，纵坐标为平均传播强度 E_n。由图 2-10 可以看出，在最初的周期内，传播强度震动幅度较大，随着执行周期的增加趋于稳定。

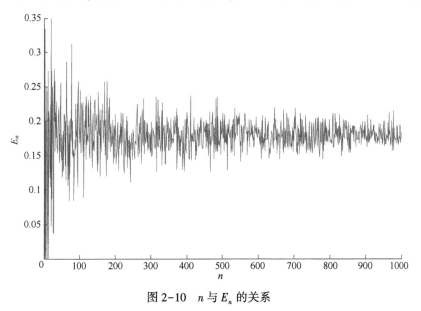

图 2-10　n 与 E_n 的关系

（2）如图 2-11 所示，横坐标是执行周期数 n，纵坐标为 E_n 随执行周期变化的斜率，有

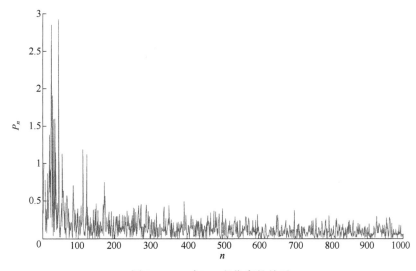

图 2-11　n 与 E_n 变化率的关系

$$P_n = \frac{|E_{n+1} - E_n|}{E_n} \quad (2-45)$$

由图 2-11 可以看出，随着执行周期数的增大，E_n 的变化率 P_n 逐渐减小，直至达到趋于 0 的稳态。

(3) 为了探究硬件对系统的影响，我们将硬件的可靠度函数设为 $\exp(-0.0003t)$，然后，增大执行周期数 n，直至 $n = 10000$。由图 2-12 可以看出，随着执行周期数的大幅度增长，故障信号的数量也呈增长的趋势。

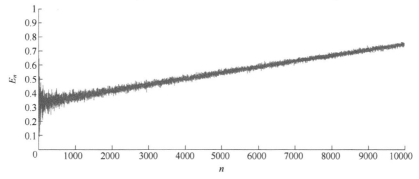

图 2-12　增大执行周期数后 n 与 E_n 的关系

(4) 选取 10000 执行周期中的一段时，又可以发现，E_n 在该段执行中又是趋于稳定的(图 2-13)。实际上，这种情况是由硬件故障率导致的，硬件故障率的增大导致 E_n 稳态值的增大。由此可见，软件与硬件的失效率对系统影响是不同的。

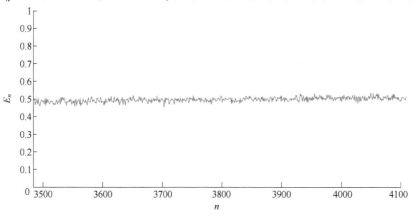

图 2-13　局部放大后的 n 与 E_n 的关系

(5) 为了表明软件中容错率与失效率之间的关系，令所有组件的容错率和故障率取相同的值，随着容错率和故障率在 0~1 之间取值变化，E_n 的变化情况如图 2-14 所示。

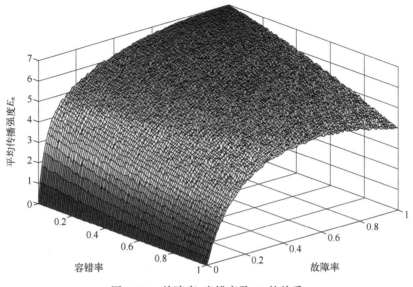

图 2-14 故障率、容错率及 E_n 的关系

(6) 由图 2-15 可以看出,当故障率一定时,容错率与 E_n 成反比关系,即容错率越高,E_n 越低。

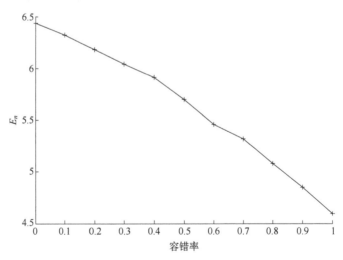

图 2-15 故障率一定时容错率与 E_n 的关系

(7) 由图 2-16 可以看出,在一定范围内,增大故障率时故障率与 E_n 成正比例增长关系,即故障率越高 E_n 越高。但增加到一定值时,E_n 随故障率的增大反而减小。

第 2 章　复杂软件系统的故障机理

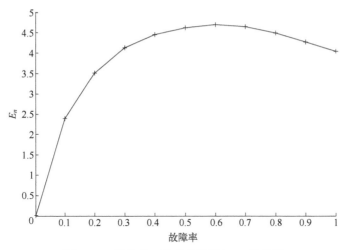

图 2-16　容错率一定时故障率与 E_n 的关系

2.5.2　考虑相关故障的故障传播模型实例分析

选取移动机器人软件作为实例分析系统,该软件需要完成将机器人从某一位置移动到目标位置的任务,通过获取目标位置的图片、获取移动位置的角度等信息,该软件的控制流图和数据流图分别如图 2-17 所示。

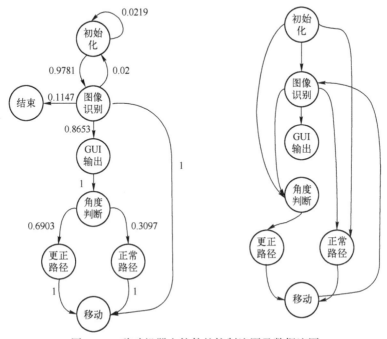

图 2-17　移动机器人软件的控制流图及数据流图

59

移动机器人软件的 UML 活动图如图 2-18 所示。

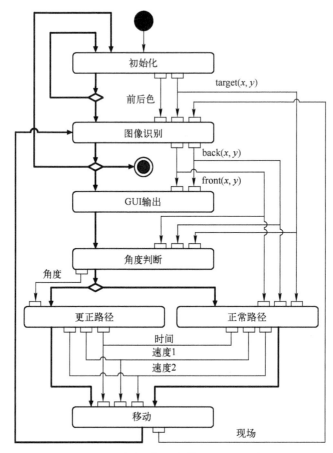

图 2-18 移动机器人软件的 UML 活动图

移动机器人软件各组件的参数设置见表 2-2。

表 2-2 移动机器人软件各组件的参数表

组　　件	参　　数	
	故　障　率	失　效　率
初始化模块	0	1
图像识别模块	0.0208	0.073
GUI 输出	0	0.9069
角度判断模块	0.0846	0.1739
更正路径模块	0.1407	0.0506

续表

组　件	参　　数	
	故　障　率	失　效　率
正常路径模块	0.0211	0.7857
移动	0.0371	0.0093
结束	0	0

（1）选取角度判断为研究对象，其故障率设置为 $0.0846+r\times0.158+j\times0.178$，$x$ 和 y 坐标分别表示相关系数 r 和 j，取值在 $(0,10)$ 之间，而 z 坐标代表实例系统正常运行的概率。由图 2-19 可以看出，相关系数越大，系统正常运行概率越小；而相关系数越小，系统正常运行的概率越大。可以认为，组件之间相关关系越密切，系统的可靠性越低。

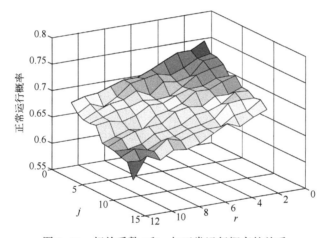

图 2-19　相关系数 j 和 r 与正常运行概率的关系

（2）在剔除掉相关关系影响后，图 2-20 描述了故障率和容错率对实例系统正常运行时的影响，在该图中，假设所有的组件都具有同样的容错率和故障率。从图中可以看出故障率与系统正常运行概率呈反比例关系，而容错率与系统正常运行概率呈正比例关系。减小故障率或者增大容错率可以使系统更加可靠。

（3）接着，再单独观察每个组件的故障率，故障率从 0 设置到 1，分析故障率与系统正常运行概率的关系。由图 2-21 可见，故障率与系统正常运行概率呈反比例关系。

（4）接着，再单独观察每个组件的容错率，容错率从 0 设置到 1，分析容错率与系统正常运行概率的关系，从图 2-22 中可以看出，容错率与系统正常运行概率呈正比例关系。

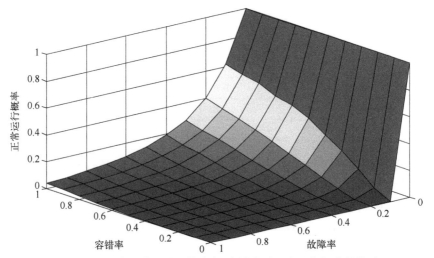

图 2-20　排除相关影响后故障率、容错率及正常运行概率的关系

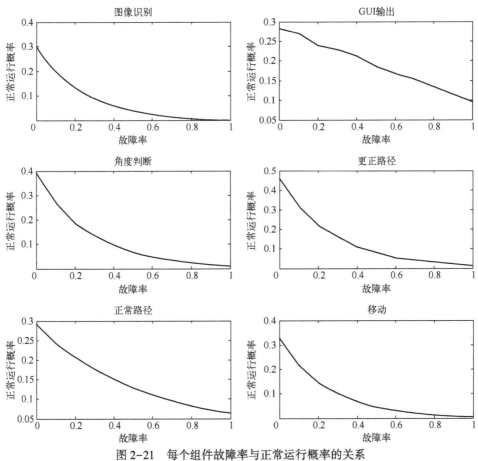

图 2-21　每个组件故障率与正常运行概率的关系

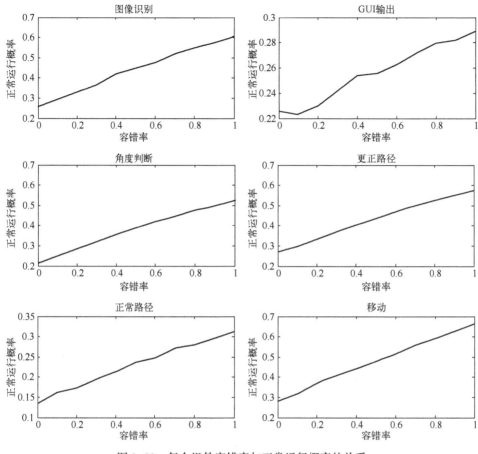

图 2-22 每个组件容错率与正常运行概率的关系

2.6 本章小结

故障研究一直是软件可靠性领域的基础性问题,基于对软件故障机理的不同认知和研究成果,形成了不同类型的软件可靠性模型,继而提出了各种关于软件可靠性的分析、测试、评估等技术。本章对目前软件故障的研究进行了总结,同时也从传播的角度对复杂软件系统的故障机理进行了探讨,并建立了相应的模型,为后面的技术讨论奠定了认知基础。

第3章

复杂软件系统的可靠性模型

模型是建模者对客观物理世界的一种主观表达,可靠性是一个实体或者系统所表现出来的一种能力,而所谓的可靠性模型正是以我们的认知去描述实体或系统的可靠性的一种表达。学者们根据各自的思考与研究形成了对可靠性所体现的能力的内涵以及影响这种能力的因素的不同认知,将这种认知通过定量或非定量的方式表达出来,就形成了众多类型的可靠性模型,据不完全统计,目前的软件可靠性模型已经达到百余种。

软件可靠性是软件质量的一个非常重要的组成部分,在绝大多数的软件质量模型中都会对软件可靠性进行描述,甚至在某些模型中可靠性已经成为一个集合名词,包含若干的质量特性。为了对软件可靠性的概念有一个全面的认识,本章首先对质量模型加入介绍,然后介绍几类典型的可靠性模型。

3.1 软件的质量模型

3.1.1 软件质量模型的概念

从第一台通用可编程计算机 ENIAC 问世以来,计算机系统的开发者和使用者就开始关心计算机系统的质量,从第一段汇编语言编写的软件"初始订单"计算机程序出现,到目前动辄上百万行代码的复杂软件系统,软件质量从未离开过人们的视线,无论是软件的开发者还是使用者。为了能够使软件质量的概念更加精确,同时也为了使研究人员操作更方便,研究者将软件质量概念进行结构化处理,并提出一种综合的结构化框架,这就是通常所见到的软件质量模型。通常,软件质量模型的目的是帮助确定软件质量需求,评估已有软件系统的质量或者预测一个软件系统的质量。软件质量模型的发展本质上是人们的软件质量观的发展,也是人们对软件质量概念的内涵以及外延不断发展的过程。

GB/T 25000.10—2016 对软件质量模型给出以下定义:软件质量模型是一个包含一组已定义的特性以及这些特性之间关系的框架,用来确定软件的需求以及对软件质量进行评价。由此可以看出,质量模型是确定软件需求、建立软件度量和进行软件质量评价的重要基础。一个软件质量模型通常是一个层次化的软件质量特性的集合。

在软件领域,目前存在很多不同的质量模型。它们的区别在于使用了不同的术语,定义了不同的质量属性以及构建了不同的模型结构。目前在业内最为大家熟悉并广泛使用的就是 ISO/IEC 系列的质量标准,尤其是之前的 ISO/IEC 9126 和后来的替换版 25010 标准。这两个模型中均包括一个具体的质量模型的建议,可以将软件质量属性按照层级进行分类。

IEEE 24765 标准中对软件质量模型中的相关术语进行了定义,定义了软件质量因素、软件质量属性和指标的概念。

---

1. 软件质量因素的定义
① 软件中有助于质量的面向管理的属性。
② 更高层次的质量属性。
2. 软件属性的定义
① 软件的特性或者是一个通用术语,是用于质量因素、质量子因素或指标的值。
② 影响一个产品项质量的特性或特征。
③ 规定了一个属性的程度的需求,而该属性则体现了系统或软件必须具有的质量。
3. 指标的定义
① 一个软件项具备一个给定质量属性程度的量化测量。
② 一个函数,它的输入是软件数据,而它的输出是一个单独的数值。可以用以解释软件项具备一个给定质量属性的程度。

与指标相关的一个概念"度量"(measure)也在此被定义。
4. 度量的定义
① 度量是一个过程,在这个过程中根据清晰定义的规则将代表属性的数字或符号分配给真实世界中的物体,以表明该物体的特征。
② 在更正式的描述中,度量被定义为一个从实际世界到形式化关系世界的映射。所以,度量就是为了表明该物体的特征而通过这个映射将数字或符号分配给真实世界中物体的属性。

3.1.2 软件质量模型的发展

质量模型已经有几十年的研究历史,众多学者提出了大量的质量模型。在此不对每个模型展开介绍,只从模型结构演化的角度介绍软件质量模型发展中的几个里程碑:

① 层次化质量模型(hierarchical models)。
② 基于元模型的质量模型(meta-model-based models)。
③ 隐性质量模型(implicit quality models)。

1. 层次化质量模型

第一个公布的软件质量模型可追溯到 20 世纪 70 年代后期,当时 McCall、Boehm、Richards 及 Walter 等描述了软件质量特征及其分解过程。他们所采用的方法是类似的,都是将质量进行分解,采用分层的方式将软件质量分解为诸如可维护性或可靠性等质量因素。随着时间的推移,这些模型出现了许多变种。其中最受欢迎的是 FURPS 模型,它将质量分解为功能、可用性、可靠性、性能和可支持性。除了层次分解外,这种采用分层分解形式的模型最重要的思想就是"将质量分解到一个可以测量的水平,从而可以评估质量"。

这种分层形式的质量模型成为 1991 年国际标准 ISO/IEC 9126 的基础。该标准定义了对质量特性的标准分解,并提出了一些用于测量的度量标准。虽然这些特性没有涵盖软件质量的所有方面,也不能完全实现软件质量的度量,但是这个标准仍然成为一个受到极大关注的质量标准,成为许多国家和组织实质意义上的质量准则。经过 20 年后,ISO 在 ISO/IEC 9126 的基础上推出了新的标准 ISO/IEC 25010,新标准改变了一些质量特性的分类,但同时也保持了对质量进行分层和分解的基本思想。

在一些方案中,研究人员使用度量标准直接测量符合 ISO/IEC 9126 或与之相似的质量特征。Franch 和 Carvallo 调整了 ISO 质量模型,并分配了更加具体的度量指标,他们强调需要明确描述"质量实体以及特性之间的关系"。Van Zeist 和 Hendriks 还扩展了 ISO 模型并附加了诸如平均学习时间等指标。Samoladas 等使用 ISO/IEC 9126 中的几个质量特性,进行了扩展并将其应用于开源软件,他们使用质量特性将测量结果汇总到一个有序的量化表中。所有这些方法均表明需要对 ISO 标准进行扩展和调整。多数研究者认为,在利用该标准进行直接测量抽象的质量特性方面困难很大。

Ortega、Perez 和 Rojas 从一种截然不同的视角出发建立了其系统化质量模型,该模型使用产品有效性和产品效率作为基本维度来构建质量特性,其他模型中的质量特性如可靠性或可维护性等都可以通过分解有效性和效率得到。

与层次化质量模型同时发展的还有实验研究工具,主要用于整合质量模型和评估工具包,进而提高软件质量评估的效率和准确性。在研究项目 Squale 中,研究者采取了更全面和综合的方法,他们开发了用于描述 ISO/IEC 9126 质量特性的分层与分解过程的显式质量模型。这个模型包含增加了用于综合和规范各个指标测量值的公式。同时他们还基于这个质量模型,开发了用于评估软件产品质量的自动化工具,在这个工具中固化了质量模型和度量与测量过程。

层次化模型是目前最为主流的一类质量模型,但是它仍然存在着一些问题。许多研究者指出,用于质量特性的分解原理通常是不明确的。此外,由此产生的质量特性也通常不够具体,而且不能直接测量,这为该类模型的工程应用带来了不少困难。虽然后续公布的 ISO/IEC 25010 有一些改进,包括 ISO/IEC 25020 中的测量参考模型,但是由于缺少具体的操作措施,所以效果并不明显。此外,根据现有的调查显示,目前只有不到 30% 的商业公司使用了这些标准模型,而 70% 以上的公司则在标准模型基础上开发了自己的质量特性与度量标准。

软件质量模型的鼻祖

第一个公开发表的软件质量模型是 McCall 在 20 世纪 70 年代提出的,也就是著名的 McCall 模型。这个模型是为美国空军开发的,主要关注了系统开发者和系统开发的过程。McCall 的质量模型从 3 个视角定义了软件的质量,即产品修正、产品转换和产品运行。产品修正是指软件经历变化的能力,产品转换是指软件适应新环境的能力,产品运行是指软件的运行特性。这 3 个主要视角后来被分解和重新定义为 11 个质量因素、23 个准则和指标。

McCall 模型的重要意义不仅在于它是第一个正式被提出的质量模型,而且这个模型所体现出来的分层定义质量的思想深刻影响了后续几乎所有的质量模型。

在 McCall 的模型中,定义了质量因素用来描述被用户定义的软件外部质量,以及从开发者角度所关注的内部质量。另外,这个模型还定义了相关的质量指标和准则来支持软件质量的度量和评价。

2. 基于元模型的质量模型

从 20 世纪 90 年代开始,研究人员提出了更为精细的分解质量特性的方法,即在元模型的基础上构建更为丰富的软件质量模型。在这里,元模型的概念与统一建模语言(UML)中的元模型概念相近,用来描述如何构建有效的质量模型。

在 ESPRIT 项目 REQUEST 中,研究者曾尝试在层次化质量模型中建立质量因素与度量之间的明确关联。他们开发出了称为建设性的质量模型 COQUAMO。他们认为质量因素是质量模型的中心,并且每个因素在软件开发的不同阶段都应该进行不同的评估,因此也应该具有不同的度量指标。同时他们还将质量分为通用质量特性和特定软件质量特性。例如,他们认为可靠性是一个通用软件质量特性,因为它对任何软件系统都非常重要,但安全性就属于特定软件质量特性,因为某些类型的软件系统才会特别关注安全性。COQUAMO 模型特别强调了在可以度量的质量驱动力和质量因素之间建立明确的量化关系,也就是说,通过将导致质量因素的原因进行量化,继而评估质量。

另一个质量模型是 COQUALMO。在该模型中描述了缺陷流模型。在软件开发过程的每一阶段,通过构建和改变软件产品而引入缺陷,并通过质量保证技术去除缺陷。例如,在软件需求阶段由于对用户期望的误解而引入了需求缺陷,然后在后续的技术评审和测试过程中发现并移除了这些缺陷。

另外还有一些质量模型,虽然没有上述明确的元模型,但是也同样强调建立这种统计关系。它们使用一组预期会影响特定质量因素的度量。例如,可维护性指数(maintainability index, MI)是一组组合的静态代码度量,这个度量得到的指数可以给出系统的可维护性程度。另一个例子是可靠性增长模型,其中用到测试数据与软件可靠性之间的统计性关联。

随着越来越多复杂软件系统的出现,软件质量的复杂程度也不断加剧。于是,Kitchenham 等在 COQUAMO 模型的基础上建立了 SQUID 方法,通过一个更加明确的元模型来描述越来越复杂的质量模型结构。他们认为,虽然没有证据证明 RE-QUEST 项目的结论:"没有通用的软件产品指标可以真正准确地预计最终软件的质量",但是就目前来看,在对软件质量的建模和分析过程中,这个结论还是有价值的。因此,他们建议监测和控制那些可能影响"外部"质量的"内部"指标。他们的质量元模型包括可测量属性(measurable properties),这些属性有可能是内部软件属性,也有可能是质量子特性。内部软件属性影响软件质量子特性,同时两者都是可以直接测量的。

Bansiya 和 Davis 在 Dromey 模型的基础上提出了针对面向对象软件的质量模型 QMOOD。他们描述了组件设计的几个指标,以测量他们称为设计属性(design properties)的方法。这些属性对质量属性有影响。

Bakota 等强调了其质量模型和质量评估的概率性质。他们介绍了类似于 SQUID 的内部软件属性的虚拟质量属性。质量模型仅使用 9 个低级度量,这些度量被评估并聚合到概率分布。这个模型的数学成分很多,所以很不容易理解,也不容易使用这种分布来进行评估。

综上所述可以看到,质量的概念其实非常复杂,需要在质量模型中使用更多的结构,而不仅仅是抽象的质量特性和指标。

3. 隐性质量模型

隐性质量模型就是不属于上述层次模型和元模型的一些质量模型,类似下面介绍的统计模型、质量分析工具以及质量检查单。

统计模型可以用来刻画产品、过程或组织的性质并且估计、预测不同类型的质量因素。这种模型中,最典型的就是可靠性增长模型,这是将硬件可靠性模型的概念转移到软件后提出来的。软件可靠性增长模型是观察软件的故障行为,如在系统测试期间观察和记录测试发现的故障以及故障的时间,并预测这种故障行为将如何随时间而改变。类似的模型还有可维护性指数(MI)模型,这是一种基于代码度量的回归模型。

很多质量分析工具都是基于某种质量模型来设计的。例如,用于错误模式识别的工具,如 FindBugs、Gendarme 或 PC-Lint,可以根据它们检测到的问题类型将其划分成不同的类别,如按照可能影响的质量因素进行分类或者根据问题的严重等级进行分类。因此,这些工具已经定义了许多我们期望的从质量模型中得到的信息,如质量因素、测量和影响。然而,工具得到的结果并不明确,因此综合质量评价就很困难。

界面仪表可以使用这些工具的测量数据作为输入(如 QALab、Sonar 或 XRadar),其目标是提供软件系统的质量数据的概览。然而这类模型也通常缺少使用的度量指标和所需要度量的质量因素之间的明确联系。因此,很难弄清楚这些缺陷对于软件质量的影响到底是什么或者所使用的度量合理性到底在哪里。

最后,在软件开发或技术审查中使用的检查单也是一种质量模型。虽然检查单通常不会直接整合为一个质量模型,然而它却定义了软件制品(最常见的就是源代码)的各种属性,这些属性实质上对某些软件质量因素产生了直接的影响。而在制定这些检查单的过程中只对很少的检查项与软件质量因素的影响关系是明确的,而大多数检查项仅是根据经验或者习惯而已。从这个意义上看,一个明确的质量模型也有助于改进检查表。

纵观软件质量模型的发展历程,现有的质量模型缺乏明确定义的分解标准来决定如何分解复杂的概念"质量"。大多数定义模型取决于质量因素的分类、分层和分解,但是这种分解并不遵循定义的准则,完全可以是任意的。因此,模型的使用者难以持续改进某一质量属性,如可用性。另外,许多质量模型中的模糊分解也是不同质量因子之间重叠的原因,很多时候质量因子的重叠并没有被明确地考虑在模型里,这就更增加了重叠的可能性。例如,拒绝服务攻击是一个安全性因子,但它会受到可用性的影响,而可用性也是可靠性的一部分;代码质量是可维护性的重要因素,但也被视为安全性的指标。

大多数质量模型框架没有提供如何使用质量模型实现质量保证的方法,因此使用者就不清楚如何将质量模型传达给项目参与者。在实践中,传达此类信息的常用方法是编写一个指南。但指南通常又不够具体和详细,文档结构也不够清晰,如果指南中有强制性的规则,又不会给出合适和恰当的理由,因此项目人员很难按照指南进行相应的工作。

最后,软件系统种类繁多,既有庞大的商业信息系统,也有小型的嵌入式控制器。这些差异必须通过定义的定制方法在质量模型中加以说明。在目前的质量模型中,这些因素都没有考虑进去。

3.1.3　ISO/IEC 25010:2010 软件质量模型简介

ISO 在 2011 年发布了软件质量模型的标准 ISO/IEC 25010。这个标准与之前发布的 ISO 9126 保持了很强的继承性,但是也重新进行了结构的调整并增加了几个部分。目前这个标准已经成为最受关注的质量模型,在质量模型的实际使用过程中影响广泛。因此,下面对 ISO/IEC 25010 进行更详细的描述。

ISO/IEC 25010 是在 ISO/IEC 9126 的基础上发展而来的,这两种模型均为层次化结构模型,都是在最初的 McCall 和 Boehm 层次结构化质量模型基础上形成的。ISO/IEC 25010 模型的核心思想,是使用分类技术将复杂的软件产品质量分解为许多更小的部分,以方便管理,同时将这种分解逐层向下进行直至可以直接进行测量的水平。

ISO/IEC 25010 质量模型的元模型的 UML 类图如图 3-1 所示,模型采用的分层结构将质量分解为多种特性,然后将各个特性依次分解为子特性和子特性中的子特性,将这些特性统称为质量因素(quality factor),这些质量因素有些是可测量的,如果直接测量不可行,则使用其他的可度量质量特征(quality property)来代替质量因素。需要特别注意的是,在 ISO/IEC 25010 模型中并没有使用质量因素和可测量这些术语,在这里使用是为了更好地解释模型。

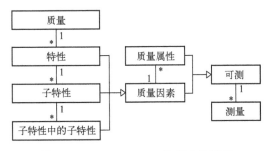

图 3-1　ISO/IEC 25010 的概念元模型

运用这种分层结构,标准给出了可以构建的模型。在 ISO/IEC 25010 中包含了两个模型,即产品质量模型和使用质量模型。另外,在 ISO/IEC 25012 中包括一个数据质量模型。这些模型可以作为软件工程师的一个质量列表,以便于他们在软件开发过程中有条理、不遗漏地考虑到软件质量的各个方面。但值得注意的是,标准中并没有给出如何自定制质量模型。也就是说，在实际工程中需要根据自己软件产品的特点来选择合适的质量特性，称之为质量模型的适配，这部分工作应该体现在软件质量计划中。

在 ISO/IEC 25010 的模型描述中虽然提到了质量特性与度量之间的关系，但是并没有给出具体的可操作性度量指导。关于使用该质量模型进行度量的内容是由标准 ISO/IEC 25040 提供的。下面对产品质量模型和使用质量模型进行介绍。

1. 产品质量模型

每个特性都是可以在软件产品上直接分析的。此外，该标准声称它们对于系统质量也应有效。产品质量模型中包括 8 个质量特性和 38 个质量子特性，如图 3-2 所示。

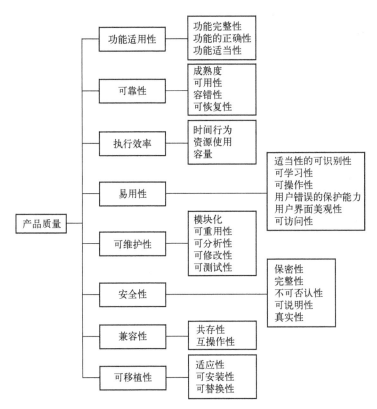

图 3-2　ISO/IEC 25010 中的产品质量模型

该标注确定的 8 个特性列表全面描述了软件产品的质量。功能适用性意味着产品符合用户和客户的功能需求。执行效率描述了产品对用户请求的响应程度及其执行效率。当今的软件产品很少在孤立的环境中运行，因此兼容性定义了产品不会干扰甚至可以与其他产品一起工作的质量。易用性特性包含了系统使用简便性的各个方面,包括可以很快学会使用它,还包括界面是否吸引人。

许多人在谈论质量时首先想到可靠性。可靠性问题以及性能效率通常是与用户最直接相关的问题。若该产品会产生故障,则对于用户而言该产品可靠性不高。现在大多数系统都可以通过网络访问,因此安全性日益重要。安全性包括保持数据完整和机密,以及该产品需要确保其用户的身份。面向开发人员的一个特点是可维护性,它描述了系统的设计和编程应该以易于理解、更改和测试的方式进行。最后,产品可能需要被带到如编程语言、操作系统、硬件的平台上,对于这类开发人员来说,可移植性也是很重要的,这意味着可以轻松地进行必要的更改,并且可以轻松地进行安装。

下面详细介绍8个质量特性:

1) 功能适用性

功能适用性是指一个产品或系统在确定的使用条件下提供的功能满足明确或隐含的需要的能力。在功能适用性下面又分解出3个子特性。

(1) 功能的完整性。软件的功能集合覆盖所有指定任务和用户目标的程度。

(2) 功能的正确性。产品或系统以所需的精度提供正确结果的程度。

(3) 功能的适当性。功能促进完成特定任务和目标的程度。例如,若仅向用户呈现完成任务所需的步骤,排除了任何不必要的步骤,则符合适当性。

2) 可靠性

可靠性是指一个系统、产品或组件在规定时间内、规定条件下完成特定功能的程度。软件不会发生磨损,所以软件可靠性关注的是由于需求、设计和实施中发生的错误,或由于上下文的变化所引起的失效行为。常说的可信性特性包括可用性及其固有或外部影响因素,如可用性、可靠性(包括容错性和可恢复性)、安全性(包括机密性和完整性)、可维护性、耐用性和维护支持等。

可靠性包含的子特性有以下几个。

(1) 成熟度。系统、产品或组件满足在正常操作下的可靠性需要的程度。成熟度的概念也可以应用于其他质量特性,以指示它们在正常操作下满足所需要求的程度。

(2) 可用性。系统、产品或组件在需要使用时能够操作和访问的程度。可用性是成熟度(其控制故障频率)、容错性和可恢复性(其控制每个故障之后停机时间的长度)的组合。

(3) 容错性。一个系统、产品或组件在出现硬件或软件故障时继续按要求运行的能力。

(4) 可恢复性。在中断或故障的情况下,产品或系统可以恢复直接受影响的数据并重新建立系统的期望状态的程度。例如,计算机系统在出现故障后有时会停机一段时间,其长度由其可恢复性决定。另外,可恢复性还覆盖了另一个质量特性,即可生存性,即产品或系统在存在攻击的情况下继续履行使命,并及时提供基本服务的程度。

3) 执行效率

执行效率是指在规定条件下使用资源的程度。其中资源包括其他软件产品、系统的软件和硬件配置和耗材(如打印纸和存储介质)。

执行效率的3个子特性如下:

(1) 时间行为。在执行其功能时产品或系统的响应和处理时间以及吞吐率满足要求的程度。

(2) 资源使用。产品或系统在履行其职能时所使用资源的数量和种类满足要求的程度。

(3) 容量。产品或系统参数的最大限值满足要求的程度。参数包括可以存储的项目数、并发用户数、通信带宽、事务吞吐量和数据库大小。

4) 易用性

易用性是指定用户可以使用产品或系统以在特定使用环境中实现指定目标的程度。易用性既可以作为一个产品质量特性被指定或度量,也可以直接由作为使用质量子集的度量指定或测量。

易用性的6个子特性分别如下:

(1) 适当的可识别性。用户可以识别产品或系统是否适合他们需求的程度。适当的可识别性取决于从产品或系统的初始印象和任何相关文档识别产品或系统的功能适当性的能力,产品或系统提供的信息可以包括演示、教程、文档或网站、主页上的信息。

(2) 可学习性。指定用户通过学习产品或系统的有效性、效率、规避风险性和满意度这些内容以实现使用产品或系统达到指定目标的程度。

(3) 可操作性。产品或系统具有使其易于操作和控制的属性的程度。

(4) 用户错误的保护能力。系统保护用户不犯错误的程度。

(5) 用户界面美观性。用户界面令使用者对人机交互感到满意的程度。这是指增加用户的乐趣和满意度的产品或系统的属性,如使用颜色和图形设计的性质。

(6) 可访问性。产品或系统可以被特性和能力不同的广泛的人使用以在特定使用环境中实现特定目标的程度。

5) 可维护性

可维护性是指可以由预期的维护者修改产品或系统的有效性和效率程度。其中的修改可以包括软件为了适应环境变化以及需求和功能规范的变更而进行的修正、改进或调整。另外,修改还包括由专业支持人员执行的修改,以及由业务或操作人员或最终用户执行的修改。可维护性还包括软件的安装更新和升级。可维护性可以解释为产品或系统促进维护活动的固有能力,或维护者为维护产品或系统的目标所体验的使用质量。

可维护性还包含以下5个子特性:

(1) 模块化。系统或计算机程序由离散组件构成的程度,使得对一个组件的改变对其他组件具有最小的影响。

(2) 可重用性。软件资产可以在多个系统中使用的程度,或在建立其他资产时使用的程度。

(3) 可分析性。衡量评估过程的有效性和效率的特性。评估过程包括对产品或系统的其中一个或多个部件发生预期变化而产生的影响的评估,或者诊断产品是否存在缺陷或故障原因,或者识别要修改的部件的过程。

(4) 可修改性。可以有效地和高效率地修改产品或系统而不引入缺陷或降低现有产品质量的程度。其中的修改行为包括编码、设计、文档以及验证变更等。可修改性受到前面介绍的模块化和可分析性的综合影响,另外可修改性也是可变更性和稳定性的一个组合。

(5) 可测试性。可以为系统、产品或部件建立测试标准的有效性和效率程度,以及可以执行测试以确定是否满足这些标准的程度。

6) 安全性

安全性是指产品或系统保护信息和数据的程度,以便人员或其他产品或系统具有适合其授权类型和级别的数据访问程度。除了产品或系统中存储的数据以外,安全性也适用于传输中的数据。

安全性中包含以下5个子特性:

(1) 保密性。产品或系统确保数据只能由有权访问的人员访问的程度。

(2) 完整性。系统、产品或组件防止未经授权访问或修改计算机程序或数据的程度。完整性同时还覆盖了另一个特性:免疫能力(immunity),即产品或系统抵抗攻击的程度。

(3) 不可否认性。可以证明行动或事件发生的程度,以便行动不能在以后被否认。

(4) 可说明性。可以将实体的行为唯一地跟踪到该实体的程度。

(5) 真实性。可以证明主体或资源的身份为所要求身份的程度。

7) 兼容性

兼容性是指产品、系统或组件可以与其他产品、系统或组件交换信息和执行其所需功能,同时共享相同的硬件或软件环境的程度。

兼容性包括以下两个子特性：

（1）共存性。产品可以有效地执行其所需功能,同时与其他产品共享共同的环境和资源,而不会对任何其他产品产生有害影响的程度。

（2）互操作性。两个或更多系统中的产品或组件,可以交换信息并使用已交换信息的程度。

8）可移植性

可移植性是指可以将系统、产品或组件从一个硬件、软件或其他操作或使用环境转移到另一个硬件、软件或其他操作或使用环境的有效性和效率程度。可移植性可以解释为产品或系统的便于移植活动的固有能力,或被解释为移植产品或系统的目的所使用的质量特性。

可移植性包含以下3个质量子特性：

（1）适应性。产品或系统可以有效地适应于不同或演进的硬件、软件或其他操作或使用环境的程度。适应性包括内部容量的可扩展性(如屏幕字段、表、事务卷、报告格式等)。适应性修改包括由专业支持人员执行的修改以及由业务或操作人员或最终用户执行的修改。

（2）可安装性。可以在特定环境中成功地安装和卸载产品或系统的有效性和效率程度。如果产品或系统要由最终用户安装,可安装性可能会影响所产生的功能适用性和可操作性。

（3）可替换性。产品可以在相同环境中替换另一个指定软件产品用于相同目的的程度。升级时,新版本软件产品的可替换性对用户很重要。可替换性可以包括可安装性和适应性的属性。可替换性将降低锁定风险,使得可以使用其他软件产品代替当前的软件产品,如通过使用标准化的文件格式。

2. 使用质量模型

产品质量模型直接描述产品的特征,而使用质量模型则关注不同利益相关者与产品之间交互的特征。这些利益相关者中最突出的是用户。这就是为什么使用质量通常仅与可用性相关联的原因。但是,使用质量也可以表示维护或移植产品或产品内容的质量。因此,在这种情况下,"使用"和"用户"具有非常广泛的含义。该模型描述了使用中的质量,具有图3-3所示的5个特征。

使用质量模型包括有效性、效率、满意度、规避风险和上下文覆盖5个质量特性和14个质量子特性。

使用质量的两个核心特征是有效性和效率。有效性是产品对用户实现目标的支持程度,而效率表示实现这些目标所需的资源量。对于与汽车中的导航系统进行交互的驾驶员而言,这意味着他们能否获得前往所需目的地的合适导航,并且必须为此按下按钮多少次？对于维护人员而言,这是一项维护任务,其特征在于引入的新故障数量和花费的精力。

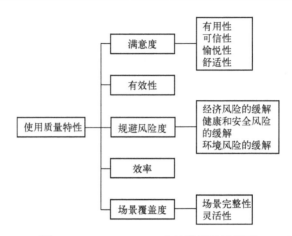

图 3-3　ISO/IEC 25010 中的使用质量模型

使用质量超出了使用适当资源实现目标的范围。用户的满意度也是一种质量特征,其中包括可信性和愉悦性。在许多情况下,规避风险度也很重要。其中最重要的部分是要注意可能伤害人的系统的安全性。环境或经济风险也要考虑。最后,该标准还建议模型应涵盖适当的上下文。上下文覆盖范围包含产品的使用情况,以及要对更改做出灵活的反应。

下面详细介绍 5 个质量特性:

1) 满意度

满意度是指当在指定的使用环境中使用产品或系统时,满足用户需要的程度。对于不直接与产品或系统交互的用户,只有目的完成和信任是相关的。满意度是指用户对与产品或系统交互的响应,包括对产品使用的态度。

满意度包含以下 4 个质量子特性:

(1) 有用性。用户对他们实用目标实现的满意程度,包括使用的结果和使用的后果。

(2) 可信性。用户或其他利益相关者对产品或系统将会按预期的行为充满信心程度。

(3) 愉悦性。满足用户的个人需要并且获得快乐的程度。个人需求可能包括获取新知识和技能的需要以及激发愉快的回忆。

(4) 舒适性。用户对物理舒适度满意的程度。

2) 有效性

有效性是指用户实现特定目标的准确程度和完整程度。

3) 规避风险度

规避风险度是指产品或系统可以规避对经济地位、人类生命、健康或环境造成不利影响的潜在风险的程度。风险是发生给定威胁的概率和威胁发生的潜在不利后果的函数。

规避风险度包括以下 3 个子特性：

（1）经济风险的缓解。产品或系统在预期使用环境中规避对财务状况、商业财产、声誉或其他资源产生不利影响的潜在风险的程度。

（2）健康和安全风险的缓解。产品或系统在预期的使用环境中规避对人造成伤害的潜在风险的程度。

（3）环境风险的缓解。产品或系统在预期使用环境中规避财产损失或恶劣环境潜在风险的程度。

4）效率

效率是指与用户实现目标的准确性和完整性相关的资源消耗。

5）场景覆盖度

场景覆盖度是指在规定的使用场景和超出规定使用场景的情况下都可以高效地、规避风险地、令人满意地使用产品或系统的程度。

场景覆盖度包括以下两个子特性：

（1）场景完整性。在所有指定的使用场景中，产品或系统的有效性、效率、规避风险的程度以及满意的程度。场景完整性可以被定义为用户可以使用产品以在所有预期的使用环境中实现指定目标的程度。使用场景包括使用小屏幕、低网络带宽、非专业用户以及在容错模式下运行等。

（2）灵活性。产品或系统可以在超出最初规定的范围情况下，仍能保持高效地、规避风险地、令人满意地使用的程度，以及可以通过调整产品获得更多用户组、任务和文化的灵活性。灵活性使产品能够考虑到事先未曾预料到的情况。如果产品的设计不具有灵活性，在非预期的环境中使用产品就可能不安全。灵活性可以衡量一个产品可以被其他类型用户使用的程度。通过被修改以适应新类型的用户、新的任务和新的环境。

必须注意的是，测量对于任何质量控制都至关重要。因此，测量最重要的质量因素对于有效的质量保证过程和成功的工程需求是至关重要的。

ISO/IEC 25010 通过两个质量模型为软件产品以及与这些产品的交互提供了相关质量特征的完整列表。可以提醒需求工程师不要忘记任何质量特征，也可以帮助质量工程师分析系统的质量。它对旧版 ISO/IEC 9126 进行了一些有用的改进，如将安全性作为单独的特性包括在内。它还将质量模型的数量从 3 个减少到两个。但是，尚不清楚何时使用哪种模型。似乎大多数软件公司仅采用产品质量模型，并且仅在分析可用性时才考虑使用质量模型。除了讲到"产品质量模型关注于包括目标软件产品的目标计算机系统，使用质量模型关注于包括目标计算机的整个人机系统"外,该标准没有规定何时使用哪种模型。但是,重要的是要了解这些模型的分类法。该标准描述了一种可能的质量结构,但绝不是唯一可能或合理的结构。

3.2 复杂软件系统的质量

3.2.1 复杂软件系统的质量形成过程

复杂软件系统的相互依赖性越来越强,包括组件之间的结构依赖、运行之间的数据依赖、人与系统之间的交互依赖,当然其中都涉及重要的质量依赖。由于这种很强的依赖关系,系统中任何一个组件或者相关的服务出现失效或是表现出低于可接受水平的质量表现都有可能会引起整个系统表现出无法接受的质量。复杂软件系统经常出现的典型质量问题包括以下几个:

① 软件代码的可维护性和可移植性很差。
② 软件服务或服务的组合情况缺乏充分的测试。
③ 系统运行时的性能和可靠性明显低于要求的水平。
④ 软件系统消耗了过多的硬件资源。
⑤ 软件系统的人机交互表现出很差的可用性。
⑥ 软件组件中的一个失误可能造成整个系统严重的失效。
⑦ 软件系统的开发过程效率低下而且效果很差。

复杂软件系统的这些质量问题导致许多软件工程学的新趋势,举例如下:

(1) Development-Operations(简写为 DevOps)方式的发展。DevOps 是一种文化、运动或实践,它强调软件开发人员和其他信息技术(IT)专业人士的协作和沟通,同时自动化软件交付和基础设施变更过程。它旨在建立一个文化和环境,其中构建、测试和发布软件可以快速、频繁和更可靠地实现。

(2) 面向服务的系统体系结构(service-oriented architecture,SOA)。SOA 是一种架构模型,它可以根据需求通过网络对松散耦合的粗粒度应用组件进行分布式部署、组合和使用。服务层是 SOA 的基础,可以直接被应用调用,从而有效控制系统中与软件代理交互的人为依赖性。SOA 是一种粗粒度、松耦合服务架构,服务之间通过简单、精确定义接口进行通信,不涉及底层编程接口和通信模型。SOA 可以看作 B/S 模型、XML(标准通用标记语言的子集)/Web Service 技术之后的自然延伸。

根据 SOA 的定义,服务具有 4 个属性。
① 它在逻辑上表示具有指定结果的业务活动。

② 它是自给自足的。
③ 它是作为一个黑盒子为其消费者提供服务的。
④ 它可能包括其他基础服务。

(3) 云计算平台(cloud computing platforms)。云计算是一种基于互联网的计算,其向计算机和其他设备按需提供共享计算机处理资源和数据。

(4) 敏捷开发(agile)过程。敏捷软件开发描述了一套软件开发的原则,通过自组织跨职能团队的协作努力,使得软件的需求和解决方案得以发展。它倡导适应性规划、进化发展、早期交付和持续改进,并鼓励对变化做出快速灵活的反应。这些原则支持许多软件开发方法的定义和持续演进。

(5) 全球软件工程(global software engineering,GSE)。GSE 是指在各种地理位置的全球分布式设置中执行的软件工程。工作可以在公司内部(多地点开发)或在不同地点的两个或更多公司之间合作完成。

(6) 模型驱动软件工程。模型驱动工程(MDE)是一种软件开发方法,专注于创建和利用领域模型,领域模型是与特定问题相关的所有主题的概念模型。因此,它强调和旨在管理特定应用领域的知识和活动的抽象表示,而不是计算(即算法)概念。MDE 方法旨在通过最大化系统之间的兼容性(通过重用标准化模型),简化设计过程(通过应用程序域中的重复设计模式)以及促进个人与在系统上工作的团队之间的沟通来提高生产率(通过在应用领域中使用的术语和最佳实践的标准化)。这些模型通过产品经理、设计师、开发人员和应用程序领域的用户之间的广泛沟通来开发。随着模型的完成,接下来进行软件和系统的开发。

同时,未来的软件质量工程方法、技术和工具的支持都会在上述这些领域有新的发展,也会面临新的挑战。质量过程、质量度量和质量管理等都需要应用于复杂软件中的各类组件中,甚至是非软件组件中以及整个系统中。系统在运行过程中的演化(包括部署环境、网络、硬件和服务的变化)需要更多的运行时的质量管理手段,而与之相对应的是需要更广范围的软件质量因素和特性,因为软件系统运行时的质量与传统的开发过程中质量是不太一样的。目前有许多复杂软件系统涉及分布式远程开发模式、敏捷开发模式以及采用大量第三方服务系统的模式,在所有采用这些模式的公司和组织内,在质量保证过程中需要一致和统一的、准确定义的质量因素、质量特性、质量指标的阈值等,以及更加准确的质量预计和评估手段。另外,未来软件系统的复杂性会带来质量数据的膨胀、大量组件的质量测试数据、基于这些数据进行的分析和预计以及评估,还有软件开发、测试和运行过程中出现的大量失效数据的分析。

3.2.2　影响复杂软件系统质量的复杂性因素

复杂软件系统通常处在一个长时间的运行过程中,而且在这个运行过程中不断地出现失效、过载和受到攻击。另外，复杂软件系统必须能够在自适应机制下保持良好的鲁棒性，而这种自适应机制通常不是由一个外部的单独组件进行控制，一般情况下是由复杂软件系统自身所提供的。

复杂软件的规模变得超大之后，系统会出现一些新的行为模式，继而会有新的质量属性出现。例如，互联网风暴（internet storms）就只会出现在大规模互联网中。预测和避免这些现象需要在统计力学和可能性理论中产生新的理论和方法应用。在复杂软件系统中人为因素非常突出，所以质量因素中应该将人和组织的因素也考虑在内（图3-4）。

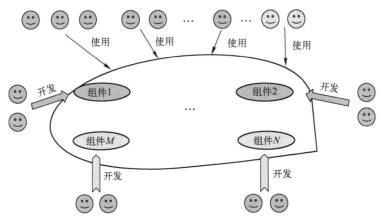

图3-4 复杂软件的开发与使用示意图

在复杂软件系统中处理复杂性的两种基本手段是抽象和整合。抽象用来隐藏相关的细节，整合用来分而治之。莫兰所倡导的，在认识与应对复杂性时采用"二重性逻辑"也是这个原因。他认为新的复杂性科学将建立在"想象与验证、经验主义与理性主义的二重性逻辑基础上"。得出这一认识结论对超越还原论及复杂性的思考极为重要。这意味着，世界一定是经我们思维割离后的世界。在一定程度上，世界是因人类主体思维的本性才被解释（分解）为支离破碎。因此，只能在这些支离破碎的思维逻辑点中重新拼合世界。

由复杂性的视野看来，逻辑点就是思维中的定态、可区分态，只有充分认识这些客观存在的"可区分态"才能走向深入，从定态中认识不定态。对复杂性的一个流行误解是，复杂性就是混乱性。然而，如果研究对象只有混乱性，无法找到实在的"可区分态"，就根本无法形成思维的逻辑点，进而形成理论。不可区分在科学上就近乎等同于"不可认识"。John Holland 在《涌现》一书中指出："在研究涌现现象的过程中，可识别的特征和模式是关键部分。除非一种现象是可以识别的并且重复发生；否则我是不会称这种现象为涌现现象的。"复杂性理论的任务在于充分揭示出"可区分态"的复杂性,而不是接受其混乱性。因此,面对复杂对象,"还原"依然是复杂性科学研究中的一个不可回避的主题。

由此可见,对于日趋复杂的软件系统,人们看待质量的方式和对质量的理解也在发生着变化。

(1) 首先是质量意识的普遍性。当软件的作用只是满足研究人员的计算需求时,他们只是希望软件能够比较快速、正确地计算出结果,并不是十分关心软件的操作是否便捷、是否容易理解和学习,因为他们都是专业人士,他们甚至也不关心这个软件换到另外一台计算机上是否可以正常运行,或者是否可以用来计算一些其他的问题。然而现在的软件使用者变得越来越大众化,他们可能并不精通计算机软件,甚至可能都不知道软件到底是何物,但是他们依然会使用软件,而且对软件的质量有着自己的理解和期待。软件操作要简单、易学甚至要美观,软件应该能够满足使用者的所有要求,如果现在不能满足,就应该尽快推出升级版的软件来满足,最好还是免费的。总之,现代软件承载了越来越多的人的希望,而所有这些希望都转化成了软件的质量要求。

(2) 软件质量的脆弱性。以前的软件运行在特定的设计好的硬件之上,由基本固定的人群使用,执行几乎已经设计好的任务,就像一个人,在熟悉的城市生活,干着自己擅长的工作,过着循规蹈矩的日子,通常来讲是不大会出现什么意外的。但是,现在的软件经常运行在多种不同的硬件环境中,而且分布在不同的地方,由不同背景和使用习惯的人以各种匪夷所思的方式使用着,甚至用在了极端恶劣的物理环境中,这时软件表现出了明显的脆弱性,任何一点在设计中没有考虑到的地方都可能会造成软件的致命失效,它可能受到"攻击"的地方太多了。

(3) 软件质量的矛盾性。软件越来越复杂,软件的寿命却越来越长,因为我们希望花了很大"力气"(包括时间、金钱和人力)开发出来的系统能够尽可能长地为我们服务,于是我们还不断地提高软件系统自己适应环境的能力、自己学习和改正错误的能力,但是伴随而来的却是软件失效的常态性,也就是软件质量缺失的常态性。这表现在两个方面:一方面是人们对软件质量的要求在不断变化,包括功能性变化和适应性变化;另一方面是人们对于软件的不断更新,也在不断地引入新的软件缺陷。于是软件在"浑身是病"的状态下长时间地使用着。

(4) 软件质量的无奈性。上面已经讲到,软件一方面得到了太多的关注和美好的期望,另一方面又表现出了容易受到影响的脆弱性,然而我们现在对于如何构造一个真正健壮的、能够实现所有人需求的软件却也没有更好的办法,目前软件呈现出的质量水平也是无奈之举。软件质量所表现出的无奈,归根结底还是由于人们对于"完美"的软件缺乏清晰和明确的认识与刻画,换句话说,我们不是做不出高质量的软件,而是我们根本不知道高质量的软件应该是个什么样子。

(5) 软件质量的不确定性。复杂系统往往呈现出不确定性,复杂软件同样如此。软件系统为了能够持续地满足人们的需求,通常具备自适应特性,即随着软件环境的变化而做出相应的改变。软件代码是确定的,但是确定的软件代码运行过程中所表现出来的软件状态却是一个非常庞大的集合,是我们无法全部认识和把握的,所以软件表现出的特性往往非我们所能预料。另外,由于复杂软件的使用者众多,每个人对于软件的期待是不同的,所以软件的表现在某些人看来是完美的,但是另外一些人看来却是极其糟糕,同样的软件在不同用户的眼中呈现出了不同的质量。

3.2.3　复杂软件系统的新质量特性

人们对软件质量的诉求是一个发展的过程,从 ISO/IEC 25010 模型中也可以明显地看出这个趋势。例如,在 ISO/IEC 25010 中将保密性和互操作性从 ISO/IEC 9126 的第三层的子特性上升为第二层子特性,就充分体现了软件网络化程度的提高和软件组件规模剧增的新特点。

本节重点对复杂软件系统呈现出的一些质量特性进行介绍,这些特性有的是原来标准中就有的,只是内涵上略有不同,有的则是新出现的。这些新的质量特性主要体现在以下几个方面。

1. 可用性

在可靠性理论和可靠性工程中,术语可用性(availability、usability)具有以下含义。

在任务开始时,当任务在未知的,即随机的时间被请求时,系统、子系统或设备处于指定的可操作和可提交状态的程度。

简单地说,可用性是系统处于运行状态时间的比例。这通常被描述为任务能力速率。数学上可表示为 100% 减去不可用。例如,能够每周使用 100h(168h)的单元将具有 100/168 的可用性。但是,典型的可用性值以十进制指定(如 0.9998)。在高可用性应用程序中,使用称为九进制的度量,对应于小数点后的 9 个数。根据这个约定,"五个九"等于 0.99999(或 99.999%)的可用性。

2. 可观察性

可观察性允许用户通过观察交互界面的表现了解系统的内部状态。也就是说,允许用户将当前观察到的现象与要完成的任务进行比较,如果用户认为系统没有达到预定的目标,可能会修正后面的交互动作。可观察性涉及 5 个方面的原则,即可浏览性、默认值、可达性、持久性和操作可见性。

(1) 可浏览性允许用户通过界面提供的有限信息了解系统当前的内部状态。通常由于问题的复杂性,不允许在界面上一次显示所有相关联的信息。事实上，系统通常将显示信息限制在一个与用户当前活动关联的子集上。例如，只对文档的整体结构感兴趣，可能就不会看到文档的全部内容，而只是见到一个提纲。有了这种限制，有些信息就不能立即观察到了，需要用户通过进一步的浏览操作考察想要了解的信息。另外，浏览本身不应有副作用，即浏览命令不应该改变内部状态。

（2）默认值的功能是可以减少输入数值的操作。因此，提供默认值可以看作一种错误防范机制。默认值分为两种，即静态的和动态的。静态默认值不涉及交互会话，它们在系统内定义或在系统初始化时获得；动态默认值在会话中设置，系统根据当前用户的输入进行设置。

（3）可达性是指在系统中由一种状态到达另一种状态的可能性。也就是说，能否由一个状态经过若干动作转换到另一个状态。可达性也会影响到下面提到的可恢复性。

（4）持久性是关于交互响应信息的持续以及用户使用这些响应的问题。交互中的语言谈不上持久性，而可以看见的交互响应就可以在后续操作中保持一段时间。例如，用扬声器发出声音表示一封新邮件的到达，在当时能获得这一消息，但如果没有注意，就可能会忽略掉，用一个持久性好的可见的标志（如一个小的对话框）通知这个消息，就可以长久存在。

（5）操作可见性是指系统与用户的交互过程中，系统应该让用户知道发生了什么，能够在恰当的时间内给出恰当的反馈。也就是说用户的每次操作，系统都应该给出反馈，并且能够让用户清晰的判断出操作是成功的还是失败的。操作可见性要求系统不能在用户进行操作之后毫无反应，导致用户无法确定后续的操作。

3. 响应性

响应性反映了系统与用户之间交流的频率。响应时间一般定义为系统对状态改变做出反应的延迟时间。一般而言，延迟较短或立即响应最好，这意味着用户可以立即观察到系统的反应，即使由于延迟较长，一时还没有响应，系统也应该通知用户请求已经收到，正在处理中。响应性是用户体验的重要组成部分。

4. 任务规范性

任务规范性是指系统为完成交互任务所提供的功能是否规范。用户可能已经有一些交互体验，对某些交互任务也有一定认识，如果系统提供的功能符合规范，用户就能大体了解系统对交互任务的支持，也就能够比较容易地理解和使用系统提供的新功能，如规范的窗口都应具有最小化、最大化和关闭按钮，这样用户就能够很容易地完成窗口操作的交互任务。

5. 可恢复性

可恢复性是指用户意识到发生了错误并进行更正的能力。更正可以向前进行,也可以向后恢复。向前意味着接受当前状态并向目标状态前进,一般用于前面交互造成的影响不可挽回的情况,如实际删除了一个文件就无法恢复。向后恢复是撤销前面交互造成的影响,并回到前一个状态。

恢复可由系统启动也可以由用户启动。由系统启动的恢复涉及系统容错性、安全性、可靠性等概念;由用户启动的恢复则根据用户的意愿决定恢复动作。

可恢复性与可达性有关,如果不具备可达性,可能用户就很难从错误的或不希望的状态到达期望的状态。

在提供恢复能力时,恢复过程要与被恢复工作的复杂程度相适应。一般而言,容易恢复的工作实现起来简单,因为即使出错也可以很容易地恢复;较难恢复的做起来比较困难,可以让用户在操作时进行思考,更加小心,避免出错。

6. 自适应性

自适应性是指处理和分析过程中,根据处理数据的特征自动调整处理方法、处理顺序、处理参数、边界条件或约束条件,使其与所处理数据的统计分布特征、结构特征相适应,以取得最佳的处理效果。

计算机科学中的术语"适应"是指这样的过程,其中交互系统(自适应系统)基于其用户及其环境获取的信息使其行为适应于个体用户。

复杂软件系统通常具有很长的软件工程周期,在交付之前,需求工程师、设计师和软件开发人员虽然完成了软件系统,然而却不可能预期出所有用户的要求,因而为单个用户提供最佳的系统配置和系统行为是不可能的。软件需要具备一定的自适应性,来满足以下几种场景中的用户需求:

(1) 软件用户的积极参与。用户在使用软件过程中会不断提出新的需求和任务要求。

(2) 潜在用户的参与。软件在使用过程中遇到之前没有考虑到的潜在用户。

(3) 新的使用场景与使用环境。软件处在一个新的使用场景或者软件所在的系统面临一个新的使用环境,包括用户环境和自然环境。

7. 弹性

软件弹性(resiliency)概念的提出并没有很长时间,它本身也不是来自复杂软件系统,只是在复杂软件系统中这种特性的表现变得越来越突出。

对于复杂软件系统来说,弹性是指软件系统对其组件出现的故障做出反应并仍然提供最佳服务的能力。对于很多软件系统来说,故障本身并不会导致系统的崩溃或者彻底的失败,而是造成系统某一项或某几项性能的下降(降级运行),从而无法满足用户的需求,从这个意义上说,弹性与可靠性有着相似的特征,它们都描述了故障对用户使用需求的影响程度。然而软件弹性更强调了在故障之后的系统恢复能力,即软件系统从某些类型的故障中恢复并从客户角度来看系统故障后继续保持功能的能力。

复杂软件系统中与弹性相关的还有一个属性,即生存力。一般来说,生存力是软件系统保持正常运行或继续存在的能力。然而这个术语在某些上下文中会有更为具体的含义。例如,在物联网工程中,生存性是系统、子系统、设备、过程或程序在自然或人为干扰期间和之后继续起作用的量化能力。

生存力也被认为是弹性的一个子集,弹性强调软件系统故障之后的恢复和继续提供服务的能力,而生存力则在弹性的基础上强调了系统故障的原因,通常来说,生存力更关心系统在威胁(如攻击或大规模自然灾害)存在的情况下及时履行其使命的能力。

8. 可信性

可信性(dependability)是一个集合性术语,用来表示可用性及其影响因素,包括可靠性、可维修性、保障性,它常用于非定量条款中的一般性描述。

在系统工程中,可信性是系统的可用性、可靠性、可维护性和维护支持性能以及在某些情况下其他特性如耐久性、安全性和保密性的度量。在软件工程中,可信性是提供在一段时间内可以被保护地信任的服务能力。这也可以包括旨在增加和维持系统或软件可信性的机制。

国际电工委员会(IEC)通过其技术委员会 TC 56 开发和维护国际标准,为其可信性评估和设备、服务和系统的整个生命周期管理提供系统的方法和工具。

可信性可以分为以下 3 个要素。

① 属性。一种评估系统可信性的方法。
② 威胁。了解可能影响系统可信性的事情。
③ 手段。增加系统可信性的方法。

随着 20 世纪 60 年代和 70 年代对容错和系统可靠性的关注,可信性成为衡量标准之一,因为可信性措施包括了诸如安全性和完整性等附加措施。在 20 世纪 80 年代初,Jean-Claude Laprie 因此选择可信性作为术语,包括容错和系统可靠性的研究,而没有可靠性固有的意义的扩展。

可信性领域已从此开始演变为一个国际上活跃的研究领域,召开了许多著名的国际会议,特别是可靠系统与网络国际会议、可靠分布式系统国际研讨会和软件可靠性国际研讨会。

传统上,系统的可信性包括可用性、可靠性、可维护性,但自从 20 世纪 80 年代以来,安全性和保密性已被添加到可信性的测量中。

当前框架的灵活性鼓励系统架构师启用重新配置可用、安全资源的重新配置机制,以支持最关键的服务,而不是过度配置以构建防故障系统。

随着网络化信息系统的普及,介绍了可访问性,以更加重视用户的体验。

为了考虑性能水平,可执行性的测量被定义为"量化在指定时间段内存在故障时对象系统执行的程度"。

3.3 软件的可靠性模型

3.3.1 随机微分方程模型

1. 随机微分方程模型介绍

利用网络计算技术,软件开发环境正在向并发分布式开发环境和开源项目等新的开发阶段转变。特别是作为社会关键基础设施关键组成部分的开源软件系统(open source system,OSS),目前仍在不断发展壮大。

在这些开源项目中采用分布式开发模型的成功经验包括 GNU/Linux 操作系统、Apache Web 服务器等。然而,对质量和客户支持的不良处理阻碍了 OSS 的发展。我们关注阻碍 OSS 发展的软件质量的问题。

特别地,SRGM 已经用于软件开发质量管理和进度控制的可靠性评估。另外,以开源项目为代表的新型分布式开发模式的动态测试管理的有效方法,目前仅提出了几种。在开发 OSS 可靠性评估方法时,考虑到调试过程对整个系统的影响,有必要掌握漏洞跟踪系统的注册情况、OSS 的成熟程度等。

本章将重点讨论几个开源系统下开发的开放源代码解决方案。作为下一代分布式开发模式的典型案例,讨论了一种适用于开放源代码解决方案的软件可靠性评估方法。

特别地,为了考虑开放源代码项目的活动状态和开源软件的组件冲突,提出了一种基于随机微分方程的软件可靠性增长模型。然后,假设软件故障强度与时间有关,漏洞跟踪系统上的软件故障报告现象处于不规则状态。同时,分析了实际的软件故障计数数据,给出了开放源代码解决方案可靠性评估的数值示例,并与传统的基于随机微分方程的模型进行了拟合优度比较。然后,证明了所提出模型可以帮助改进在多个 OSS 下开发的开源解决方案的质量。

设 $S(t)$ 为在测试时间 t 的开放源代码解决方案中检测大的故障数量,假设 $S(t)$ 取连续实值。由于在操作阶段,开放源代码解决方案中潜在的故障会被探测到并消除,$S(t)$ 通常随着操作过程的进行而增加。因此,根据软件可靠性增长模型的普遍假设,考虑以下线性微分方程,即

$$\frac{\mathrm{d}S(t)}{\mathrm{d}t} = \lambda(t) S(t) \tag{3-1}$$

式中:$\lambda(t)$为运行时软件固有故障的强度,一般情况下,由于t中开源组件之间的连接状态不稳定,用户难以使用开源解决方案中所有的功能。考虑到开源解决方案的特点,软件故障报告现象在测试阶段的早期处于不规则状态。此外,软件组件的添加和删除是在 OSS 系统开发过程中反复出现的,即认为软件故障强度取决于时间。

因此,假设$\lambda(t)$和$\mu(t)$具有不规则波动。将式(3-1)推广到随机微分方程(SDE),即

$$\frac{\mathrm{d}S(t)}{\mathrm{d}t}=[\lambda(t)+\sigma\mu(t)\gamma(t)]S(t) \tag{3-2}$$

式中:σ 为不规则波动幅度的正常数;$\gamma(t)$为标准化的高斯白噪声;$\mu(t)$为开源组件的碰撞级别函数。

推广式(3-2)到以下的 Ito 型的随机微分方程,即

$$\mathrm{d}S(t)=\left[\lambda(t)+\frac{1}{2}\sigma^2\mu(t)^2\right]S(t)\mathrm{d}t+\sigma\mu(t)S(t)\mathrm{d}w(t) \tag{3-3}$$

式中:$w(t)$为一维维纳过程,定义为白噪声$\lambda(t)$与时间t的积分。维纳过程是一种高斯过程,并具有以下特点,即

$$\Pr[\omega(0)=0]=1 \tag{3-4}$$

$$E[w(t)]=1 \tag{3-5}$$

$$E[w(t)w(t)']=\min[t,t'] \tag{3-6}$$

通过使用式(3-3),可以在初始条件$S(0)=v$下得到

$$S(t)=v\cdot\exp\left[\int_0^t\lambda(s)\mathrm{d}s+\sigma\mu(t)w(t)\right] \tag{3-7}$$

式中:v 为先前软件版本检测到的故障数。通过在式(3-7)中得到的结果,可以得到几个软件可靠性措施。

另外,定义了固有软件故障的强度$\lambda(t)$和碰撞水平函数$\mu(t)$,即

$$\int_0^t\lambda(s)\mathrm{d}s=1-\exp(-\alpha t) \tag{3-8}$$

$$\mu(t)=\exp(-\beta t) \tag{3-9}$$

式中:α 为固有软件故障强度的累积参数;β 为开源项目的增长参数。

2. 最大似然法

这里给出了位置参数α、β、σ的估计方法,表示过程$S(t)$的联合概率分布函数为

$$P(t_1,y_1;t_2,y_2,\cdots;t_K,y_K)\equiv\Pr[S(t_1)\leqslant y_1,\cdots,S(t_K)\leqslant y_K\mid S(t_0)=v] \tag{3-10}$$

式中:$S(t)$为在运行时间t之前检测到的累积故障数,并将其密度表示为

$$p(t_1,y_1;t_2,y_2;\cdots;t_K,y_K) \equiv \frac{\partial^K P(t_1,y_1;t_2,y_2;\cdots;t_K,y_K)}{\partial y_1 \partial y_2 \cdots \partial y_K} \quad (3-11)$$

由于 $S(t)$ 采用连续值,构造观察数据 (t_k,y_k) $(k=1,2,\cdots,K)$ 的似然函数为

$$l = p(t_1,y_1;t_2,y_2;\cdots;t_K,y_K) \quad (3-12)$$

为了简化数学运算,用以下对数似然函数,即

$$L = \lg l \quad (3-13)$$

最大似然函数为 α^*、β^*,其中,α^* 是使 L 最大化的值,这些可以作为以下方程的相似解,即

$$\frac{\partial L}{\partial \alpha} = \frac{\partial L}{\partial \beta} = \frac{\partial L}{\partial \sigma} = 0 \quad (3-14)$$

3. 预期检测到的故障数量

考虑在运行时间 t 以前的预期检测到的故障数量。给出以下的密度函数,即

$$f(w(t)) = \frac{1}{\sqrt{2\pi t}} \exp\left[-\frac{w(t)^2}{2t}\right] \quad (3-15)$$

在 OSS 系统中检测到的累积故障数量的信息对于评估软件操作过程的进展情况非常重要。由于在模型中它是一个随机变量,它的期望和方差可以作为有用的度量。由式(3-7)可以计算出 t 时刻之前检测到的故障期望数量为

$$E[S(t)] = v \cdot \exp\left[\int_0^t \lambda(s)\mathrm{d}s + \frac{\sigma^2 \mu(t)^2}{2}t\right] \quad (3-16)$$

3.3.2 离散 NHPP 建模

在最近的研究中,Satoh 提出了离散 Gompertz 曲线模型,Satoh 和 Yamada 提出了离散逻辑回归曲线模型软件可靠性评估的参数估计程序,并通过新提出的准则对这些模型进行了比较。报告说,从离散统计数据分析模型能够获得准确的参数估计。即使特定的应用中只有少量的观测数据。

本节讨论了通过保存上述结果规范不变性的差分方法推导出的离散非齐次泊松过程(NHPP)模型,并且讨论了 NHPP 模型的高适用性。离散 NHPP 模型即离散指数 SRGM 和离散拐点 S 型 SRGM 模型,其具有精确解。差分方程及其精确解趋于微分方程及其精确解。因此,提出的模型保留了连续型 NHPP 模型的特点。该模型可方便地应用于回归方程,得到准确的参数估计,在数值计算方面比最大似然估计有更多的优势。

假设一个离散计数过程 $\{N_n, n \geq 0\}$ $(n=0,1,2,\cdots)$,代表从测试开始的第 n 个周期检测到的累积故障数,则用均值函数 D_n 表示期望累积故障数的 NHPP 模型为

$$\Pr\{N_n = x\} = \frac{(D_n)^x}{x!}\exp(-D_n) \quad (n, x = 0, 1, 2\cdots) \tag{3-17}$$

这里采用了一种保持规范不变性的差分方法,因为提出的离散 NHPP 模型必须保持连续型 NHPP 模型的特点,即连续 NHPP 模型具有精确解。在参数估计方面,差分方程可以方便地应用于回归。

该模型在数值计算方面具有一定的优势。因此,可以采用普通最小二乘法进行回归方程中未知参数的估计。

1. 离散指数 SRGM

这里提出了一种原始指数 SRGM 的离散模拟,其中均值函数是 SRGM 的最简单形式。这个模型的差分方程有一个精确的解。设 H_n 表示从测试开始第 n 个周期检测到的软件故障的期望累积次数。然后,从连续型 NHPP 模型出发,推导出指数 SRGM 的离散模拟表示为

$$H_{n+1} - H_n = \delta b(a - H_n) \tag{3-18}$$

对上述方程进行求解,得到式(3-18)中 H_n 的精确解,即

$$H_n = a[1 - (1 - \delta b)^n] \quad (a > 0; 0 < b < 1) \tag{3-19}$$

式中:δ 为恒定的时间间隔;a 为发生在一个无限长时间里的潜在软件故障的总数或者预期的初始故障内容;b 为每个故障的检测率。当 $\delta \to 0$ 时,式(3-19)收敛到原指数 SRGM 的精确解,该解由微分方程描述。

可以从式(3-18)中推导出回归方程来估计模型参数。回归方程为

$$Y_n = A + BH_n \tag{3-20}$$

其中,

$$\begin{cases} Y_n = H_{n+1} - H_n \\ A = \delta ab \\ B = -\delta b \end{cases} \tag{3-21}$$

通过式(3-20)可以利用得到的数据估计 $\hat{A}$ 和 $\hat{B}$,即 A 和 B 的估计值。因此,可以得到估计值 $\hat{a}$ 和 $\hat{b}$ 为

$$\begin{cases} \hat{a} = -\dfrac{\hat{A}}{\hat{B}} \\ \hat{b} = -\dfrac{\hat{B}}{\delta} \end{cases} \tag{3-22}$$

式(3-20)的 Y_n 与 δ 无关,因为 δ 在式(3-20)中没有用于计算 Y_n。因此,在选择 δ 的任意值时,可得到与 $\hat{a}$ 和 $\hat{b}$ 相同的参数估计值。

2. 离散拐点 S 型 SRGM

这里还提出了一个连续的原始拐点 S 型 SRGM 的离散模拟。设 I_n 代表测试开始第 n 个周期内检查到的软件故障的期望累积次数。然后,可以从连续型 NHPP 模型的假设中得到 S 型 SRGM 的离散模拟,即

$$I_{n+1}-I_n=\delta abl+\frac{\delta b(1-2l)}{2}(I_n+I_{n+1})-\frac{\delta b(1-l)}{a}I_nI_{n+1} \qquad (3-23)$$

对上述差分方程进行求解,得到式(3-24)中的精确解 I_n,即

$$I_n=\frac{a\left[1-\left(\frac{1-\frac{1}{2}\delta b}{1+\frac{1}{2}\delta b}\right)^n\right]}{1+c\left(\frac{1-\frac{1}{2}\delta b}{1+\frac{1}{2}\delta b}\right)^n} \quad (a>0;0<b<1;c>0;0\leqslant l\leqslant 1) \qquad (3-24)$$

式中:δ 为常数时间间隔;a 为无限长时间内可能发生的软件故障的预期总数或为预期的初始故障内容;b 为每次故障的检出率;c 为拐点参数。拐点参数指定如下:$c=(1-l)/l$,其中 l 为拐点,表示软件系统中可检测故障数量与故障总数的比值。当 δ 趋近于 0 时,式(3-24)收敛到原拐点 S 型 SRGM 的精确解,该解由微分方程描述。

将差分运算符定义为

$$\Delta I_n \equiv \frac{I_{n+1}-I_n}{\delta} \qquad (3-25)$$

证明拐点发生在

$$\bar{n}=\begin{cases}<n^*> & (\Delta I_{<n^*>}\geqslant\Delta I_{<n^*>+1})\\ <n^*>+1 & (其他)\end{cases} \qquad (3-26)$$

其中

$$n^*=-\frac{\lg c}{\lg\left(\dfrac{1-\frac{1}{2}\delta b}{1+\frac{1}{2}\delta b}\right)}-1 \qquad (3-27)$$

$$<n^*>=\{n\mid\max(n\leqslant n^*),n\in Z\} \qquad (3-28)$$

另外,定义 t^* 为

$$t^*=n^*\delta \qquad (3-29)$$

当 n^* 为整数时,可以看出 t^* 收敛于由微分方程描述为 $\delta \to 0$ 的 S 型 SRGM 的拐点为

$$t^* = -\delta \frac{\lg c}{\lg\left(\dfrac{1-\dfrac{1}{2}\delta b}{1+\dfrac{1}{2}\delta b}\right)} - \delta \to \frac{\lg c}{b} as\delta \to 0 \qquad (3\text{-}30)$$

同时,拐点 S 型 SRGM 看作 Riccati 方程。Hirota 提出了一个具有精确解的离散 Riccati 方程。预测产品创新扩散的 Bass 模也是一个 Riccati 方程。Satoh 提出了一种离散 Bass 模型,克服了连续 Bass 模型中常用最小二乘法的不足。

可以从式(3-23)中推导出一个回归方程来估计模型参数。

回归方程为

$$Y_n = A + BK_n + CL_n \qquad (3\text{-}31)$$

其中

$$\begin{cases} Y_n = I_{n+1} - I_n \\ K_n = I_n + I_{n+1} \\ L_n = I_n I_{n+1} \\ A = \delta abl \\ B = \dfrac{\delta b(1-2l)}{2} \\ C = -\dfrac{\delta b(1-l)}{a} \end{cases} \qquad (3\text{-}32)$$

通过式(3-31)可以利用观测到的数据估计 $\hat{A}$、$\hat{B}$、$\hat{C}$,分别是 A、B、C 的估计值。因此,可以从式(3-32)中得到 $\hat{a}$、$\hat{b}$、$\hat{l}$ 为

$$\begin{cases} \hat{a} = \dfrac{\hat{A}}{(\sqrt{\hat{B}^2 - \hat{A}\hat{C}} - \hat{B})} \\ \hat{b} = \dfrac{2\sqrt{\hat{B}^2 - \hat{A}\hat{C}}}{\delta} \\ \hat{l} = \dfrac{(1-\hat{B})}{\sqrt{\hat{B}^2 - \hat{A}\hat{C}}} \\ \phantom{\hat{l}}= \dfrac{}{2} \end{cases} \qquad (3\text{-}33)$$

式(3-31)中的 Y_n、K_n、L_n 与 δ 无关,因为在式(3-31)中,δ 没有用于计算 Y_n、K_n、L_n。因此,对 δ 取任意值都可以得到相同的 $\hat{a}$、$\hat{b}$、$\hat{l}$。

3.3.3 面向质量的软件管理分析

这里首先利用过程监控数据进行多元线性分析,得出影响最终产品质量的有效工艺因素,并讨论了影响 QCD 软件管理措施的重要工艺因素。其次,基于过程改进模型,即软件管理模型的推导过程,对实际过程监测数据进行分析,如图 3-5 所示。然后讨论了项目管理或者影响 QCD 措施的重要过程因素,并展示了它们的效果。最后,从过程控制活动中的软件可靠性度量和评估的角度对过程控制数据进行分析。

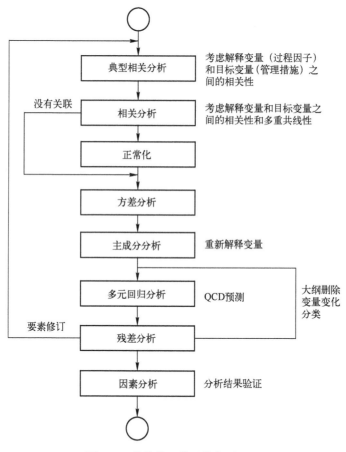

图 3-5　软件管理模型的推导过程

1. 过程监测数据

利用过程监测数据对 QCD 软件质量管理措施进行预测,如表 3-1 所列。过程监测中检测到故障数量(QCD)有 5 个变量,即同行评审、使用开发计划评审、设计完成评审、测试计划评审和测试完成评审,这5个变量作为解释变量。这5个因素的观测值根据项目开发人员的规模标准化。使用3个变量作为目标变量,即客户验收测试中检测到的故障数量、成本超额率和支付延迟天数。

2. 影响因素分析

根据典型相关分析和图3-5中的相关分析,选择X_3作为估计软件质量预测模型的一个重要因素。然后对过程监控数据进行单因素回归分析,如表3-1所列。之后利用X_3得到预测软件故障数量的估计单回归方程$\hat{Y}_q$,并且得到归一化单回归表达式$\hat{Y}_q^N$,即

$$\hat{Y}_q = 11.761X_3 + 0.998 \tag{3-34}$$

$$\hat{Y}_q^N = 0.894X_3 \tag{3-35}$$

表3-1 过程监控数据

项目号(发展后故障数量大小)	检查评审	发展计划 X_2	计划完成检查 X_3	测试计划评审 X_4	测试完成审查 X_5	质量 Y_q	费用 Y_c	交付 Y_d
1	0.591	1.181	0.295	0.394	0.394	4	1.456	28
2	0.323	0.645	0	0.108	0.108	1	1.018	3
3	0.690	0.345	0	0.345	0	0	1.018	4
4	0.170	0.170	0	0.085	0	2	0.953	0
5	0.150	0.451	0.301	0.075	0.075	5	1.003	0
6	1/186	0.149	0	0.037	0.037	0	1	−8
7	0.709	0	0	0	0	2	1.119	12

其中,自由度调整后的多重相关系数平方(调整后的R^2)为0.758,推导的线性质量预测模型在1%水平下显著。

在与上述影响故障数量的因素分析类似的讨论中,通过典型相关分析、相关分析和主成分分析,可以选择X_1和X_5作为估计成本超额率和交货延迟天数的重要因素。然后,利用X_1和X_5得到预测成本超额率的多元回归方程估计值$\hat{Y}_c$,并且得到归一化的多元回归表达式,即

$$\hat{Y}_c = 0.253X_1 + 1.020X_5 + 0.890 \tag{3-36}$$

$$\hat{Y}_c^N = 0.370X_1 + 0.835X_5 \tag{3-37}$$

其中,调整后的R^2为0.917,推导出的成本超额预测模型在1%水平下显著。

按照成本超额率的相同办法,利用X_1和X_5得到预测交货延误天数的多元回归估计方程$\hat{Y}_d$和归一化多元回归表达式$\hat{Y}_d^N$,即

$$\hat{Y}_d = 24.669X_1 + 55.786X_5 - 9.254 \tag{3-38}$$

$$\hat{Y}_d^N = 0.540X_1 + 0.683X_5 \tag{3-39}$$

其中,调整后的 R^2 为 0.834,推导出的交货延迟预测模型在 5% 水平下显著。

3. 软件管理模型分析结果

通过对实际过程监控数据的多元线性分析推导出了软件管理模型。在此基础上,建立了最终产品质量、成本超支、交货延迟的预测模型,并进行了高精度的定量评价。然后,利用图 3-5 所示的软件管理模型推导过程,有效地促进了 PDCA(plan,do,check,act)管理周期下的软件过程改进。

此外,设计完成评审对软件质量有着重要的影响,因此,在软件开发项目的前期,可以利用过程监控活动中设计完成评审的结果来预测软件产品的质量。

其次,合同评审和测试完成评审过程对成本超支率和交付延迟天数有着重要影响。也就是说,软件开发项目前期的成本超支和交付延迟措施难以预测,发现在相同过程监控因素下,成本超支和交付延迟措施是可以预测的。

4. 项目管理的实施

1) 持续过程改进

通过软件管理模型分析和因素分析,发现合同评审与成本和交付措施有重要关系。为了改善成本超额率和交付延迟,对合同评审中发现的重要问题进行适当的项目管理实践。

针对在合同评审中发现的重要问题进行的项目管理实践主要包括以下几方面:

① 规范领域的早期决策。
② 需求规范技术的提高。
③ 开发计划的早期决策。
④ 改进项目进度管理。
⑤ 测试技术的提高。

给出风险比率,即

$$R = \sum_i \{\text{riskitem}(i) \times \text{weight}(i)\} \tag{3-40}$$

在式(3-40)中,风险评估在每个风险项目(i)中都有权重(w),风险比在 0~100% 之间。根据风险评估清单,通过访谈确定项目风险,从确定的风险中,通过式(3-40)计算风险比率。

2) 设计质量评价的实施

与成本和交付度量方法类似,设计质量评审与软件质量之间也存在着重要的关系。为了提高软件质量,在设计完成评审中进行适当的项目管理,称为设计评估。

设计评估根据项目经理、设计人员和质量控制部门成员的风险评估清单评估以下项目。通过下面的设计评估,判断是否符合发展可进入下一阶段。

(1) 在需求分析之后,有多少需求包含在需求规范中?是否适当地定义了需求(功能需求和非功能需求)?

(2) 基本设计完成后,需求(功能需求和非功能需求)是否需要从用户需求转移到设计文档中,而不遗漏需求规范中的描述项?

(3) 基本设计文档是否包括基本设计?

实施计划评审后,通过对几个项目的设计完成评审进行设计评估,发现软件质量得到了提高,成本超支率和交付延误天数也较为稳定。

5. 软件可靠性评估

接下来讨论基于过程监控数据的软件可靠性度量和评估。过程监控活动中的软件可靠性增长曲线显示了过程控制进度比与过程监控中检测到的累积故障数(QCD 问题)之间的关系,然后应用基于 NHP 的 SRGM。

这里讨论了基于 NHPP 的软件可靠性增长模型,因为它的分析处理相对容易。假设所观测到的测试时间数据是连续的,选择过程监控进度比作为测试时间的代替单位。

为了描述加工监控进度比 $t(t>0)$ 处的故障检测现象,零 $\{N(t),t>0\}$ 为一个计数过程,表示直到进度比为 t 的累积检测到的故障数,故障检测现象可以描述为

$$\Pr\{N(t)=n\} = \frac{[H(t)]^n}{n!}\exp[-H(t)] \quad (n=0,1,2,\cdots) \tag{3-41}$$

式中:$H(t)$ 为 $N(r)$ 的期望值,称为 NHPP 的均值函数。式(3-41)中的 $\Pr(A)$ 表示事件 A 的概率。在本节中,应用 NHPP 模型,即指数 SRGM、延迟 S 型 SRGM 和对数泊松执行时间模型。

软件可靠性评估方法在基于 SRGM 的软件可靠性定量评估中发挥着重要的作用。期望维护故障数 $n(r)$ 表示任意测试时间 t 下软件系统潜在故障数,表示为

$$n(t) \equiv E[N(\infty)-N(t)] = E[N(\infty)]-H(t) \tag{3-42}$$

式中:$E[A]$ 为随机变量 A 的期望值,则瞬时新 MTBF(软件故障平均间隔时间)表示为

$$\mathrm{MTBF}_1(t) = \frac{1}{\dfrac{\mathrm{d}H(t)}{\mathrm{d}t}} \tag{3-43}$$

这是 MTBF 代替 NHPP 模型的措施之一。

此外,软件可靠性函数表示假设测试或用户一直进行到时间 t 时,软件故障不发生在时间间隔 $(t,t+x)$ $(t\geq 0,x\geq 0)$ 内的概率。如果计数过程 $\{N(t),t\geq 0\}$ 跟随 NHPP 的均值函数 $H(t)$,则得到软件可靠性函数为

$$R(x\mid t)=\exp\{-[H(t+x)-H(t)]\} \tag{3-44}$$

3.3.4 考虑人因的可靠性分析模型

本节通过假设一个由抑制因素和诱导因素组成的人为因素模型,讨论了一个实验研究,以阐明人为因素及其与软件可靠性之间的相互作用。本实验专注于软件设计-评审过程,该过程在消除和预防软件故障方面比其他过程更有效。为了分析实验结果,引入了基于信噪比(定义为SNR)的质量工程方法,以阐明人为因素与软件可靠性之间的关系,通过审查检测到的种子故障数量来衡量通过实验设计判断的重要人为因素的有效性是否是有效的。因此,可以获得所选择的抑制剂和诱导剂的最佳水平,因为对于人类因子来说,只需要$L_{18}(2^1\times 3^7)$即可获得最佳水平。

1. 设计评审和人为因素

设计评审过程的输入和输出如图3-6所示。设计评审过程位于设计阶段和编码阶段之间,软件需求规范作为输入,软件设计规范作为输出。通过有效检测软件故障,提高软件可靠性。

软件设计者和设计过程环境的属性在设计评审过程中是相互关联的(图3-6),设计规范作为输出的有影响的人为因素分为以下两类属性(图3-7)。

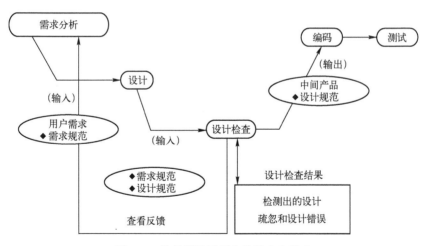

图3-6 软件设计过程中的输入和输出

1) **设计评审员的属性(抑制因素)**

设计评审员的属性是指负责设计评审工作的软件工程师的活动。例如,该属性包括对软件需求规范和软件设计方法的理解程度、程序员的能力、软件设计的经验和能力、软件设计实现的意愿等,这些因素大多是直接影响软件设计规范质量的心理逻辑因素。

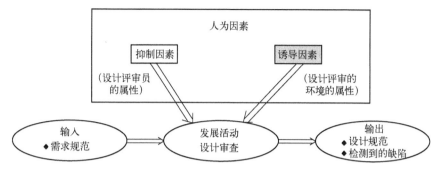

图 3-7 人因子模型(包括抑制因素和诱导因素)

2) 设计评审环境的属性(诱导因素)

在设计评审工作中,软件设计方法的培训、软件设计方法的种类、软件设计工作中的物理环境因素,如温度、人文、噪声等,所有这些因素都可能间接地影响着软件规范化设计的质量。

2. 设计审查实验

为找出软件设计规范的可靠性与其影响因素之间的关系,选取 5 个人为因素进行实验设计,如表 3-2 所列。

表 3-2 设计审查实验中的人为因素

人为因素		水 平		
		1	2	3
$A^{(ii)}$	BGM 的古典音乐审查工作环境	A_1:是	A_2:否	—
$B^{(ii)}$	软件设计工作的持续时间	B_1:20min	B_2:30min	B_3:30min
$C^{(i)}$	对设计方法的理解程度(R Net 技术)	C_1:高	C_2:一般	C_3:低
$D^{(i)}$	对需求规格说明的理解程度	D_1:高	D_2:一般	D_3:低
$E^{(ii)}$	检查清单(说明审查工作中需要注意的事项)	E_1:详细	E_2:一般	E_3:无

在本实验中,假设一个由抑制因素和诱导因素组成的模型如图 3-7 所示,通过实验来验证影响软件可靠性的人为因素与设计评审工作可靠性之间的关系。实验实际是由 18 名受试者基于相同的三角形程序进行的,该程序接受 3 个代表三角形边长的整数,并将这些边长组成的三角形进行分类。通过实验设计前的初步测试,针对 18 名受试者对设计方法的理解程度和需求规格说明书的理解程度进行了测试。此外,还特意在设计规范中加入了一些错误,然后进行设计审查实验,其中 18 名受试者检测种子故障。

利用表 3-2 所列的 3 个层次的 5 个人为因素进行了实验,将设计审查中被检测到的故障分为描述性设计和符号性设计两部分。

1) 描述性设计故障

描述设计部分由设计规范中描述的实现所需功能的词语或技术术语组成。在本实验中,描述设计故障是一种算法故障,可以通过检测和修正来提高设计规范的质量。

2) 符号性设计故障

符号性设计是由设计规范中描述的标记或者符号组成。在本实验中,符号性设计故障是符号错误,不能通过检测和纠正来提高设计规范的质量。

3. 实验结果分析

将设计评审的结果,即可靠性,定义为设计评审人员能够准确检测包含种子故障的设计规范的正确和错误设计部分的程度。设计零件总数 n 与正确设计部件数量 n_0 以及包含种子故障的不正确设计部件的数量 n_1 的关系为

$$n = n_0 + n_1 \tag{3-45}$$

因此,采用以下符号对设计部分进行分类,如表 3-3 所列。

表 3-3 两种错误的输入和输出

	(i)测定值				(ii)错误率		
输入	输出			输入	输出		
	0(正确)	1(错误)	总数		0(正确)	1(错误)	总数
0(正确)	n_{00}	n_{01}	n_0	0(正确)	$1-p$	p	1
1(错误)	n_{10}	n_{11}	n_1	1(错误)	q	$1-q$	1
总数	r_0	r_1	n	总数	$1-p+q$	$1-q+p$	2

这里定义了两种错码率,即

$$p = \frac{n_{01}}{n_0} \tag{3-46}$$

$$q = \frac{n_{10}}{n_1} \tag{3-47}$$

考虑 p 和 q 两种错误率,可以得到标准错误率为

$$p_0 = \frac{1}{1+\sqrt{\left(\dfrac{1}{p}-1\right)\left(\dfrac{1}{q}-1\right)}} \tag{3-48}$$

由式(3-48)定义信噪比为

$$\eta_0 = -10\lg\left[\frac{1}{(1-2p_0)^2} - 1\right] \quad (3-49)$$

标准错误率 p_0 可以通过控制各因子的信噪比由式(3-49)得到,即

$$p_0 = \frac{1}{2}\left[1 - \frac{1}{\sqrt{10^{\left(-\frac{\eta_0}{10}\right)} + 1}}\right] \quad (3-50)$$

基于正交的实验设计方法是一种特殊的实验设计方法,它只需要少量的实验就可以帮助我们发现主要因素的影响。在传统的研究中,实验设计采用正交阵 $L_{12}(2^{11})$ 进行,然而,由于正交阵 $L_{12}(2^{11})$ 对人为因素的测量只有两个层次的把握,因此无法测量两个层次之间的中间效应。因此,为了测量它,采用正交矩阵 $L_{18}(2^1 \times 3^7)$,可以列出一个两层的因子和 7 个 3 层的因子。相互独立进行试验 18 次,可以免除 $2^1 \times 3^7$ 次实验。

4. 分析结果调查

分析了外部因素 R 与内部因素 A、B、C、D、E 的同时作用,考虑到内外因素之间的相关性进行方差分析,得到表 3-4。

表 3-4 考虑内外因素的结果分析

因素	f	S	V	F_0	$\rho/\%$
A	1	37.530	37.530	2.497	3.157
B	2	47.500	23.750	1.580	3.995
C	2	313.631	156.816	10.435[②]	26.380
D	2	137.727	68.864	4.582[①]	11.584
E	2	4.684	2.342	0.156	0.394
$A \times B$	2	44.311	22.155	1.474	3.727
e_1	6	38.094	6.460	0.422	3.204
R	1	245.941	245.941	16.366[②]	20.686
$A \times R$	1	28.145	28.145	1.873	2.367
$B \times R$	2	78.447	39.224	2.610	6.598
$C \times R$	2	36.710	18.355	1.221	3.088
$D \times R$	2	9.525	4.763	0.317	0.801
$E \times R$	2	46.441	23.221	1.545	3.906
e_2	8	120.222	15.028	3.870	10.112
T	35	1188.909			100.0

① 5%的显著性水平;② 1%的显著性水平。

方差分析中存在两种误差：e_1 是内部因素实验间的误差；e_2 是 e_1 和外部因素之间的相互相关误差。在本分析中，由于 e_2 对 e_1 的检验效果不显著，所以所有因素的 f 检验均采用 e_2。结果表明，对设计方法的理解程度（C 因素）、对需求规格的理解程度（D 因素）、对检测到的故障分类（R 因素）等人为因素具有显著性。影响设计评审工作的显著因素汇总、各层次的因素效应，在内部因素中，只有 C、D 两个因素显著，内外因素不互相作用。也就是说，无论检测到的故障属于哪一类，对设计方法的理解程度越高，对需求规范的理解程度越高的评审员都能有效地评审设计规范。结果表明，外部因素 R 显著，描述设计故障检测量小于符号设计故障检测量。虽然这是一个自然结果，但很难检测并纠正导致质量改进而不是符号错误的算法错误。然而，检测和纠正算法故障是设计评审工作质量改进的一个重要问题。因此，为了提高检测率和校正算法的缺点，在设计审查工作之前应该使评论者完全理解设计相关技术和用于描述设计规格和需求说明书的内容。

第4章

基于体系结构的复杂软件可靠性评估

4.1 基于体系结构的可靠性评估

4.1.1 评估过程

基于体系结构进行可靠性评估通常被认为是一种白盒评估方法,应用于软件生命周期的早期阶段。这种方法的出发点认为,系统的失效与体系结构中组件的故障存在明确且直接的关系,通过描述和刻画这种关系,达到对系统可靠性进行评估的目的。

一般来说,基于体系结构的评估方法包含以下主要步骤:

① 利用某种形式对软件的体系结构进行刻画与描述。
② 在体系结构层面定义一组与故障相关的参数。
③ 实验或推导出上述参数与系统可靠性之间的关系。
④ 获得软件系统可靠性的评估模型。

早在 1975 年,Parnas 和 Shooman 就第一次在评估可靠性的过程中用到了软件的内部结构,他们认为,软件的内部结构对软件的可靠性有着很大的影响。图 4-1 给出了基于体系结构进行可靠性评估的基本过程。

在上述基本过程的基础上,根据对软件系统结构认识的不同,学者们提出了各种体系结构的模型化描述,同时各自对评估中所使用的参数进行了描述,形成了诸多的评估方法。根据体系结构的评估方法所基于的模型不同,通常可以分为基于状态模型的评估和基于路径模型的评估。具体的分类情况如表 4-1 所列。

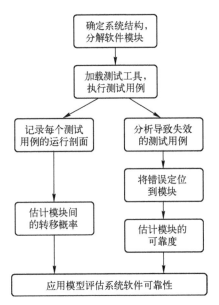

图 4-1 软件可靠性评估的基本过程

表 4-1 基于体系结构的可靠性评估模型分类表

主要分类	模型提出者	参数的类别			结构视图		组件之间交互关系		
		R	λ	$\lambda(t)$	单视图	多视图	转移概率	路径频率	无
状态模型	W. Wang	√	—	—	√	—	√	—	—
	Cheung	√	—	—	√	—	√	—	—
	Goseva-Popstojanova	√	—	—	√	—	√	—	—
	Reussner	√	—	—	√	—	√	—	—
	Roshande	√	—	—	√	—	√	—	—
	Gokhale	√	—	—	√	—	√	—	—
	Littlewood	—	√	—	√	—	√	—	—
	Laprie	—	√	—	√	—	√	—	—
路径模型	Shooman	√	—	—	√	—	—	√	—
	Krishnamurthy 和 Mathur	√	—	—	√	—	—	√	—
	Yacoub	√	—	—	√	—	√	—	—
	Rodrigues	√	—	—	—	√	√	—	—
	Singh	√	—	—	—	√	—	√	—

状态模型通常将系统结构视为组件以及组件之间的控制转移,之后通过构造对应的数学模型对整个系统的可靠性进行评估。路径模型中通常会计算评估对象的所有可能的执行路径,计算方法通常为对评估对象进行模拟运行(仿真),或者根据理论算法分析得到执行路径,之后建立数学模型,对系统的可靠性进行评估。

4.1.2 基于体系结构评估的主要方法

1. 基于状态模型的方法

基于状态模型的方法描述系统结构的方式通常为组件转移,之后通过构造对应的数学模型对整个系统的可靠性进行评估。组件的可靠性和软件的体系结构是状态模型建立的两个最重要因素。通常使用控制转移概率矩阵来刻画软件的体系结构,而控制转移概率一般认为是由操作剖面决定的。为了更真实地反映系统的使用情况,一般会尽可能根据系统的操作剖面得到系统的控制转移概率矩阵。下面简单介绍两种比较典型的方法。

1) 组合模型方法

组合模型方法采用的体系结构模型是吸收型离散时间马尔可夫链,并通过转移概率矩阵 P 构建出关于可靠度的评估模型。

组合模型的具体构造步骤:首先用 p_{ij} 表示组件 i 转移到组件 j 的转移概率;然后假设每个节点的可靠度为 R_i,每个节点有两个状态,即 C 和 F,前者表示正确的输出,后者表示失效。假设应用只有一个单一的入节点和单一的出节点,可以令入节点为 1,出节点为 n。考虑到每个节点的可靠性,原始的转移概率可以修改为 $R_i p_{ij}$,代表在组件 i 成功执行的条件下,控制从组件 i 转移到组件 j 的概率。而系统可靠度就是指从入节点到出节点不失效的概率:计算方法由以下几个公式得到,即

$$Q_{n \times n} = D \times P$$

式中: D 为 $n \times n$ 对角矩阵。

$$d_{ii} = R_i$$

计算 $S_{n \times n} = (I - Q)^{-1}$,通过公式 $R = S(1, n) \times R_n$ 得到系统的可靠度。

在上述模型的基础上还可以根据不同类型的体系结构进行扩展,形成如管道-过滤器(pipe-filter)、备份容错、调用-返回(call-return)和批处理(batch)等不同风格的体系模式。对于每种风格,应该先分析状态转移的规律,然后再计算出状态转移概率。在计算出不同风格体系结构模式的可靠性基础上,还可以将一个软件系统分解成这 4 种风格的结构组合,从而得到异构软件系统的可靠性评估结果。

2) 分层模型方法

该方法同样基于马尔可夫链进行体系结构建模,不过这种模型认为,软件执行的过程为连续时间的马尔可夫链过程(CTMC)。此方法中的模型分别用 m_{ij} 和 v_{ij} 表示组件 i 到 j 的平均执行时间和组件 i 转移到组件 j 的失效概率;模型假设每个组件的失效服从参数为 i 的泊松分布。同时模型假设软件控制转移次数要远大于失效次数,对于整个软件系统来讲,它的失效同样遵循泊松分布,由此得出软件失效率的计算方法为

$$\lambda_S = \sum_i a_i \lambda_i + \sum_{i,j} b_{ij} v_{ij}$$

式中:$a_i = \dfrac{\pi_i \sum_j p_{ij} m_{ij}}{\sum_i \pi_i \sum_j p_{ij} m_{ij}}$,为组件 i 执行时间占总时间的百分比;$b_i =$

$\dfrac{\pi_i p_{ij}}{\sum_i \pi_i \sum_j p_{ij} m_{ij}}$,为组件 i 到 j 的转移频率;π_i 为整个软件系统的稳态马尔可夫向量。

2. 基于路径模型的方法

基于路径模型的评估方法与基于状态模型的评估方法的主要区别在于,评估软件可靠性时是否考虑软件的执行路径。

在考虑软件执行路径的体系结构建模技术中,通常假设软件的执行路径为 m 条,对于软件的各个路径 i 都有自己执行的频率 f_i,对于软件的每条路径来讲,它们还有失效的可能,其概率为 q_i。于是假设软件共运行 N 次,可使用公式 $n_f = \sum_{i=1}^{m} N f_i q_i$ 计算出失效的总数,公式中 Nf_i 表示路径 i 共执行多少次。于是可以用公式 $q_0 = \lim_{n \to \infty} \dfrac{n_f}{N} = \sum_{i=1}^{m} f_i q_i$ 计算出整个软件失效的概率。

另外,也可以针对参数可靠度进行评估。对某个测试路径,计算出它的可靠性,然后运行测试用例,通过获得的数据计算软件的可靠性。可以作以下假设:R_m 表示组件 m 的可靠度,相互独立的组件失效行为。考虑软件 P 在测试用例 tc 驱动下单独执行一次,执行过程中所有组件的执行顺序构成一个序列,记作 $M(P,\text{tc})$。那么,由 tc 和 R_m 可以计算出 P 的路径可靠性,设 TS 表示测试用例集,有 $R_{\text{tc}} = \prod_{\forall m \in M(P,\text{tc})} R_m$,则软件系统可靠性为 $R = \dfrac{\sum_{\Delta \text{tc} \in \text{TS}} R_{\text{tc}}}{|\text{TS}|}$。当体系结构中出现循环路径时,由于假设失效是相互独立的,一个路径的可靠度由路径中组件的可靠度与其执行次数相乘得到。而循环的执行会导致执行次数为无穷大,让这条路径的可靠度不

断降低甚至趋近于 0,这显然会降低可靠性评估的准确性。对于这个问题,通常的解决方案是当出现循环路径时,路径中组件的失效不满足独立性要求,可靠度不能重复相乘。通过定义一个组件的 DIO(degree of independence)来表示重复执行时相乘的次数。当 DIO＝1 时路径仅仅计算一次,而 DIO 有一个最大值 n,其路径执行次数要小于 n。

4.1.3 复杂软件系统面临的问题

当软件系统越来越复杂之后,基于体系结构进行可靠性评估的方法面临一些新的问题。

1. 软件构造过程的复杂

复杂软件系统的构造过程难以一次性完成设计、开发与部署工作,而且这个构造过程的时间很长,涉及的参与者角色也多。一般来说,软件缺陷的产生和影响在整个开发过程中会被不断放大,所以发现软件缺陷的时间越晚,修正它所需要的成本就越高,复杂的构造过程首先会增加缺陷产生的概率,其次会进一步增加缺陷的放大效应,同时还会让缺陷的产生机理变得更加复杂,给发现缺陷和修正缺陷带来巨大的挑战。据统计,复杂软件开发的需求与设计阶段是最容易产生缺陷的,产生缺陷的数量占总体缺陷的比例在 50%～75%之间。

2. 软件体系结构形式的复杂

复杂软件系统的组成成分为各种类型异构的自治系统,自治系统内部结构复杂,同时异构的自治系统之间关联异常复杂。各自治系统有不同的开发环境,服务于不同的利益群体。这也就意味着复杂软件系统各个部分有着不同的结构,有着不同的失效模式,不能简单地将整个软件系统看成黑盒,认为有一个单一的失效模式。

3. 软件失效行为的复杂

首先,复杂软件系统的行为具有涌现性,行为复杂且需求不断变化,所以难以对其进行整体的行为控制和管理,同时其各个自治子系统的失效成为常态,很多传统的组件失效行为的度量方法需要有所改进。另外,传统的对组件失效行为的计算产生了局限性。传统的组件失效行为一般为常量、失效率或失效密度函数。这些量在简单的软件系统中是很难计算与确定的,对于复杂系统来说,由于系统行为的复杂和交联关系的复杂,这些量变得更加难以确定,所以需要提出新的度量来替代传统的组件失效行为的表述方法。

4. 对故障传播行为的考虑

如本书第 2 章所述,复杂软件系统内部的故障具有传播和演化特征,这就对基于体系结构进行评估的技术产生了影响,由于软件系统内部是相互作用的,因此某个组件出现故障有可能会传播到与其直接或间接联系的组件中去,而由于复杂软件系统的不确定性、行为涌现性、非线性相互作用,使各自治系统之间或组件之间的故障传播并不一定会导致整个系统的最终失效。因此,需要在体系结构层面进行可靠性评估时,考虑故障传播对系统可靠性的影响。

基于体系结构进行可靠性分析与评估是一直以来被大家所认可的一种技术途径,但是当体系结构变得越来越复杂之后,单纯地从结构模式与结构特征角度考虑软件的可靠性已经显然不够了,因为复杂软件系统的关键在于交联关系的复杂以及交联导致的行为复杂,所以从故障在结构层面的传播规律出发,研究体系结构的可靠性成为目前的一个研究热点。

4.2 软件体系结构的描述

在介绍考虑故障传播影响的可靠性评估方法之前,首先对方法中涉及的软件体系结构相关内容进行简单介绍。

4.2.1 软件体系结构

Bass、Clements 和 Kazman 认为,计算机系统或者程序软件的体系结构是系统的一个或者多个包括了软件组件、软件组件可见的外部属性以及两者之间关系的结构。软件组件有很多种,有简单的软件组件,如面向对象思想中的类或者程序模块,也有可能扩充到中间件,这些中间件可能包含有数据库,也可能是可以完成客户机与服务器网络配置的中间件。为了理解组件之间的相互作用,组件的属性是必要的特征。组件之间相互作用关系是复杂多样的,可以简单如一个模块对另一个模块的过程调用,也可以复杂如数据库的访问协议。

1. 基本体系结构类型

从本质上来讲,软件体系结构对一种结构进行表示。在不同类型的体系结构中,均包含3个要素,即组件(某个实体集)、连接件(一组已定义的关系)、特性(组件及连接件的特性),组件及连接件的特性可以用来区别它们的类型。在体系结构中,组件便是通过连接件进行连接的。Bass、Clements 和 Kazman 给出了5种典型的基本体系结构。

1) 功能结构

功能或处理实体构成了功能结构中的组件,接口构成了该结构的连接件,连接件提供"调用"其他组件或"传送数据"到其他组件的功能。功能结构的特性是用来描述组件所拥有的特征以及接口的组织。

2) 实现结构

在实现结构中,凡是具有在各个抽象层上打包功能的实体均可作为组件,如包、类、对象、过程、函数、方法等。实现结构中的连接件主要包括控制和传送数据、数据的共享以及"调用"等能力。特性主要关注于在实现结构时的如可维护性、可重用性等质量特征。

3) 并发结构

"并发单元"构成了并发结构中的组件,并行任务或者线程均为"并发单元"。连接件关系包括 5 种,即运行不能有、发送数据到、运行必须有、同步于、优先级高于。在并发结构中,相关的特性主要有优先级、执行时间以及抢先占有 3 种。

4) 物理结构

设计开发中存在的部署模型与物理结构相似,其中物理硬件构成物理结构的组件,软件驻留在物理硬件之上,硬件组件间的接口构成该结构的连接件,其中特性为性能、带宽、容量和其他属性。

5) 开发结构

该结构中对组件、软件工程过程以及工作产品所需要的其他信息源进行定义。其中工作产品之间的关系构成该结构的连接件,特性用来标识出每项的特征。

上述每种不同的结构表示了软件体系结构不同角度的视图,软件团队可以根据不同的有用信息对软件进行建模和构建。

2. 构成软件体系结构的基本要素

1) 组件的概念

一般认为组件是系统中模块化的、可部署的和可替换的部件,该部件封装了实现并暴露一组接口。接口是为了保证组件被调用以及实现数据的传递,一个组件可能会有不止一个接口,这些接口说明组件怎样与其他组件和存在于软件边界以外的实体(如其他系统、设备和人员)进行通信和合作。组件接口可能与连接件相连,也可能是通过全局变量、参数集合、消息、信号量等与其他组件直接交互。

软件组件具有以下特点。

(1) 组件是这样一类模块,它几乎是独立的,可被其他组件替换,并且满足一定的功能,是可以独立配置的单元。组件内部独立设计、独立开发,可进行独立测试和发布。

(2) 组件内部设计强内聚,而组件之间松耦合,这样尽可能消除软件之间或者软件部分之间的联系。

(3) 组件接口与实现分离。接口是组件之间的通信协议,实现是组件的内部设计。

(4) 组件要有清楚的接口规范,从而适应于在不同的环境里被不同的系统调用。

2) 连接件的概念

连接件作为体系结构的构造模块,其主要作用是构造组件间的交互,同时也支配组件间相互交互的规则。组件间的交互方式有多种,如组件间相互依赖的关系、组件间同步的关系、组件间一些方法或者功能的相互调用、组件间互相传递消息或信号量、组件间数据的传递和转换等。组件之间的连接件在最简单的情况下变为直接连接,在这种情况下组件之间是可以直接交互的。然而组件之间的交互在复杂的情况下必须要通过连接件进行,此时的连接件可能是管道,也可能是通信机制或者通信协议等。

连接件与可靠性相关的属性包括调用概率和连接件可靠度。调用概率是组件通过某个连接件进行信息交互的概率。组件对连接件的调用实际上是通过对与该连接件相连的接口调用实现的。因此,把对连接件的调用作为组件对该连接件接口的调用,把该连接件的调用概率转换到与之相连的组件接口的调用概率,这样组件的信息输出就统一为对组件接口的调用。

4.2.2 马尔可夫链简介

在1896年,俄国的数学家马尔可夫提出了一个实验模型,他在该模型中提出了马尔可夫过程:当过程"将来的状态"只和该过程已知的"现在的状态"相关,而和该过程"过去的状态"无关时,称该过程为马尔可夫过程。当马尔可夫过程中的状态是离散状态时也称为马尔可夫链。马尔可夫过程理论在很多领域都有着广泛的应用,包括物理学、工程学、生物学甚至社会科学领域。常用的马尔可夫过程的状态空间以及时间参数都是离散的,以下是此类马尔可夫过程的数学定义。

定义 4-1 假设随机过程 $\{X_1, X_2, \cdots, X_n\}$ 为有序个随机变量序列,其状态空间 $S = \{j_1, j_2, \cdots, j_n\}$ 是有限集或可列集,对任意整数 n,若条件概率

$$P\{X_n = j_n \mid X_1 = j_1, X_2 = j_2, \cdots, X_{n-1} = j_{n-1}\} = P\{X_n = j_n \mid X_{n-1} = j_{n-1}\} \quad (4-1)$$

恒成立,该过程就称为马尔可夫链。式(4-1)被称为马尔可夫性,也可以称为无后效性。该特性的含义:当过程"现在状态 $X_{n-1} = j_{n-1}$"已知时,"将来状态 $X_n = j_n$"的条件概率分布仅与"现在状态 $X_{n-1} = j_{n-1}$"有关,而与"过去状态 $X_1 = j_1, X_1 = j_1, \cdots, X_{n-2} = j_{n-2}$"不相关。

定义 4-2 在离散参数的马尔可夫链 $\{X_1, X_2, \cdots, X_n\}$ 中,条件概率:

$$P\{X_{m+1} = j \mid X_m = i\} = p_{ij}^{m, m+1} \quad (4-2)$$

为马尔可夫链$\{X_1,X_2,\cdots,X_n\}$的一步转移概率,主要表示在参数m下,该马尔可夫链的状态由i一步转移到j的概率,也可简称为转移概率。

条件概率:

$$P\{X_{m+n}=j\mid X_m=i\}=p_{ij}^{(n)m,m+1} \qquad (4-3)$$

称为马尔可夫链$\{X_1,X_2,\cdots,X_n\}$的n步转移概率,主要表示在参数m下,该马尔可夫链的状态由i经n步转移到j的概率。

通常条件下,转移概率具有性质:对于状态空间S内的任意两个状态i和j,恒有

① $p_{ij}^{(n)m,m+1} \geq 0$;

② $\sum_{j\in S} p_{ij}^{(n)m,m+1} = 1, n=1,2,3,\cdots$。

定义 4-3 设齐次马尔可夫链$\{X_1,X_2,\cdots,X_n\}$状态空间$S=\{0,1,2,\cdots,n,\cdots\}$,则对$S$内的任意两个状态$i$和$j$,由转移概率$p_{ij}$排序一个矩阵,即

$$\boldsymbol{P}=\begin{pmatrix} p_{11} & p_{12} & \cdots & p_{1j} & \cdots \\ p_{21} & p_{22} & \cdots & p_{2j} & \cdots \\ \vdots & \vdots & & \vdots & \cdots \\ p_{i1} & p_{i2} & \cdots & p_{ij} & \cdots \\ \vdots & \vdots & & \vdots & \end{pmatrix} \qquad (4-4)$$

称为一步转移概率矩阵,同样可以简称为转移概率矩阵。

转移概率矩阵$\boldsymbol{P}$具有以下两个特点:

① $p_{ij} \geq 0$,即元素均非负。

② $\sum_{j\in S} p_{ij} = 1$,即行和为1。

4.2.3 吸收离散时间马尔可夫链

现在介绍如何采用吸收离散时间马尔可夫链(absorbing discrete time markov chains,ADTMC)作为表示软件的体系结构,其中组件为功能模块,连接件为组件间的控制转移,属于功能结构。该模型假设组件之间的控制转移是一个马尔可夫过程,即下一个模块的执行只与当前模块有关,与之前的模块无关。这个假设对每种类型的程序或许不都有效。尽管在指令的层面将控制流假定具有马尔可夫行为存在一些问题,但是从研究者对内存管理和时序安排做的实验上来看,在宏观层面(模块的角度),这个假设对许多程序还是有效的。如果组件没有进行修改,那么在一个给定的用户环境中组件的转移概率将是一个定值,本书将这些概率当作常量,它们刻画了用户环境的特征,并充当用户操作剖面的角色,其中的概率值是由操作剖面得来的。

首先介绍离散时间马尔可夫链的概念。DTMC 是由一步转移概率矩阵 $P = [p_{i,j}]$ 来表示的。P 是一个转移矩阵，在这个矩阵中每行的元素相加为 1，每个元素的取值在 $[0,1]$ 范围内。

DTMC 可以被分为以下两种类型。

(1) 不可约的。如果每个状态都可以被其他任意一个状态达到，则称 DTMC 是不可约的，通常用来表示一个无限运行程序的体系结构。

(2) 可吸收的。如果至少存在一个状态，在该状态下没有向其他状态的转移，则称 DTMC 是可吸收的。DTMC 一旦达到了吸收态，那么一定会永远保持在那里。可吸收 DTMC 可以用来表示终止应用程序的体系结构，或者按指令操作的应用程序的体系结构。

在此考虑终止应用程序，采用可吸收的 DTMC 来表示该程序的体系结构，下面详细介绍可吸收的 DTMC。

可吸收的 DTMC 的一步转移概率矩阵为

$$P = \begin{bmatrix} Q & M \\ 0 & E \end{bmatrix} \quad (4-5)$$

式中：Q 为 $(n-m)\times(n-m)$ 的子转移矩阵（每行之和小于 1）；E 为 $m\times m$ 的单位矩阵；M 为 $(n-m)\times m$ 的矩阵，表示马尔可夫链 n 个状态中的 m 个吸收态。

可吸收 DTMC 的 k 步转移矩阵 P^k 为

$$P^k = \begin{bmatrix} Q^k & M' \\ 0 & E \end{bmatrix} \quad (4-6)$$

其中矩阵 M' 的元素是不相关的，矩阵 Q^k 第 (i,j) 个元素表示从暂态 i 经过 k 步之后达到暂态 j 的概率，当 t 趋近于无限大时，$\sum_{k=0}^{t} Q^k$ 是收敛的，所以存在逆矩阵 $S_{n\times n} = (E-Q)^{-1}$，该矩阵的计算公式为

$$S_{n\times n} = (E-Q)^{-1} = E + Q + Q^2 + \cdots = \sum_{i=0}^{\infty} Q^i \quad (4-7)$$

此处使用可吸收 DTMC，假设软件存在 n 个组件，由集合 $\{N_1, N_2, \cdots, N_n\}$ 表示，为了不失一般性，假设软件只有一个开始组件和一个结束组件，假设开始组件为 N_1，结束组件为 N_n。把每个组件当作马尔可夫过程中的一个状态，开始的状态便是组件 N_1。将状态 C 和 F 作为终止状态加入，分别代表正确的输出和失效，这两个状态便是上述矩阵 M 中的行和列的含义。上述矩阵中 Q 中的第 (i,j) 个元素表示控制从组件 N_i 转移到组件 N_j 的概率。所以，确定的软件体系结构模型为

第 4 章　基于体系结构的复杂软件可靠性评估

$$P = \begin{array}{c} \\ N_1 \\ \vdots \\ N_i \\ \vdots \\ N_{n-1} \\ N_n \\ C \\ F \end{array} \begin{array}{c} N_1 \quad N_2 \quad \cdots \quad N_j \quad \cdots \quad N_n \quad C \quad F \end{array} \\ \begin{pmatrix} 0 & P_{12} & \cdots & P_{1j} & \cdots & P_{1n} & 0 & 0 \\ \vdots & \vdots & \cdots & \vdots & \cdots & \vdots & 0 & 0 \\ 0 & P_{i2} & \cdots & P_{ij} & \cdots & P_{in} & 0 & 0 \\ \vdots & \vdots & \cdots & \vdots & \cdots & \vdots & 0 & 0 \\ 0 & P_{(n-1)2} & \cdots & P_{(n-1)j} & \cdots & P_{(n-1)n} & 0 & 0 \\ 0 & 0 & \cdots & 0 & \cdots & 0 & R_n & 1-R_n \\ 0 & 0 & \cdots & 0 & \cdots & 0 & 1 & 0 \\ 0 & 0 & \cdots & 0 & 0 & \cdots & 0 & 1 \end{pmatrix} \quad (4-8)$$

式中：R_n 为组件 N_n 的可靠性。从式(4-8)中可以得到 $n \times n$ 的一步随机转移矩阵 Q，该矩阵表示 n 个组件之间的控制转移率，即

$$Q = \begin{array}{c} N_1 \\ \vdots \\ N_i \\ \vdots \\ N_{n-1} \\ N_n \end{array} \begin{bmatrix} 0 & P_{12} & \cdots & P_{1j} & \cdots & P_{1n} \\ \vdots & \vdots & \cdots & \vdots & \cdots & \vdots \\ 0 & P_{i2} & \cdots & P_{ij} & \cdots & P_{in} \\ \vdots & \vdots & \cdots & \vdots & \cdots & \vdots \\ 0 & P_{(n-1)2} & \cdots & P_{(n-1)j} & \cdots & P_{(n-1)n} \\ 0 & 0 & \cdots & 0 & \cdots & 0 \end{bmatrix} \quad (4-9)$$

4.3　复杂软件系统中故障传播的描述

4.3.1　故障传播的基本概念

故障传播描述了组件故障导致系统失效的过程，该过程描述如下：假如组件的一个内部活动的代码实现存在缺陷——内部错误。当这部分代码被执行后，错误就会导致组件的一个内部故障。该故障一旦到达组件的接口，就会导致组件的失效。而如果该故障被其他的内部活动指令所掩盖（容错），就不会出现组件的失效。类似可得，基于组件系统内的组件故障，如果故障传播到系统的接口，则该组件故障会导致系统失效，而如果故障被其他组件的指令掩盖（容错），则不会导致系统失效。

从系统科学的角度看，软件故障的传播是在系统实体间发生的一个复杂的传播过程，这些实体包括物理实体、运行于单个或多个 CPU 上的进程、数据库中的数据对象、程序内的函数或程序中的语句等。在复杂软件系统中，由于内部或者外部

原因,使得某个实体发生故障,由此可能引起其他实体发生故障的过程,称为故障传播。

本书将针对基于体系结构的故障传播模型做详细讨论,为此首先来简单了解基于体系结构的故障传播模型。

在体系结构模型的基础上提出刻画故障传播的特征量,来描述传播行为。在软件工程领域,大多数经典的故障传播方法是基于故障注入或错误注入技术,结合进一步的数学分析与估计,研究者多使用概率模型来描述对故障传播的认识,这些模型适用于定量的分析,对相关参数的定义和构造体现了研究者对于体系结构决定故障传播行为因素的认识。

通常情况下,将错误传播概率作为体系结构的属性之一进行研究,可以反映软件在运行时,存在于组件 A 内的错误传播到组件 B 的概率为

$$\text{EP}(A,B) = \text{Prob}([B](x) \neq [B](x') \mid x \neq x') \quad (4\text{-}10)$$

故障传播概率描述了组件 A 以概率 1 调用组件 B 条件下错误传播的概率,为使模型更加接近实际使用时的情况,在此处可以引入无条件错误传播概率,即

$$E(A,B) = \text{EP}(A,B) \times T(A,B)$$

它由错误传播概率 $\text{EP}(A,B)$ 和概率转移矩阵 $T(A,B)$ 决定。概率转移矩阵的元素代表了连接件被激活的概率,即组件 A 调用组件 B 的概率。

基于以上分析,此处引入错误渗透率的概念,输入信号中的一个错误渗透到一个输出信号中的概率,每对输入输出信号都有一个错误渗透率,它是当输入存在一个错误时输出出现错误的条件概率,表达式为

$$0 \leqslant P_{i,k}^M = \text{Pr}\{\text{err in o}/p_k \mid \text{err in o}/p_i\} \leqslant 1 \quad (4\text{-}11)$$

以错误渗透率为基础,提出相对渗透率以及无权重的相对渗透率。错误渗透率针对一对输入输出对,而相对渗透率则是针对一个模块错误由输入传播到输出的概率,即

$$0 \leqslant P^M = \left(\frac{1}{m} \cdot \frac{1}{n}\right) \sum_i \sum_k P_{i,k}^M \leqslant 1 \quad (4\text{-}12)$$

相对渗透率未必能够反映一个模块整体的错误渗透率,但可作为一个抽象的度量值来表征模块之间相对的错误渗透能力。因此,需要提出无权重的相对渗透率,即

$$0 \leqslant P^M = \sum_i \sum_k P_{i,k}^M \leqslant m \cdot n \quad (4\text{-}13)$$

作为影响故障传播的另一个重要因素——容错性,在前面的模型中并没有得到体现,然而故障在传播过程中,可能由于软件中设计了容错模块,而使故障被掩盖,并没有继续传播。因此,在上面介绍的概念基础上还需要提出故障强度和容错能力两个参数来表达组件的容错能力。

可以看出,以上的介绍均使用概率的方法,对故障传播的可能性进行了计算,但是却难以获得故障传播的具体路径。有研究使用蚁群算法求解扩散能力最强的故障传播通路,在小世界网络的基础上定义了故障扩散强度来表示故障通过某一条边进行扩散的能力,故障传播强度越大,表示故障通过此边越容易进行扩散,波及的范围也就越大。

另外,基于体系结构的故障传播模型的准确性和精确性受到体系结构信息的影响。Muhammad Shafique 等对故障掩盖和故障传播属性进行建模,Abdelmoez 在研究中提到故障被掩盖的情况,但是并没有进行深入研究,与前两者不同,Muhammad Shafique 认为故障传播参数是错误掩盖参数的一个产物,它依赖于结构参数、控制流图和数据流图以及基本模块执行概率。从故障掩盖角度入手,通过实验、算法和数学推导获得故障传播概率估计值。

此外,除了使用概率模型方法对故障传播进行研究外,有学者还应用统计的方法,将故障传播模型用 $y=f(X+Z)$ 来表示,f 代表系统函数或传播函数,X 是系统的输入向量,Z 是 X 向量的错误向量,y 是系统的输出。该方法使用数理统计的方法,将 $f(X)$ 用泰勒公式展开并推导计算或估计错误 Z 分散分布时 y 的均值和方差。Devesh Bhatt 则应用了区间数学理论,提出了一种基于区间运算分析的数据流模型,用于量化描述故障传播。

4.3.2 故障传播模型的基本定义

本节从信号的视角入手,通过刻画故障在体系结构中传播的规律来对软件系统的可靠性进行评估。

定义 4-4 信号:组件输入和输出的信息,包括控制信号、调用信号、数据信号等。

定义 4-5 故障信号和正常信号:当一个信号的值在正常的值域范围(需求规定)之外时,称为故障信号;反之称为正常信号。

定义 4-6 信号 i 的关联组件:如果信号 i 可以影响组件的行为或者影响组件 A 产生出的信号值,那么称 A 为信号 i 的相关联组件。

定义 4-7 可达信号:在软件单次运行的过程中,如果信号 i 可以通过影响由 i 的关联组件产生的信号最终影响到信号 j,则称信号 i 到信号 j 是可达的,信号 j 是信号 i 的可达信号。

定义 4-8 信号 i 与信号 j 之间的传播路径 r_{ij}:如果信号 i 到信号 j 是可达的,那么 r_{ij} 可以由一条定向路径 $Pa(C,S,E)$ 表示,其中 C 表示在信号 i 和信号 j 之间信号 i 的关联组件;S 表示组件之间传递的信号;E 是一组定向边的集合,表示组件间信号传递的方向。在复杂的嵌入式系统中,信号 i 与 j 之间可能不止一条路径,因此规定,相比于信号 i 与 j 之间的其他路径,如果传播路径 r_{ij} 中有一个不同的信号或组件,则认为它是一条不同的路径。

4.3.3 两个信号间的故障传播

在上述定义的基础上首先给出两个信号间故障传播的表示方法。由于将信号的状态分为故障和正常两种,因此定义集合 $S_i=\{1,0\}$ 来表示信号 i 的状态,S_i 由式(4-14)定义,即

$$S_i = \begin{cases} 0 & (信号 i 是正常信号) \\ 1 & (信号 i 是故障信号) \end{cases} \quad (4-14)$$

对于组件 A,如果信号 i 为 A 的输入信号,信号 j 为 A 的输出信号,那么对于组件的输入输出来讲会出现以下 4 种情况:

① $S_i=0, S_j=0$,表示在组件 A 中没有故障发生,或者 A 内部的故障并没有影响到 A 的输出信号。

② $S_i=0, S_j=1$,表示信号 i 导致组件 A 中故障的发生,并且产生了故障输出信号 j。

③ $S_i=1, S_j=0$,表示组件 A 内部的容错机制将输入故障信号进行容错,得到一个正确的输出信号。

④ $S_i=1, S_j=1$,表示组件 A 并没能进行容错输入故障信号,其输出的信号是故障信号。

假设信号的故障仅仅是由组件故障导致的,为了量化上述的 4 种情况,此处提出组件的出错率和容错率,定义如下:

定义 4-9 出错率 f:将组件 A 正常输入得到故障输出的概率作为组件 A 的出错率,组件 A 出错率的计算公式为

$$f_A = \frac{m}{n} \quad (4-15)$$

式中:n 为组件 A 的 n 个正常输入信号;m 为组件 A 的 m 个故障输出信号。

若组件 A 是硬件,那么 A 的出错率可由式(4-16)计算,即

$$f_A = 1 - R_A(t) \quad (4-16)$$

式中:$R_A(t)$ 为硬件 A 的可靠性函数。

定义 4-10 容错率 g:将组件 A 故障输入得到正常输出的概率作为组件 A 的容错率,计算公式为

$$g_A = \frac{m}{n} \quad (4-17)$$

式中:n 为组件 A 的故障模式数;m 为组件 A 中容错机制可处理的故障模式数。

定义 4-11 组件状态转移矩阵 M_A:组件的状态转移矩阵用一个 2×2 的矩阵

来表示,定义为

$$M_A = \begin{bmatrix} S_{00} & S_{01} \\ S_{10} & S_{11} \end{bmatrix} \quad (4\text{-}18)$$

组件 A 的输入信号为 i,输出信号为 j,那么

$S_{00} = \text{Prob}(S_j = 0 \mid S_i = 0)$; $\quad S_{01} = \text{Prob}(S_j = 1 \mid S_i = 0)$
$S_{10} = \text{Prob}(S_j = 0 \mid S_i = 1)$; $\quad S_{11} = \text{Prob}(S_j = 1 \mid S_i = 1)$

由此可以得到状态转移矩阵计算公式为

$$M_A = \begin{bmatrix} S_{00} & S_{01} \\ S_{10} & S_{11} \end{bmatrix} = \begin{bmatrix} 1-f_A & f_A \\ g_A & 1-g_A \end{bmatrix} \quad (4\text{-}19)$$

定义 4-12 信号状态转移矩阵 M_{ij}:如果信号 i 与信号 j 是可达的,则信号状态转移矩阵的定义为

$$M_{ij} = \begin{bmatrix} \text{Prob}(S_j = 0 \mid S_i = 0) & \text{Prob}(S_j = 1 \mid S_i = 0) \\ \text{Prob}(S_j = 0 \mid S_i = 1) & \text{Prob}(S_j = 1 \mid S_i = 1) \end{bmatrix} \quad (4\text{-}20)$$

假设在某一条执行路径 t_{ij} 上存在 n 个组件 $(1,2,\cdots,n)$,不难获得信号 i 到信号 j 路径上的状态转移矩阵为

$$M_{t_{ij}} = M_1 M_2 M_3 \cdots M_n \quad (4\text{-}21)$$

例如,当 $n=2$ 时,有

$$M_{t_{ij}} = M_A \cdot M_B = \begin{bmatrix} S_{00} & S_{01} \\ S_{10} & S_{11} \end{bmatrix} \begin{bmatrix} S'_{00} & S'_{01} \\ S'_{10} & S'_{11} \end{bmatrix} = \begin{bmatrix} S_{00}S'_{00}+S_{01}S'_{10} & S_{00}S'_{01}+S_{01}S'_{11} \\ S_{10}S'_{00}+S_{11}S'_{10} & S_{10}S'_{01}+S_{11}S'_{11} \end{bmatrix}$$

$$(4\text{-}22)$$

其中:

$S_{00}S'_{00} + S_{01}S'_{10} = \text{Prob}(S_j = 0 \mid S_i = 0)$
$S_{00}S'_{01} + S_{01}S'_{11} = \text{Prob}(S_j = 1 \mid S_i = 0)$
$S_{10}S'_{00} + S_{11}S'_{10} = \text{Prob}(S_j = 0 \mid S_i = 1)$
$S_{10}S'_{01} + S_{11}S'_{11} = \text{Prob}(S_j = 1 \mid S_i = 1)$

4.4 基于故障传播的系统可靠度评估模型

本节介绍一种基于故障传播的可靠度评估模型(reliability evaluation model based-on fault propagation,REMBFP),使用可靠度作为软件可靠性的度量。从用户对软件使用的角度出发,对软件的可靠度做以下解释:在用户特定使用环境下,当给定软件一个典型的输入集合时,软件给出正确输出的概率。基于这个定义可以在考虑故障传播模型的基础上定义组件输入输出状态矩阵,并且在体系结构的基

础上考虑组件故障后在控制转移路径上可能扩散的范围及其影响,并定义故障扩散强度矩阵,最后结合组件输入输出状态矩阵和系统的故障扩散强度矩阵,计算出系统的输入输出状态矩阵,得到系统可靠度。

4.4.1 组件输入输出状态矩阵

在4.3.1节中曾经对故障传播的概念进行了定义,从故障传播的角度描述了组件故障导致系统失效的过程。该过程描述如下:假如组件的一个内部活动的代码实现存在缺陷——内部错误,当这部分代码被执行后,错误就会导致组件的一个内部故障。该故障一旦到达组件的接口,就会导致组件的失效;而如果该故障被其他的内部活动指令所掩盖,就不会出现组件的失效。类似可得,基于组件系统内,一个组件故障,如果故障传播到系统接口,则该组件故障会导致系统失效,而如果故障被其他组件的指令掩盖,则不会导致系统失效。

首先对一个组件的输入进行区分,即正常输入和故障输入,那么上述的过程便可采用组件的输入输出情况进行描述。

(1) 组件正常输入,故障输出描述的是组件内部的缺陷被执行后产生故障,该故障到达组件接口的情况。

(2) 组件正常输入,正常输出描述的是组件内部的缺陷被执行后产生故障,该故障被组件内其他的内部活动所掩盖,没有到达组件接口的情况。

(3) 组件故障输入,正常输出描述的是一个组件产生的故障到达了该组件接口,而该故障被其他组件的指令所掩盖的情况。

(4) 组件故障输入,故障输出描述的是一个组件产生的故障到达了该组件接口,而该故障没有被其他组件的指令所掩盖的情况,这种情况下,当故障传播到系统接口时会导致系统的失效。

传统的基于结构的软件可靠性分析模型(architecture based software reliability model,ABSRM)中对组件的可靠性属性描述的比较单一,仅用一个量值来反映组件的可靠性属性,通常为组件可靠性常量、失效率常量或者基于时间的失效密度函数,而考虑故障传播的可靠性评估模型中大多也均是提出单一的故障传播的概率模型,并将其与原有的组件可靠性度量值综合起来,提出组件的一种可靠性度量值。例如,修正组件可靠度,这个概念是指组件自身没有故障发生,并且没有其他组件将故障传播给该组件的概率。另外,也有研究将组件的可靠度重写为组件不失效或者组件失效但被内部容错机制纠正的概率。

在第2章提出的故障传播模型的基础上,可以定义组件的属性——输入输出状态矩阵,该属性用来表示一个组件输入输出状态的变化,不仅对组件的可靠性数学描述有了扩展,而且对上述所提到的故障传播过程进行了数学描述,反映了组件

故障与系统失效之间的定量关系。组件的输入输出状态矩阵为

$$A_i = \begin{bmatrix} \text{Prob}_i(C|C) & \text{Prob}_i(C|I) \\ \text{Prob}_i(I|C) & \text{Prob}_i(I|I) \end{bmatrix} = \begin{bmatrix} S_{00} & S_{01} \\ S_{10} & S_{11} \end{bmatrix} \quad (4-23)$$

式中：$\text{Prob}_i(C|C)$，组件 i 正常输入时，正常输出的概率；$\text{Prob}_i(C|I)$，组件 i 正常输入时，故障输出的概率；$\text{Prob}_i(I|C)$，组件 i 故障输入时，正常输出的概率；$\text{Prob}_i(I|I)$，组件 i 故障输入时，故障输出的概率。

下面描述如何计算矩阵 A_i 中的元素值，$\text{Prob}_i(C|I)$ 等于组件 i 的出错率 f_i，出错率的定义参见定义 4-9。$\text{Prob}_i(I|C)$ 等于组件 i 的容错率 g_i，容错率的定义参见定义 4-10，其计算公式为

$$g_i = \frac{\rho_i}{n_i} \quad (4-24)$$

式中：n_i 为组件 i 可能的故障模式数；ρ_i 为组件 i 中通过容错机制的设计可以处理的故障模式数。对于每个组件来讲，可以在软件设计阶段对其进行分析，获取该组件的所有可能的故障模式数，通过设计文档获得该组件的容错机制设计可以处理的故障模式数。根据对组件的容错率进行计算，这两个值均能在软件设计阶段得到。

因此，组件 i 的输入输出状态矩阵可以转化为

$$A_i = \begin{bmatrix} 1-f_i & f_i \\ \rho_i & 1-\rho_i \end{bmatrix} \quad (4-25)$$

根据组件 i 的输入输出状态矩阵，可以计算得出该组件 i 的可靠度 R_i，假设组件输入正确的可能性为 P_{ci}，输入错误的可能性为 P_{ii}，那么该组件的可靠度可由如下公式计算，即

$$R_i = P_{ci} \times (1-f_i) + P_{ii} \times \rho_i \quad (4-26)$$

由此可以得到整个系统的输入输出状态矩阵 A，即

$$A = \begin{bmatrix} 1-f & f \\ \rho & 1-\rho \end{bmatrix} \quad (4-27)$$

已知系统输入正确的可能性为 P_c，输入错误的可能性为 P_i，那么系统的可靠度可以由以下公式计算，即

$$R = P_c \times (1-f) + P_i \times \rho \quad (4-28)$$

其中，对 P_c 和 P_i 的计算方式如下：假设系统的典型输入集合中的输入个数为 S，该输入集合中正常输入的个数为 S_c，异常输入的个数为 S_i，P_c 和 P_i 的值可由下式计算得到，即

$$\begin{cases} P_c = \dfrac{S_c}{S} \\ P_i = \dfrac{S_i}{S} \end{cases} \tag{4-29}$$

下面给出输入输出状态矩阵的一条重要性质：

性质 4-1 若一条执行路径上存在 n 个组件，分别为 $N_1, N_2, \cdots, N_n$，那么可以将该路径当作一个整体，用式子 $A_1 \times A_2 \times \cdots \times A_n$ 来表达该路径的输入输出状态矩阵，如图 4-2 所示。

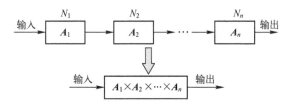

图 4-2 执行路径的输入输出状态矩阵

4.4.2 故障扩散强度矩阵

1. 故障扩散强度矩阵的提出

可以借用一步转移概率矩阵来表示可吸收 DTMC 表示软件的体系结构，如公式(4-8)所示。对于 DTMC 来说，不仅可以使用矩阵描述，还可以使用一个控制转移图 $G(N, E, P)$ 来描述。其中：N 是所有节点的集合，每个节点代表软件中的一个组件；E 是有向图中的所有连接边的集合，边 (N_i, N_j) 代表从组件 N_i 到组件 N_j 的一个可能的控制转移；P 是有向图中所有连接边权值的集合，表示组件间的控制转移概率，P_{ij} 表示控制从组件 N_i 转移到组件 N_j 的概率。

当软件中某一组件出现发生故障时，会逐步向其他相关组件扩散。在扩散的过程中，故障优先选择控制转移概率较大的边进行扩散，其中控制转移概率是 DTMC 的一步转移概率矩阵表示中的元素值。然而除了考虑组件之间的控制转移概率外，还需要考虑组件的度数。因为在实际应用中，低频大规模故障的风险足以与高频小规模故障的风险总和相提并论。

评估过程中需要将组件的输入输出矩阵与软件体系结构的数学描述相结合，根据矩阵理论计算出整个软件系统的输入输出状态矩阵，通过此矩阵得到系统的可靠度。通常情况下，一条不易扩散但影响范围很大的控制转移路径的输入输出状态矩阵对整个系统可靠度的影响要比一条易扩散但影响范围小的控制转移路径的输入输出状态矩阵大，因此，为了体现出该影响，引入故障扩散强度作为控制转移图中连接边的权值对第 2 章确定的体系结构模型进行修正，其中扩散强度越大，则表示故障通过此边越容易进行扩散,波及的范围也就越大。这里构造了一个简单的控制转移图来对故障扩散强度进行说明,如图 4-3 所示。

在图 4-3 中每条边上(边:用 E_i 表示两个组件之间的连线)的权值仅表示控制从一个组件转移到另一个组件的概率,而没有考虑到如果一条边 E_i 出现了故障信号后,该故障信号传播的范围,而在实际应用中,低频大规模故障的风险足以与高频小规模故障的风险总和相提并论,假设这同样是和系统的可靠度紧密相关的。因此还要考虑每个节点的度数。比如,将 $E(N_1,N_2)$ 与 $E(N_1,N_4)$ 进行比较,假设 $P_{12}<P_{14}$,由于 N_2 节点的度数要比 N_3 的度数大,当故障沿边 $E(N_1,N_2)$ 传播时,对系统的影响可能要比故障沿边 $E(N_1,N_4)$ 传播对系统的影响更大。综合控制转移概率以及组件度数,故障扩散强度的定义及计算公式如下。

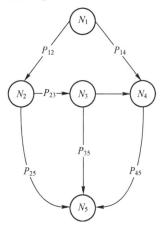

图 4-3 简单的控制转移图

定义 4-13 故障扩散强度:控制转移图中连接边的边权值,表示故障通过此边传播的可能性以及波及的范围。故障扩散强度越大,则表示故障通过此边越容易进行扩散,波及的范围也越大,计算公式为

$$k_{i,j} = w_p P_{i,j} + \frac{w_d d_j}{\sum_{l \in F} d_l} \tag{4-30}$$

式中:w_p、w_d 分别为转移概率和节点度数对应的权重;F 为故障从组件 i 可能传播到的所有组件的集合;$P_{i,j}$ 为控制在组件 i 执行后可能转移到组件 j 的概率;d_j 为组件 j 的度数,计算方法是该组件下一步所有可能的控制转移数。

在提出组件故障扩散矩阵的基础上,式(4-9)中的 Q 矩阵可以转化为矩阵 K,即为软件的故障扩散强度矩阵,即

$$K = \begin{matrix} & \begin{matrix} N_1 & N_2 & \cdots & N_j & \cdots & N_n \end{matrix} \\ \begin{matrix} N_1 \\ \vdots \\ N_i \\ \vdots \\ N_{n-1} \\ N_n \end{matrix} & \begin{bmatrix} 0 & K_{12} & \cdots & K_{1j} & \cdots & K_{1n} \\ \vdots & \vdots & \cdots & \vdots & \cdots & \vdots \\ 0 & K_{i2} & \cdots & K_{ij} & \cdots & K_{in} \\ \vdots & \vdots & \vdots & \vdots & \vdots & \vdots \\ 0 & K_{(n-1)2} & \cdots & K_{(n-1)j} & \cdots & K_{(n-1)n} \\ 0 & 0 & \cdots & 0 & \cdots & 0 \end{bmatrix} \end{matrix} \tag{4-31}$$

该矩阵中非零元素的值均由式(4-30)计算所得。

2. 故障扩散强度中权重的概念

在统计理论和实践中,权重是表明各个评价指标(或者评价项目)重要性的权数,表示各个评价指标在总体中所起的不同作用。权重有不同的种类,各种类别的权重有着不同的数学特点及含义,一般有以下几种权重:

(1) 按照权重的表现形式,可分为绝对数权重和相对数权重。相对数权重也称为比重权数,能更加直观地反映权重在评价中的作用。

(2) 按照权重的形成方式,可分为人工权重和自然权重。自然权重是由于变换统计资料的表现形式和统计指标的合成方式得到的权重,也称为客观权重。人工权重是根据研究目的和评价指标的内涵状况、主观的分析和判断来确定的反映各个指标重要程度的权数,也称为主观权重。

(3) 按照权重形成的数量特点,可分为定性赋权和定量赋权。如果在统计综合评价时,采取定性赋权和定量赋权相结合的方法,获得的效果更好。

确定权重的方法较多,在实际工程中常用的方法为统计平均法、变异系数法和层次分析法。统计平均法(statistical average method)是根据所选择的各位专家对各项评价指标所赋予的相对重要性系数分别求其算术平均值,计算出的平均数作为各项指标的权重,该权重的赋值方法属于人工赋值的方法;变异系数法(coefficient of variation method)是直接利用各项指标所包含的信息,通过计算得到指标的权重,是一种客观赋权的方法;层次分析法又称为 AHP(analytic hierarchy process)构权法,是将复杂的评价对象排列为一个有序的递阶层次结构的整体,然后在各个评价项目之间进行两两比较、判断,计算各个评价项目的相对重要性系数,即权重。

组件的故障扩散强度概念充分考虑故障传播影响的范围,此概念将组件之间的控制转移概率和组件的度数综合起来,而它们各自的权重 w_p 和 w_d 则反映在当前体系结构中,控制转移概率和组件的度数对系统可靠度影响的重要程度,对于一个特定的体系结构,这两个权重的取值是确定的。

3. 故障扩散强度中权重的计算

变异系数法是直接利用各项指标所包含的信息,通过计算得到指标的权重,是一种客观赋权的方法。此方法的基本做法:在评价指标体系中,指标取值差异越大的指标,也就是越难以实现的指标,这样的指标更能反映被评价单位的差距。例如,在评价各个国家的经济发展状况时,选择人均国民生产总值(人均 GNP)作为评价的标准指标之一,是因为人均 GNP 不仅能反映各个国家的经济发展水平,而且能反映一个国家的现代化程度。如果各个国家的人均 GNP 没有多大的差别,则这个指标用来衡量现代化程度、经济发展水平就失去了意义。

由于评价指标体系中的各项指标的量纲不同,不宜直接比较其差别程度。为

了消除各项评价指标量纲不同的影响,需要用各项指标的变异系数来衡量各项指标取值的差异程度。各项指标的变异系数公式为

$$V_i = \frac{\sigma_i}{\bar{x}_i} \quad (i=1,2,\cdots,m) \tag{4-32}$$

式中:V_i 为第 i 项指标的变异系数,也称为标准差系数;σ_i 为第 i 项指标的标准差;$\bar{x}_i$ 为第 i 项指标的平均数;m 为指标总数。其中 σ_i 的计算公式为

$$\sigma_i = \sqrt{\frac{\sum_{j=1}^{n}(x_{i_j} - \bar{x}_i)}{n}} \tag{4-33}$$

式中:x_{i_j} 为第 i 项指标的不同取值;n 为第 i 项指标取值的总数,该变量随着指标的不同也有可能会产生相应的变化。

根据各项指标的变异系数,可以确定各项指标的权重为

$$W_i = \frac{V_i}{\sum_{i=1}^{m} V_i} \tag{4-34}$$

变异系数 V_p 和权重 W_p 的计算公式为

$$\begin{cases} V_p = \dfrac{\sigma_p}{\bar{x}_p} \\ W_p = \dfrac{V_p}{V_p + V_d} \end{cases} \tag{4-35}$$

式中:V_p、V_d 分别为式(4-30)中 $P_{i,j}$ 及 $d_j \Big/ \sum_{l \in F} d_l$ 的变异系数;σ_p 为式(4-30)中 $P_{i,j}$ 的标准差;$\bar{x}_p$ 为式(4-30)中 $P_{i,j}$ 的平均数;W_p 为式(4-30)中 $P_{i,j}$ 的权重。在此处 σ_p、$\bar{x}_p$ 的计算方法均是首先计算每个组件控制转移概率的标准差和平均数,然后综合所有组件求取平均值。

$$\begin{cases} V_d = \dfrac{\sigma_d}{\bar{x}_d} \\ W_d = \dfrac{V_d}{V_p + V_d} \end{cases} \tag{4-36}$$

式中:V_p、V_d 分别为式(4-30)中 $P_{i,j}$ 及 $d_j \Big/ \sum_{l \in F} d_l$ 的变异系数;σ_d 为式(4-30)中 $d_j \Big/ \sum_{l \in F} d_l$ 的标准差;$\bar{x}_d$ 为式(4-30)中 $d_j \Big/ \sum_{l \in F} d_l$ 的平均数;W_d 为式(4-30)中 $d_j \Big/ \sum_{l \in F} d_l$ 的权重。在此处 σ_d、$\bar{x}_d$ 的计算方法均是首先计算每个组件的出度,然后

根据每个组件的出度值计算出 σ_d、$\bar{x}_d$ 的值,以此作为式(4-30)中 $d_j \Big/ \sum_{l \in F} d_l$ 的标准差及平均数。

4.4.3 基于故障传播的系统可靠度评估方法

在前两节的基础上,提出一种基于故障传播的系统可靠度评估方法,该方法以系统的可靠度作为评估系统可靠性的度量量,将前文提到的故障传播模型考虑进去。同时,根据4.1节可知,该方法的关键是计算得到系统的输入输出状态矩阵。

首先从简单的控制转移图来表述基于故障传播的系统可靠度评估方法的基本思想,控制转移图如图4-4所示。

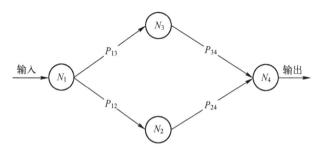

图4-4 简单的控制转移图

从图4-4中可知,该软件可用 $G(N,E,P)$ 来表示,其中 $N = \{N_1, N_2, N_3, N_4\}$,$E = \{(N_1, N_3), (N_3, N_4), (N_1, N_2), (N_2, N_4)\}$,$P = \{P_{13}, P_{12}, P_{34}, P_{24}\}$,假设每个组件的输入输出状态矩阵分别为 A_1、A_2、A_3、A_4。可知该软件有两条路径,分别为 $L_1 = (N_1, N_3, N_4)$ 和 $L_2 = (N_1, N_2, N_4)$,这两条路径互斥。同样也可以得到每条边上的扩散强度。

由性质4-1(见4.4.1节)可得,若将路径 L_1、L_2 分别当作一个整体,那么这两条路径的输入输出状态矩阵分别为 $A_1 \times A_3 \times A_4$、$A_1 \times A_2 \times A_4$。考虑每条路径上的故障扩散矩阵,可以得到整个软件输入输出状态矩阵为 $A = A_1 \times K_{13} \times A_3 \times K_{34} \times A_4 + A_1 \times K_{12} \times A_2 \times K_{24} \times A_4$,由矩阵 A 可以得到该系统的可靠度的值,即 $R = P_c \times A_{11} + P_i \times A_{21}$。上述计算过程可以转化为矩阵的运算。

首先得到故障扩散强度矩阵 K' 为

$$K' = \begin{bmatrix} 0 & K_{12} & K_{13} & 0 \\ 0 & 0 & 0 & K_{24} \\ 0 & 0 & 0 & K_{34} \\ 0 & 0 & 0 & 0 \end{bmatrix} \quad (4-37)$$

然后定义一个对角矩阵 D',该矩阵中对角线上的元素依次为每个组件的输入

输出状态矩阵 A_1、A_2、A_3、A_4

$$D' = \begin{bmatrix} A_1 & 0 & 0 & 0 \\ 0 & A_2 & 0 & 0 \\ 0 & 0 & A_3 & 0 \\ 0 & 0 & 0 & A_4 \end{bmatrix} \tag{4-38}$$

令 $Q' = D' \times K'$，可得

$$Q' = \begin{bmatrix} 0 & A_1 \cdot K_{12} & A_1 \cdot K_{13} & 0 \\ 0 & 0 & 0 & A_2 \cdot K_{24} \\ 0 & 0 & 0 & A_3 \cdot K_{34} \\ 0 & 0 & 0 & 0 \end{bmatrix} \tag{4-39}$$

令 $S' = Q' + Q'^2$，可得

$$S' = \begin{bmatrix} 0 & A_1 \cdot K_{12} & A_1 \cdot K_{13} & A_1 \cdot K_{12} \cdot A_2 \cdot K_{24} + A_1 \cdot K_{13} \cdot A_3 \cdot K_{34} \\ 0 & 0 & 0 & A_2 \cdot K_{24} \\ 0 & 0 & 0 & A_3 \cdot K_{34} \\ 0 & 0 & 0 & 0 \end{bmatrix}$$

$$\tag{4-40}$$

$S'(i,j)$ 考虑了组件 i 在两步或两步之前到达组件 j 的各个路径的输入输出状态矩阵(没有包含组件 j 的输入输出状态矩阵)，是每条路径上的加和，所以 $S'(i,j) \times A_j$ 是组件 i 到 j 的输入输出状态矩阵，因此 $S'(i,j) \times A_4$ 便是系统整体的输入输出矩阵，这一结果同上述根据路径分析的结果是吻合的。

推广到更加复杂的软件结构中，根据矩阵计算理论，可以提出一个更一般的算法来计算得到整个系统的可靠度。

首先给出 $n \times n$ 的故障扩散强度矩阵，表示 n 个执行组件之间的故障扩散强度。

$$K = \begin{array}{c} \\ N_1 \\ \vdots \\ N_i \\ \vdots \\ N_{n-1} \\ N_n \end{array} \begin{bmatrix} N_1 & N_2 & \cdots & N_j & \cdots & N_n \\ 0 & K_{12} & \cdots & K_{1j} & \cdots & K_{1n} \\ \vdots & \vdots & & \vdots & & \vdots \\ 0 & K_{i2} & \cdots & K_{ij} & \cdots & K_{in} \\ \vdots & \vdots & & \vdots & & \vdots \\ 0 & K_{(n-1)2} & \cdots & K_{(n-1)j} & \cdots & K_{(n-1)n} \\ 0 & 0 & \cdots & 0 & \cdots & 0 \end{bmatrix} \tag{4-41}$$

为了通过矩阵运算得到路径及系统的输入输出状态矩阵，需要对上述矩阵进行转化，将每个组件的输入输出状态矩阵与对应的组件所在的行相乘，得到一个 $2n \times 2n$ 矩阵。为此定义矩阵 $D_{n \times n}$，其中 $D_{n \times n}(i,i)$ 为组件 i 的输入输出

状态矩阵 A_i，将该矩阵与系统的故障扩散强度矩阵相乘，可得以下 $2n \times 2n$ 矩阵 K_A，即

$$K_A = \begin{array}{c} \\ N_1 \\ \vdots \\ N_i \\ \vdots \\ N_{n-1} \\ N_n \end{array} \begin{array}{c} N_1 \quad N_2 \quad \cdots \quad N_j \quad \cdots \quad N_n \end{array} \left[\begin{array}{cccccc} 0 & A_1 K_{12} & \cdots & A_1 K_{1j} & \cdots & A_1 K_{1n} \\ \vdots & \vdots & & \vdots & & \vdots \\ 0 & A_i K_{i2} & \cdots & A_i K_{ij} & \cdots & A_i K_{in} \\ \vdots & \vdots & & \vdots & & \vdots \\ 0 & A_{(n-1)} K_{(n-1)2} & \cdots & A_{(n-1)} K_{(n-1)j} & \cdots & A_{(n-1)} K_{(n-1)n} \\ 0 & 0 & \cdots & 0 & \cdots & 0 \end{array} \right] \quad (4-42)$$

将矩阵 K_A 中的输入输出状态矩阵 A_i 当作一个整体，那么在 k 步转移矩阵 K_A^k 中，位于第 i 行、第 j 列的元素 $K_A^k(i,j)$ 表示系统由组件 i 经过 k 步到达组件 j（不包含组件 j）的路径的输入输出状态矩阵之和。若令 Neumann 级数 $S_A = E + K_A + K_A^2 + K_A^3 + \cdots = \sum_{k=0}^{\infty} K_A^k$，则 $S_A(i,j)$ 表示所有由组件 i 出发经过若干步控制转移到达组件 j（不包含组件 j）的路径的输入输出状态矩阵之和。

由于矩阵 K_A 中元素的取值范围均在 $[0,1]$ 之间，且每行元素之和均不大于 1，保证了矩阵 K_A 的谱半径 $\rho(K_A) < 1$，由此可得 $S_A = \sum_{k=0}^{\infty} K_A^k$ 收敛，且有

$$S_A = \sum_{k=0}^{\infty} K_A^k = (E - K_A)^{-1} \quad (4-43)$$

综上可以得到，系统的输入输出状态矩阵为

$$A = S_A(1,n) \times A_n \quad (4-44)$$

式中：A 为整个系统的输入输出状态矩阵；$S_A = (E-K_A)^{-1}$；A_n 为组件 n 的输入输出状态矩阵。

根据系统的输入输出状态矩阵以及式 (4-28)、式 (4-29) 可以得到系统的可靠度为

$$R = P_c \times A_{11} + P_i \times A_{21} \quad (4-45)$$

上述算法可以表示为以下 6 个步骤。

① 令 $K(n,n) = 0$。
② 定义 $D_{n \times n}$，其中 $D_{n \times n}(i,i) = A_i$。
③ 使 $K_A = D \times K$。
④ $S_A = (E - K_A)^{-1}$。
⑤ $A = S_A(1,n) \times A_n$。
⑥ $R = P_c * A_{11} + P_i * A_{21}$。

本章提供了使用 Python 语言对上述算法进行代码实现的案例,具体代码详见附录 1。

4.5 一个实例分析

为了能够更清晰地说明本章介绍的方法,在本节进行一个实例的分析。由于篇幅所限,选取了一个并非真正复杂的软件系统,仅仅来说明方法的实施过程与可行性。同时为了突出上文介绍的方法,还选取了两种其他方法作为比较,结果的好与坏并不能说明方法的优劣,目的是能够让读者更好地理解这些不同的技术。

4.5.1 实例软件介绍

这里选取的是一款数字媒体文件传输软件。以卫星传播为传输方式,可以进行媒体节目的接收、处理以及接收状况的信息回报(通过调制解调器的自动拨号回传)。可实现无人值守、自动录制功能,录制结果既可以被自动还原为模拟播出系统所需要的磁带,也可以无缝对接接收方主流非编系统级数字播出系统,同时还可大大降低接收方的工作强度。

图 4-5 给出了该媒体录制软件的外部接口。

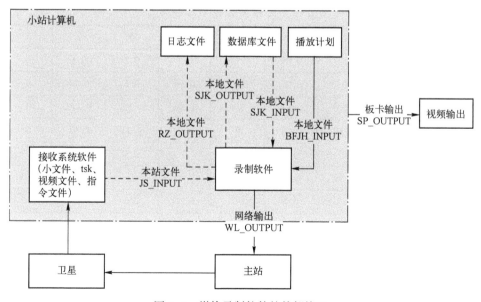

图 4-5 媒体录制软件的外部接口

主要功能模块包括解析授权模块、数据文件合并模块、命令执行模块、文件清理模块、录制模块、日志记录模块、查看模块、信息回传模块。因此,将该软件按功能模块分为8个组件,组件编号分别为1~8。

根据专家打分,可以给出每个组件的可靠度,具体的数据如表4-2所列。

表4-2 各个组件的可靠度

组件	可靠度
1	0.998
2	0.996
3	0.998
4	0.857
5	0.997
6	0.925
7	0.996
8	0.709

同样根据软件的操作剖面及专家经验,可以得到组件与组件之间的转移概率,该转移概率是之后模型计算的数据依据,具体数据如表4-3所列。

表4-3 组件之间的转移概率

组件	1	2	3	4	5	6	7	8
1	0	0.3	0.05	0.05	0.3	0.2	0.1	0
2	0	0	0.05	0.05	0.56	0.2	0.14	0
3	0	0.225	0	0.1	0.225	0.225	0.225	0
4	0	0.35	0.05	0	0.2	0.23	0.17	0
5	0	0	0.1	0.05	0	0.3	0.25	0.3
6	0	0.25	0.05	0.05	0.25	0	0.1	0.3
7	0	0.2	0.1	0.05	0.25	0.2	0	0.2
8	0	0	0	0	0	0	0	0

4.5.2 基于失效数据的指数分布模型

通常情况下,在软件的稳定使用阶段,当发现缺陷后不修改的条件下,软件的整个寿命是服从指数分布的。Misra在1983年就曾经使用指数分布模型对美国航空航天局的航天飞机地面系统软件进行了缺陷出现率的估计。本节利用此模型以及测试过程中的失效数据对被测软件的可靠性进行评估,并且将此模型计算的结果作为基准,对 Cheung 模型和本章中提出的评估模型的结果进行比较,从而得出哪个模型的计算结果更接近基准模型的结论。

该模型的基本假设为:

① 整个测试阶段的工作量是均匀分布的。
② 不对已发现的缺陷进行修改。
③ 第 i 个软件缺陷对应一个指数分布寿命,$R(t_i) = e^{-\lambda t_i}$ 为其可靠度,其中 λ 为参数,失效时间 t_i 是指第 $i-1$ 次到第 i 次失效之间的时间。
④ 软件的运行方式与预期的运用方式相同。
⑤ 每个错误有着相同的严重等级,并且发生错误的机会相同。
⑥ 失效之间相互独立。
⑦ 数据要求:完全失效数据,即失效间隔时间或累计失效时间。

在上述假设成立的条件下,运用可靠性工程的基本方法,以第 $i-1$ 次失效为起点的第 i 次失效发生的时间 x_i 是一个随机变量,它服从以 λ 为参数的指数分布,其密度函数为

$$f(x_i) = \lambda e^{-\lambda x_i} \tag{4-46}$$

假设软件中共有 n 个失效产生,则极大似然函数为

$$L(x_1, x_2, \cdots, x_n) = \prod_{i=1}^{n} f(x_i) \tag{4-47}$$

对式(4-47)两边取对数,并使用最大似然估值法求解,可以得到模型参数的估计值为

$$\begin{cases} \dfrac{\mathrm{d}\ln L}{\mathrm{d}\lambda} = \dfrac{n}{\lambda} - \sum_{i=1}^{n} x_i = 0 \\ \hat{\lambda} = \dfrac{n}{\sum_{i=1}^{n} x_i} \end{cases} \tag{4-48}$$

式中:$x_i = t_i - t_{i-1}$,为失效间隔时间。

由此可以得到以下的可靠性参数的估计值。

失效率为

$$Z(x) = \hat{\lambda} \tag{4-49}$$

可靠度函数为

$$R(t) = \exp(-\hat{\lambda} t) \tag{4-50}$$

在该实例中,采用可靠性测试的方法对该软件进行测试,得到表 4-4 所列数据。

表 4-4 被测软件失效数据

失效序号	失效间隔时间/s	失效序号	失效间隔时间/s	失效序号	失效间隔时间/s
1	165	11	172.2	21	417.3
2	122.2	12	90.5	22	298.5
3	149.8	13	619.8	23	294.2
4	147.7	14	266.7	24	317.9
5	258.8	15	342.1	25	276.7
6	114.9	16	106.8	26	604.2
7	13.3	17	46.5	27	133.3
8	332.5	18	66.2	28	214.2
9	237.9	19	158.2	29	267.6
10	390.2	20	723.9	30	

根据模型计算方法以及被测软件的失效数据,可以求出该被测软件的失效率为 $\hat{\lambda}=0.00395$。因此,该被测软件的可靠度函数为 $R(t)=\exp(-0.00395t)$。已知该被测软件每次执行时间的期望值为 $t=60\mathrm{s}$,将该值代入可靠度函数中,作为该软件在规定的运行条件下期望的执行时间内整体可靠度的估计值,计算可得该软件的可靠度为 0.7890。

4.5.3 Cheung 模型

Cheung 模型是一个经典的基于体系结构的可靠性评估模型,是由 Cheung 在 1980 年提出的基于马尔可夫链的软件可靠性模型。该模型假设从一个组件输出的错误输出,并不会被下游组件所容错,具体的假设如下。

① 组件之间的可靠性是相互独立的。
② 组件之间的控制转移过程是马尔可夫过程。
③ 组件之间有完全可靠的连接逻辑。

Cheung 模型使用有向图 G 代表软件的控制转移结构,其中规定图中的每个节点 N_i 代表一个组件,有向图的边 (N_i,N_j) 表示从组件 N_i 到组件 N_j 的控制转移。对于图中每个有向的边 (N_i,N_j) 来讲,Cheung 模型使用的概率 P_{ij} 作为当前执行组件为 N_i 时控制转移 (N_i,N_j) 的概率。转移概率 P_{ij} 代表了在组件 N_i 的输出处的分支特性。定义 R_i 作为组件 N_i 的可靠度,根据有向图,该模型构造出软件的组件转移概率矩阵 M,其中 $M(i,j)=R_iP_{ij}$,转移概率矩阵中的元素代表从当前执行的组件产生正确的输出并转移到组件的概率。

该模型的计算过程如下。

① 令 $M(n,n)=0$。
② 计算 $S_{n\times n}=(I-M)^{-1}$。
③ $R=S(1,n)\times R_n$。

其中 $R=S(1,n)\times R_n$ 为软件的可靠度，表示软件从初始的组件 N_i 经过一系列控制转移得到正确输出的概率。

根据表 4-2 中的组件可靠度以及表 4-3 中组件之间的转移概率，可以得到软件的组件转移概率矩阵 M，如表 4-5 所列。

表 4-5 组件转移概率矩阵

组件	1	2	3	4	5	6	7	8
1	0	0.2994	0.0499	0.0499	0.2994	0.1996	0.0998	0
2	0	0	0.0498	0.0498	0.5578	0.1992	0.1395	0
3	0	0.2246	0	0.0998	0.2246	0.2246	0.2246	0
4	0	0.3	0.0429	0	0.1714	0.1971	0.1457	0
5	0	0	0.0997	0.0499	0	0.2991	0.2493	0.2991
6	0	0.2312	0.0463	0.0463	0.2313	0	0.0925	0.2775
7	0	0.1992	0.0996	0.0498	0.249	0.1992	0	0.1992
8	0	0	0	0	0	0	0	0

上述计算过程可以采用代码实现，具体的 Python 代码详见附录 1。运行程序之后，可以得到该被测软件的可靠度为 0.6129。

4.5.4 基于故障传播的系统可靠度评估模型

在分析被测软件系统中组件之间的关系后，可以得到被测软件中组件的入度与出度，结合表 4-3 中组件之间的转移概率及式(4-30)可以得到被测软件的故障扩散强度矩阵。被测软件的故障扩散强度矩阵如表 4-6 所列。

表 4-6 被测软件的故障扩散强度矩阵

组件	1	2	3	4	5	6	7	8
1	0	0.22	0.11	0.11	0.23	0.19	0.14	0
2	0	0	0.12	0.12	0.38	0.21	0.18	0
3	0	0.20	0	0.15	0.21	0.22	0.22	0
4	0	0.26	0.12	0	0.2	0.22	0.2	0
5	0	0	0.16	0.14	0	0.27	0.25	0.18
6	0	0.21	0.12	0.12	0.22	0	0.15	0.19
7	0	0.19	0.14	0.12	0.22	0.2	0	0.13
8	0	0	0	0	0	0	0	0

首先根据历史测试数据及专家经验，给出了每个组件的出错率。根据专家打分，给出被测软件中每个组件出错率和容错率的具体数值如表4-7所列。

表4-7 各个组件的出错率和容错率

组　件	出　错　率	容　错　率
1	0.002	0.998
2	0.006	0.997
3	0.003	0.994
4	0.250	0.976
5	0.081	0.571
6	0.043	0.778
7	0.003	0.978
8	0.260	0.608

根据表4-7以及公式，可以计算出被测软件中每个组件的输入输出状态矩阵。

首先置 $k_{n \times n}=0$，然后使用 Python 程序实现算法步骤中②～④步，最后根据公式 $A=S_{1,n} \times A_n$ 可以得到系统的输入输出状态矩阵 A，结果为

$$A = \begin{bmatrix} 0.7322 & 0.2678 \\ 0.7322 & 0.2678 \end{bmatrix}$$

由于在此实例中，每个组件 i 的出错率 f_i 与容错率 g_i 的比值很接近，因此对于每个组件的输入输出状态矩阵 A_i 中的元素来讲，第一行元素之间的比值 $\dfrac{A_i(1,1)}{A_i(1,2)}$ 与第二行元素之间的比值 $\dfrac{A_i(2,1)}{A_i(2,2)}$ 很接近，又因为一条路径的输入输出状态矩阵 A' 为该路径上所有组件的输入输出状态矩阵的乘积，所以 A' 中 $\dfrac{A'(1,1)}{A'(1,2)}$ 与 $\dfrac{A'(2,1)}{A'(2,2)}$ 的比值也会十分接近，这样就会导致整个系统的输入输出状态矩阵 A（所有可能路径的输入输出状态矩阵加和）中 $\dfrac{A(1,1)}{A(1,2)}$ 与 $\dfrac{A(2,1)}{A(2,2)}$ 的比值很接近甚至相同，所以在本实例中计算出的系统的输入输出状态矩阵 A 虽然第一行与第二行相同，但也是合理的。

在实际项目中，设计的测试用例为181个，其中正常测试用例56个，异常测试用例125个，因此 $P_c=0.3$、$P_i=0.7$。

将结果代入输入输出状态矩阵，可得被测软件的可靠度为 $R=P_c A_{00}+P_i A_{10}=0.7322$。

从上述实验可以得到以下两条结论。

① 由于基于体系结构的可靠性评估存在于软件开发的早期阶段,因此它只能作为可靠性评估的辅助方法,评估结果不是非常准确。

② 同样地,根据模型计算的结果也可以看出,考虑容错及故障传播的评估模型得出的结果在本次实验中要比假设组件之间可靠性相互独立的评估方法得出的结果更接近指数分布模型的计算结果。

4.5.5 利用仿真实验进行对比

本节将采用系统仿真算法对被测软件进行仿真实验,将仿真实验结果同4.5.4节的模型计算结果进行对比,用来验证本章提出的基于故障传播模型的系统可靠度评估方法。被测软件的故障扩散强度矩阵和各个组件的输入输出状态模型可以根据表4-6和表4-7计算获得。根据这些数据以及本章提出的仿真算法,对被测软件做了500次仿真实验,每次仿真实验中的仿真次数是以20为等差递增的,因此最大的仿真次数是10000次。仿真结果如图4-6所示。

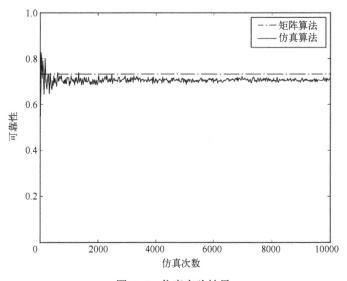

图 4-6 仿真实验结果

从图中可以看出,在仿真次数较少时,仿真结果不稳定、浮动较大,随着每次仿真实验中仿真次数的增加,仿真实验的结果越来越接近本章提出的算法理论计算的结果,可以验证本章所提出的基于故障传播模型的系统可靠度评估模型的正确性。

对仿真实验结果的误差分析:误差之所以产生,是因为每次仿真实验的仿真次数是有限的,不可能做无限次实验,覆盖到所有执行路径情况。因此,当有概率非常低的执行路径存在时,仿真实验极有可能无法全部覆盖到这些路径,导致仿真结果同理论计算结果的误差。

4.6 本章小结

基于体系结构进行软件可靠性分析与评估是符合系统论思维的,软件系统的可靠性与软件行为的失效有关,而软件的行为是由软件体系结构决定的。在软件体系结构中找到影响和制约软件可靠性的因素及其规律继而对可靠性进行分析或评估是一种可信的技术途径,本章介绍的方法是从故障在体系结构中的传播规律入手展开的,这是一种有益的探索与研究。

第5章

基于数据的复杂软件可靠性评估

随着信息化的发展，软件产品已经逐渐成为生产与生活中不可或缺的部分。软件产品的规模与复杂程度也日益攀升，带来的问题就是对软件质量与可靠性的管理变得日益困难。尤其在航空航天、交通医疗等行业，由于软件复杂性提升所带来的软件质量问题可能会对生命财产甚至国家安全带来严重的威胁。

软件可靠性预测是一种针对软件可靠性指标的定性、定量预测技术。目前采用较多的方法大致可以分为两种：一种是通过数学拟合，构建解析模型，此类模型主要基于软件测试数据，通过可靠性增长实验来完成数据的收集和模型的建立；另一种是基于软件度量，首先在软件过程中获取软件度量数据，然后选取合适的计算方法，通过软件度量计算软件可靠性的相关指标。

上述第一种方法，依赖于软件可靠性增长模型。通过可靠性增长实验，软件产生失效。实验人员通过对观察到的失效进行分析，得到引起失效的原因，即软件中存在的缺陷。根据所得到的缺陷数据，指导软件的开发、使用和调试，从而使系统可靠性不断提高。

早期的软件可靠性评估主要集中于对软件缺陷的预测，这是由于软件质量概念的模糊性，研究人员将重点放在了与软件质量密切相关的软件缺陷上。后来随着如 McCall 软件质量模型、Boehm 软件质量模型等的提出，软件质量与可靠性的概念逐渐清晰起来。上述第二种方法就建立在此类质量模型的基础上。

目前作为软件质量评价国际标准的 ISO/IEC 9126 软件质量模型以及最新的 ISO/IEC 25010 软件质量模型已经在软件质量评价的相关研究中得到了广泛应用。我国分别于 2002 年、2006 将 ISO/IEC14598、ISO/IEC9126 标准引入国内，研制了 GB/T 18905《软件工程 产品评价》、GB/T 16260《软件工程 产品质量》国家系列标准。2010 年之后我国进一步制订了等同采用 SQuaRE 的 GB/T 25000 系列标准等。

许多软件质量模型对于软件可靠性的评估与度量给出了具体方法。软件质量标准通常给出了软件质量的分层模型。这些模型将软件质量逐层向下分解为特性、子特性，直到度量元，通过对度量元的计算或者计数，计算出软件某一子特性的得分,再向上逐层加权,得到软件质量的评价结果。

例如,GB/T 25000.10—2016《系统与软件工程 系统与软件质量要求和评价(SQuaRE)第10部分:系统》将软件可靠性定义为:"系统、产品或组件在指定条件下、指定时间内执行指定功能的能力",又将可靠性分解为成熟性、可用性、容错性、易恢复性与可靠性的依从性。其中,成熟性被定义为"系统、产品或组件在正常运行时满足可靠性要求的程度",又被分解为一些子项,如"测试发现缺陷的难易程度""排除故障的难易程度""在虚拟环境运行的测试用例比例"等。这些子项下给出了一些具体的度量元,通过计算得出子特性的子项得分,再逐层向上加权得到软件可靠性得分。其他软件质量模型也采用类似的方法评估软件产品的可靠性。

而对于复杂系统而言,软件质量与可靠性的重要性与根据质量标准开展可靠性评估的困难性成为一对主要矛盾,基于质量标准评价复杂软件质量的现实困难主要有以下几个方面。

(1) 复杂软件可靠性的定义与分解是否仍然遵循现有标准尚未定论。虽然质量标准中既有比较通用的质量标准,如 GB/T 25000 系列,也有针对特定领域的质量标准,如 GB/T 30961—2014《嵌入式软件质量度量》。但是针对复杂软件系统的质量标准目前还比较缺乏,对复杂软件系统的质量评价维度、评价时机没有统一的标准,给复杂软件系统的质量评价工作带来了困难。

(2) 可靠性评估结果对开发活动的改进反馈较弱。对质量测量元(有时也称为"度量元")的定义大多为某两项度量比值的形式,如以故障修复率、平均失效间隔时间(MTBF)、周期失效率以及测试覆盖率来测量可靠性的子特性之一——成熟性,这种评价方法需要开展软件可靠性测试活动,而评价的结果也无法给软件开发人员提供改进的建议,因为开发人员无法直接提高软件的故障修复率等可靠性指标。

(3) 标准定义的度量元对软件可靠性的覆盖不足。在软件开发中存在着大量的软件度量数据:从时间维度而言,软件论证、需求工程、软件设计、编码、测试、使用与维护阶段的活动都会对软件产品的质量与可靠性产生影响,或者说,这些活动产生的某些产品就是软件产品本身,这些活动本身又会产生大量的度量数据。而利用软件质量标准进行可靠性评估只要求采集标准中定义的质量测量元,这就遗失了大量可能影响软件可靠性的因素,不仅影响软件可靠性评估的准确性,也会对削弱评估结果对开发过程的反馈。

基于上述问题,本章将介绍基于数据进行可靠性评估的方法。基于数据进行软件可靠性的评估,总体而言是通过数据分析的方法,找到软件度量与软件可靠性之间的定量关系,发现影响软件可靠性的最重要因素。

基于数据的软件可靠性评估是一个从软件度量到软件质量特性再到软件质量

的一个分层评价体系,建立良好的软件可靠性评估体系对软件可靠性保证有很大的指导意义。在软件生命周期中软件质量与可靠性的评估结果对于识别软件质量的薄弱部分与分配资源是至关重要的。不仅如此,软件产品的用户会将软件质量与可靠性的评估结果作为许多重要决策的基础,如改进产品质量、进行大规模购入或对合同履行情况的监管等。所以,良好的软件可靠性评估体系不仅可以节约软件产品开发与测试成本,更重要的是可以提高软件产品的质量与可靠性,从而提高用户信任度与市场竞争力,也可以提高相关从业者与用户关注软件质量的程度。

由于基于数据的可靠性评估模型本身的特点,这种模型既能够评估软件产品的可靠性,又能够通过评估分析结果发现具体是哪些度量影响了软件的可靠性,从而对软件可靠性进行提高。但是由于不同组织、不同类型软件产品在可靠性评估方面差异很大,这种差异既体现在软件本身的度量数据特征上,又体现在对于软件可靠性评估的需求上,因此需要根据实际情况,开展历史数据的收集(用于训练数据模型)与评估模型的构建。

5.1 基于数据的评估模型框架

前面已经提到了传统的软件可靠性评估与基于软件质量标准的可靠性评估存在的不足。下面将对基于数据的软件可靠性评估模型进行整体描述。

如图5-1所示,基于数据的可靠性评估可大致分为四部分。

(1)首先是可靠性评价目标的构建。在本章开篇我们已经提到,不同软件开发组织、不同类型软件产品在可靠性评估目标方面存在差异。就质量标准而言,GB/T 25000.10—2016《系统与软件工程 系统与软件质量要求和评价(SQuaRE)第10部分:系统》将软件可靠性分解为成熟性、可用性、容错性、易恢复性与可靠性的依从性,这是一种通用的软件可靠性分解模式;而在GB/T 30961—2014《嵌入式软件质量度量》中,去掉了"可用性"这一子特性,这可能是由嵌入式软件产品本身的特点所决定的;在其他标准中对于子特性的定义也都有所不同。而对于不同开发组织、不同软件类型,其对于软件可靠性的理解和定义、对于可靠性评估的需求更是存在较大差异。这些差异主要体现在:评估目标的不同——软件可靠性由哪些因素构成;可靠性子特性权重的差异——对于不同类型软件,可靠性子特性的重要程度有所差异。因此,在基于数据的可靠性评估中,需要首先构建软件可靠性评估的目标模型。这项工作的主要目的是在一定范围内,确定可靠性评估的目标,即"评什么?"。目标模型内容首先包括需要评估的要素,通常是软件可靠性子特性,这些子特性既可以来源于某个质量标准,也可以来源于工程人员的经验知识以及实际需求;其次,目标模型还应该包含这些子特性对应的权重,作为向上加权的依据,最终用于计算软件的可靠性评估值。这部分内容通常是通过分析、访谈、问卷调研等方式获取的(图 5-2)。

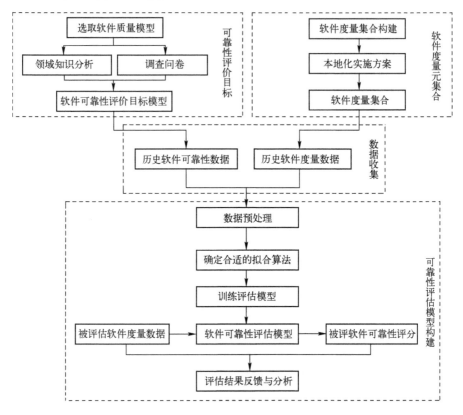

图 5-1 基于数据的软件可靠性评估整体框架

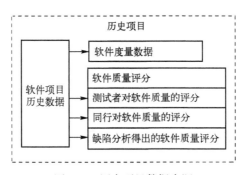

图 5-2 历史项目数据来源

（2）基于数据进行软件可靠性评估的第二部分是软件度量元集合的构建。软件度量指的是对软件产品项目、开发过程以及产品本身属性的量化指标,软件度量在软件质量管理中可以用来评价与改善软件质量。可以将软件度量理解为软件产品本身的一些属性,类似于人的身高、体重、年龄,软件度量通常可以通过对软件产品、软件过程的测量而获得。这些度量有一些被认为可以直接反映软件的质量或可靠性,如缺陷密度等,而大多数软件度量与软件可靠性的关系其实尚不明确,需要通过进一步的数据收集与分析来确定。初步构建软件度量元集合,作为软件项目度量的基础。在具体实施过程中,并不是所有的项目、机构都能够采集如此多的度量数据,因此需要采取一定的本地化措施,形成本地化的实施方案,从而支持实际的软件度量采集工作。

(3) 第三部分是基于前两部分所形成的可靠性评估目标模型和本地化的度量收集方案,开展实际的软件历史数据收集。软件度量通常的来源是软件的源代码、过程文档、项目控制数据等;而可靠性评估目标的来源则是历史项目的可靠性数据,这些数据有可能与软件测试发现的缺陷有关,也有可能是历史项目所作的软件可靠性测试的结果,在缺乏可靠性测试的项目中,这些数据也常常通过相关人群的评分来获取。有经验显示,基于历史数据的软件可靠性评估的实践通常会将大部分时间花费在对历史数据的收集上。在这一部分通常会面对数据规模不足、数据质量低下以及数据格式不整齐的问题。现行的软件工程活动对度量元集合的支持程度较弱,软件开发组织只重视最终产品,而忽略了过程产品和数据的重要性,从而导致在实际的数据收集中会遇到许多具体问题,需要具体地分析和解决。

(4) 在历史项目的数据收集完成后(这一过程通常会占据质量评估项目70%左右的时间),就要对这些数据进行处理与分析。我们的目标是通过历史数据的训练,建立历史项目软件度量数据与可靠性数据之间的定量关系。项目的可靠性数据通常处于项目一级,有些甚至需要达到系统级才能获取。而度量数据则不同,代码度量通常定义在函数、文件、项目级别,对于面向对象软件,这些度量通常定义在方法、类、项目等级别,因此对于一个软件项目,其代码度量元可能会以一个非常庞大的矩阵形式呈现;过程度量通常依赖于各个机构自身的过程控制体系,这是因为收集的是历史项目的度量数据,必须通过查阅该机构的过程数据库才能获得相应的过程度量;文档度量,或者说过程产品度量通常是最让可靠性评估人员头疼的部分,由于对具体项目了解程度较低,对文档的度量通常需要项目相关人员的帮助和不断交流。由于不同机构对过程文档的编写规则和风格不同,因此对文档的度量结果也呈现领域特性。

上述对于软件度量的描述,是为了说明一个问题,那就是实际获得的软件度量数据通常具有非常复杂的数据结构,这与评估模型另一端的可靠性历史数据形成了鲜明对比:代码度量可能是一个具有上千个尺度差异巨大的元素的矩阵,过程度量可能是一组并不十分真实的数字,文档度量可能是根据机构自身特点而形成的缺陷报告单,而作为模型输出部分的可靠性数据,可能只是某个可靠性参数,如MTBF、失效率等,也可能只是这个项目的可靠性评分,如优、良、中、差。在输入集合一端,不仅需要剔除数据中的噪声,即与软件可靠性无关的度量,还要将"参差不齐"的度量数据统一到某个相同的维度上。这一过程通常需要进行数据的压缩,而如何在压缩过程中尽可能多地保留原始数据的信息就成为研究的重点。

通过数据压缩与预处理,得到可靠性评估模型的训练数据,它分为输入集和输出集两部分,分别是由软件度量(压缩后的值)与软件可靠性数据构成的。此时需要选择合适的算法进行建模。通常的方法有回归模型、神经网络等。它们各自具有优、缺点,在实际工程中通常是以试验的方式,最终确定评估算法的选取和优化。建模完成后,可以通过数据分析,获得与输出最有关系的软件度量元(可以用到相关性分析的方法),这些度量元是之前构建的软件度量元的子集。这个子集既可以用于指导对新的待评估软件项目进行度量,又可以作为结果反馈,在评估完成后分析哪些度量元影响了软件的可靠性,从而对软件开发活动给出改进建议。当然,这个模型并不是一次训练就可以完成的,通过不断积累历史数据,可以不断扩大模型的训练集,训练集的数据规模越大、数据质量越好,训练得到的可靠性评估模型当然也就越准确。

在接下来的几节中,将分别介绍上述框架的一些具体方法和案例。这些方法都是统计学中的成熟方法,或者已经被认可的工程方法,目的是介绍这些方法在基于数据的复杂软件可靠性评估中的具体实践。

5.2 影响可靠性评估的软件度量

度量是一种依据一定的规则来量化实体属性的方法,通常包括:①确定要度量的对象;②选定要度量的属性;③赋予度量对象的度量值;④建立度量对象与度量值之间的映射关系。

软件度量指的是对软件产品项目、开发过程以及产品本身属性的量化指标。通过各种度量可以量化软件生命周期的各种特征,如软件规模、结构复杂度、数据复杂度等,所以软件度量是评价、管理与改善软件产品质量与可靠性的必要因素。软件质量模型往往将软件质量一层一层分解到软件度量,为使用软件度量评价、管理与改善软件质量与可靠性提供了途径。

软件度量学最早在 1958 年被提出。软件科学的概念在 20 世纪 70 年代被提出。Halstead 对这一概念的产生起到了重要的贡献。他强调软件度量除了理论方法研究外,更应该着眼于工程实践。Boehm 提出,除了定性研究外,必须量化对软件属性的研究,软件度量学诞生于此。

软件度量的主要工作,首先是针对软件工程的过程、产品,要对这些内容进行量化的定义,量化的测量,科学的分析。上述工作的主要目的是将软件工程从模糊的定性过程中提炼出来,用数据化、可视化及可追踪的方式,提高软件的设计、开发和管理。这就对应了上一段所说的理论方法和工程实践相结合的软件度量科学。理论上,软件度量要依靠一定的规则、理论,度量的表现形式通常是数据(包括指标、参数、评分);实践方面,要获取软件度量,必须依靠实际的测试工具、审核体系,也离不开工程人员的实际操作。软件度量是一种以科学方法为指导的工程实践。目前,软件度量学已经成为软件工程的一个重要研究方向。

此外,在工程实践和学术研究中,还有许多学者提出了不同的软件度量,这些度量可能会对软件的质量与可靠性产生影响。在获取软件度量的数值结果后,一些学者选择了通过层次分析法、模糊综合评价法等决策方法获得向上计算软件质量的权重,以此来评价软件质量;也有一部分学者通过支持向量机、贝叶斯网络、马尔可夫决策过程或者神经网络等统计学方法来建立软件可靠性评估模型。

本章将从基于数据的软件可靠性评估的角度出发,介绍一些可能影响软件可靠性的度量元。这些度量元的来源主要是相关研究以及开展过的软件可靠性评估的工程经验。我们将从主要代码度量与过程度量的角度出发,介绍一些相关的软件度量元及其获取方法。对于代码度量元将介绍一些常用的度量工具以支持自动化获取,对于过程度量元将介绍一种通用的分析方法。

5.2.1 软件度量集建立

总体而言,软件度量学的发展已经比较成熟和系统,但这些度量与本章所介绍的基于数据进行软件可靠性评估的关系尚不明确。或者说,基于软件代码的度量数据进行软件可靠性评估、软件质量评价,是否具有依据?对此,提出两个问题并且分别调研了相关研究,以证实本章所提出方法框架的可行性。需注意,相关研究的调研不仅局限于软件可靠性评估,还来源于一些基于度量进行软件质量评价方法及模型建立的研究。由于软件可靠性与软件质量密不可分的关系,本章认为可靠性评估隶属于软件质量的评价与预测。

第一个问题是:在相关研究中,学者们分别采用了哪些软件度量作为软件可靠性评估/质量评价模型的输入?

通常,基于数据的质量评估/可靠性评估模型都是多输入的,这些输入元素往往来自研究者挑选的某个特定集合,从中发现,现有研究中这些特定集合主要分为两类:一是软件度量,包括代码度量、项目度量与测试度量;二是软件质量特性或其子特性。其出现的比例大约如图 5-3 所示。

软件的代码度量是指可以直接从代码中得到的度量。使用代码度量作为评价模型输入的研究提供了丰富的代码度量种类,除了 McCabe 结构复杂性度量、Halstead 文本复杂性度量、Henry-Kafura 信息流度量、C-K 面向对象度量、MOOD 面向对象度量等已被广泛应用的软件度量集合外,还有许多研究者提出了自己的软件度量组合。

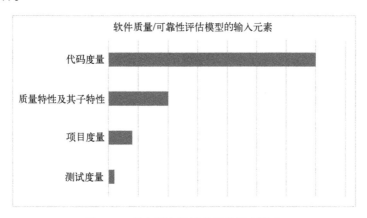

图 5-3　现有研究常用的评估模型输入

在这些研究中,圈复杂度是基于神经网络的评价模型使用最多的软件度量,有 40% 的代码度量组合中包含了圈复杂度。而使用最多的度量集合是 C-K 面向对象度量集,包括类中方法权重(WMC)、继承树深度(DIT)、直接子类数(NOC)、对象间的耦合(CBO)、响应集大小(RFC)与方法内聚缺乏度(LCOM)。此外,还注意到,Halstead 文本复杂性度量集也被大量应用,Halstead 度量集包含的度量有很多,但应用较多的是其 4 个原始度量,即唯一操作数数量 η_1、唯一操作符数量 η_2、总操作数数量 N_1、总操作符数量 N_2。这种选择的合理性在于,在软件复杂性度量集合中,从集合中的原始度量派生的度量不会比任何原始度量包含更多的软件属性信息,如图 5-4 所示。

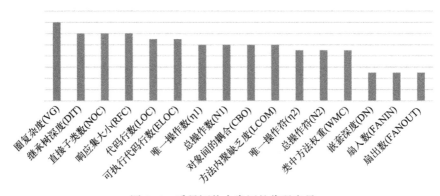

图 5-4　质量评价中常用的代码度量

第二个问题是:第一个问题中所采用的度量元为什么可以作为软件质量/可靠性评估模型的输入元素?

正如上述分析,输入元素主要分为软件度量与软件质量特性或其子特性两种。由于软件质量特性及其子特性直接来自软件质量模型,所以这个问题我们关心使用软件度量来评价软件质量/可靠性的合理性。

一些研究者基于软件度量的定义给出了这种合理性。IEEE 的"Standard for Software Quality Metrics Methodology,IEEE Std,1061-1992,1993"中定义度量为一个函数,输入软件数据以输出能用来解释软件所具有的一个给定属性对软件质量影响程度的单一数值。有人指出软件质量度量就是指对影响软件质量的属性所进行的定量的测量与度量的方法,软件度量就是对影响软件质量的内部属性进行量化测量。而软件的可靠性、功能性等质量要素是无法直接度量的,需要通过度量软件的内部属性来间接得到。从实际角度而言,使用软件度量是为了方便调整开发过程,通常希望使用一些可量化的度量来预测软件系统的质量,并基于这种预测来调整开发过程以提高软件的整体质量。当然也有人对这种做法提出了质疑,他们认为使用诸如操作数和操作符的数量之类的软件度量可以预测软件质量,但并不能真实地反映软件质量。

可以看出,利用软件度量来评价软件质量与可靠性有一定的理论和实践依据,本章所介绍的基于数据进行软件可靠性评估就是基于这些依据开展的。

5.2.2 代码度量以及相关工具

软件代码度量就是通过静态分析对软件的源代码进行度量,软件的源代码是软件的核心,软件质量的大部分问题都能追溯到源代码,所以软件代码度量与软件质量息息相关。在结构化编程的年代,最常用的软件代码度量是一些描述函数的规模与复杂度的度量。最常见的规模度量是代码行数 LOC(lines of code),有很多学者提出了一些描述代码复杂度的软件代码度量集合,如 McCabe 圈复杂度度量、Halstead 文本复杂度度量等。上述针对结构化语言提出的规模与复杂度度量统称为传统度量,随着面向对象编程的发展,很多学者提出了面向对象度量集合。

总体来说,传统软件代码度量可以分为以下几类:一是规模度量,最常用的代码行数可以细分为总代码行数、可执行代码行数、非空代码行数、注释行数等;二是数据流度量,比如模块的输入变量数、输出变量数、扇入数与扇出数等;三是结构复杂度度量,McCabe 复杂度度量主要包含圈复杂度与基本复杂度,此外还有分支数、条件数、多重条件数、判定数等对结构的直接度量;四是文本复杂度度量,也就是 Halstead 文本复杂度度量,包括唯一操作数数量η_1、唯一操作符数量η_2、总操作数数量N_1、总操作符数量N_2等。

随着面向对象技术的发展,面向对象语言等得到广泛应用。面向对象系统主要强调实体之间的关系。面向对象系统的机制也与传统软件系统不同,其主要采用抽象、封装、多态等机制。无论是实体关系还是新型机制,都决定了在软件度量方面,面向对象系统将会产生新的发展。

C-K 方法是针对类的度量。类的方法、继承、耦合、内聚性等特性是面向对象系统所特有的,同时也是针对面向对象系统的度量所关注的。C-K 方法为面向对象度量定义了 6 个度量,即类的加权方法数(WMC)、继承树深度(DIT)、孩子数目(NOC)、对象类耦合(CBO)、类响应集合(RFC)、类内聚缺乏度(LCOM)。MOOD 方法从封装、继承、耦合、多态四方面提出了 6 个度量。针对封装,提出了方法隐藏因子(AHF)和属性隐藏因子(AHF)两个指标;针对继承,提出了方法继承因子(AIF)和属性继承因子(MIF)两个指标;针对耦合提出了耦合因子(CF)作为指标;针对多态性提出了多态因子(PF)作为指标。

由于复杂软件源代码的规模大、复杂程度高,在实际项目中代码度量的获取很大程度上依赖于度量工具。要进行代码度量的获取、分析和应用,必须依靠现有的自动化工具,脱离了测试工具,软件度量的分析应用也就无从谈起。

本节主要介绍 LDRA Testbed、QA-C、Parasoft C/C++test 和 Polyspace 几种工具。

(1) LDRA Testbed 具有静态分析、动态分析、图形显示、单元和集成级别软件测试的模块。静态分析主要包括编程标准、软件度量分析与质量标准验证、静态数据流分析等功能。通过查阅官方文档,确定了 LDRA Testbed 主要支持的软件度量元如表 5-1 所列。

表 5-1 LDRA Testbed 支持的代码度量

LDRA Testbed
控制流节点度量
LCSAJ 密度度量
扇入/扇出度量
循环深度度量
McCabe 圈复杂度
Halstead 软件科学度量
McCab Essential 复杂度
注释行度量
代码可达性度量

（2）QA-C 将度量指标分为 3 组,使用全定义为所有函数生成函数度量标准,为每个待分析的文件生成文件度量标准。项目指标每个完整项目计算一次,并通过跨模块分析生成。同样,QAC ++也将度量指标分为 3 组,使用全定义为所有函数生成函数度量标准,为每个定义的类生成类度量标准,为每个分析的文件生成文件度量标准。除了 LIN 和 TPP 之外的所有度量标准忽略了在对预处理器指令进行评估时禁用的代码。QA 的度量分为四部分,即基于函数的度量、基于文件的度量、基于类的度量和项目范围指标。

其中基于功能的度量是针对单个函数的源代码进行的,包括秋山标准 AKI(Akiyama's criterion)、向后跳跃次数 BAK(number of backward jumps)、调用函数数量 CAL(number of functions called from function)、结密度 KDN(knot density)等 34 个度量元;基于文件的度量包括嵌入式程序员月 BME(embedded programmer months)、代码注释率 CDN(comment to code ratio)、文件中的函数数量 FNC(number of functions in file)等 32 个度量元;基于类的度量是针对源代码类进行的,共同包括对象之间的耦合 CBO(coupling between objects)、直接子类数 NOC(number of immediate children)在内的 8 个度量元,其中一些指标的计算还要求运行相关的跨模块分析程序;项目范围指标包括项目功能数量 NEA(number of functions across project)在内的 4 个度量元。部分 QA-C 的代码度量如表 5-2 所列。

表 5-2　Helix QAC 支持的部分代码度量

缩写	名称	解释	级别
STAKI	Akiyama 判断准则	该度量是圈复杂度(STCYC)和函数调用数(STSUB)的和	基于函数的度量
STAV1	函数平均语句数（变体 1）	函数体内的每一条语句计算操作数和操作符的平均数量。STAV1=(STFN1+STFN2)/STST1	基于函数的度量
STAV2	函数平均语句数（变体 2）	函数体内的每一条语句计算操作数和操作符的平均数量。STAV2=(STFN1+STFN2)/STST2	基于函数的度量
STAV3	函数平均语句数（变体 3）	函数体内的每一条语句计算操作数和操作符的平均数量。STAV3=(STFN1+STFN2)/STST3	基于函数的度量
STBAK	函数中的回跳数量	程序中从不推荐使用跳跃,尤其是回跳更是不需要的。如果可能的话,应该使用结构化代码重新设计	基于函数的度量
STCAL	相异函数调用数	该度量计算一个函数中的函数调用数量	基于函数的度量
STCYC	圈复杂度	圈复杂度计算为判断的数量加 1	基于函数的度量
STELF	没有 else 结尾的 else-if 个数	计算没有以 else 结尾的 if-else-if 结构的数量。它的计算是通过统计所有不带 else 的 if 语句的数量得到	基于函数的度量
STFN1	函数操作符出现次数	该度量是对函数中操作符数量的 Halstead 统计(N1)	基于函数的度量
STFN2	函数操作符出现次数	该度量是对函数中操作数数量的 Halstead 统计(N2)	基于函数的度量

续表

缩写	名称	解释	级别
STG T0	go to 语句数量	某些 go to 的使用只是为了进行错误处理,然而应该尽量避免。Plum Hall 指南声称不应该使用 go to	基于函数的度量
HLB	Halstead 错误数	Halstead 提供的错误数量(B)	基于函数的度量
STKDN	交叉点密度	这是每行可执行代码的交叉点数量,计算如下:STKDN = STKNT/STXLN,当 STXLN 为 0 时,该值为零	基于函数的度量
STKNT	交叉点数量 t	这是函数中的交叉点数量。交叉点代表着控制结构的穿越次数,它是由控制结构中 break、continue、goto 或 return 语句引起的	基于函数的度量

(3) Parasoft C/C++是一个集成的解决方案。该工具有静态分析、综合代码复审、单元和组件测试、运行错误检测的功能。该工具共有 49 个内置度量指标,包括 McCabe 圈复杂度、MOOD 度量等。

(4) PolySpace 是一款用于分析软件运行过程工具。它包括 PolySpace Bug Finder 和 PolySpace Code Prover 两个模块。PolySpace 的可测度量集分为项目度量、文件度量和函数度量三部分,共包含 27 个度量元。

5.2.3 软件过程度量

本节将主要介绍过程度量对质量有何影响、过程度量有哪些以及如何获取等问题。

过程度量是软件度量的子部分,主要是指在软件开发和过程维护中针对所有产品对整个软件过程进行度量。过程度量的作用在于理解和管理软件过程,并在评价过程中对软件过程进行理解和记录,通过控制、预测和优化来管理软件过程,并帮助管理人员进行决策分析。软件过程度量可以帮助我们更加直观地了解软件属性特征,了解过程性能,了解软件的各种产品信息,从而更好地对如软件过程进行管理和优化,最终提高软件产品的质量。

软件过程度量又可以分为软件过程本身的度量以及过程产品的度量。

过程质量和产品质量通常被认为是软件产品质量管理的两个重要方面,而过程质量又主要由工作质量、设计质量、开发质量等组成,即由软件产品生命周期不同环节的质量组成。软件过程度量的主要目的为了提高软件过程质量。这些过程质量在实际工程中通常又被细分为具体的过程度量目标管理需求、项目估算、制订项目监控计划、客观评估工作产品、建立基线以及将管理过程制度化等。这些目标又通过一些方法被分解为具体的实践操作,这些操作就是具体的过程度量元。过程度量的主要活动是数据采集、数据验证、数值转换、度量分析、度量决策。

软件过程度量与过程质量的提高往往依赖于多种方法的结合。例如,一些企业首先分析 CMMI3 在度量分析领域的要求,然后根据这些要求,利用具体的度量分析技术(GQ(I)M)进行度量模型的构建。这类方案通常会给出度量目标与指示器的映射表,以及具体的测量项目,如缺陷发现阶段、缺陷注入阶段、缺陷所在模块、软件模块的实际规模缺陷总数、缺陷严重程度、缺陷类型、缺陷被发现的时间、缺陷关闭时间等。

软件过程度的另一方面是过程产品的度量,这些产品常常是一些文档。对于本章所进行的工程实践而言,过程产品包括但不限于以下内容:研制软件的任务书、对软件需求进行描述的说明书、软件在概要设计阶段的说明书、软件在详细设计阶段的设计书、软件最终开发完成得到的源代码、软件测试阶段设计的测试用例、软件的执行用例集、测试阶段收集的问题报告单、测试阶段完成后编写的测试文档以及软件最终的用户使用说明书等。根据这些过程产品,可以提出一些可能与软件可靠性评估相关的度量,如代码行数与需求文档页数之比,这一度量在某种程度上可以反映软件需求的详细程度,从而影响软件产品的可靠性。

实际上,在作者所面对的实际软件研发任务中,对于过程数据的采集和控制还处于起步阶段。虽然类似于 GJB 5000A—2008 的相关标准针对软件过程改进问题提出了产品开发模型,描述了一组有效过程的特征,也提供了一套过程数据采集的最佳实践,但在许多工程单位中对于这些过程数据存在着理解不到位、采集不科学不充分,甚至存在开发完成后"补过程记录"的情况。过程数据的规模、可信度、有效性因此就受到了影响。

另外,进行软件可靠性评估时,主要面对的是软件测试部门、软件质量部门,其主要活动是软件的测试与验证,而软件测试具有较为完善的理论体系,经过了长期的实践与改进,通常具有一套比较完整的方法,也保留着大量的历史数据,这些数据比较客观、准确,可信性较高。基于上述问题,我们认为在软件过程度量中,测试度量是需要重点关注的内容。因此本节还从测试质量与软件质量的关系、如何度量测试活动这两个方面,对软件测试的度量进行介绍。

许多学者认为,软件测试是保证软件质量不可或缺的重要手段,而软件测试过程质量直接决定了测试质量,从而在一定程度上决定了软件质量;在软件测试中,测试过程的好坏会影响到软件产品的质量,良好的测试过程有助于提高测试质量,而且有助于减少测试成本、缩短测试周期,对软件测试过程的研究有重大的意义。另外,由于形式化验证和程序正确性证明方面的研究还处于起步阶段,软件测试仍然是保证软件质量、提高软件可靠性最有效的手段之一。还有人认为,软件测试的过程其实就是对软件本身质量进行度量与评估的过程,通过这种度量与评估来验证软件本身是否能够满足用户的需求,是用户对产品进行选择时的重要依据。

对于软件测试的度量,不同的学者从不同的角度进行了分类和归纳。有些学者将测试度量分为测试质量度量与测试过程度量,这种分法类似于将软件分为软件产品与软件过程而分别进行度量。对于测试质量度量,首先确定测试质量目标,通过丰富的测试经验以及前人对于测试过程知识的研究,来度量当前测试质量,通常采取的问题层有测试中间产品的质量、测试过程的质量、测试技术软件测试过程优化研究的质量。然后对上述三方面问题进一步细化,找出最终的度量体系。对于测试过程度量,主要可以通过人员因素、工具因素、环境因素、时间因素以及测试技术等因素实现测试过程优化的目标,对上述因素进一步细化可以得到最终的度量指标体系。

部分测试度量如表 5-3 所列。

表 5-3 部分测试度量

序号	度量元名称	定 义	采集时机	采集方法/所用工具
1	合格用例数	经过专家评审通过的实际用例数	测试用例评审结束后	TestDirect
2	总的设计的用例数	对应需求覆盖所有功能点的测试用例数	测试用例设计完成后	TestDirect
3	平台支持的用例数	仿真平台环境能够支持运行的测试用例数目	用于测试的仿真平台搭建完成后	TestDirect
4	用例运行发现的问题数	用例执行后所发现的问题数	一轮测试所有用例执行结束后	TestDirect
5	测试环境支持的功能点数	仿真平台能够支持运行的功能点	用于测试的仿真平台搭建完成后	人工统计
6	总的功能点数	分解需求得到的功能点数之和	测试策划时拿到项目需求规格说明后	人工统计
7	已归零的问题数	经回归已确认解决的问题数	一轮回归后	TestDirect
8	开发方确认的问题数	测试发现的问题中经开发方确认的问题数目	阶段测试完成并与开发方就问题确认之后	TestDirect
9	文档审查发现的问题数	在相应阶段各类文档审查所发现的确认后的问题数	文档审查结束后	人工统计
10	代码审查发现的问题数	进行代码走查/审查所发现的确认后的问题数	代码走查/审查结束并与开发人员确认后	TestDirect
11	动态测试发现的问题数	在执行用例进行动态测试时发现问题数目	所有测试用例执行结果之后	TestDirect
12	测试发现的总问题数	整个测试过程所发现的问题数(包括文档审查、静态/动态测试发现的问题数)	整个测试过程结束之后	TestDirect

5.2.4 一种分析过程度量的方法——GQM

上面两节所介绍的无论是过程度量还是软件测试度量,都不是凭空产生的,而是需要通过合适的度量建模方法,对度量目标进行分解才能最终得到的。在众多度量建模方法中,现阶段最为著名且使用频率最高的方法是 Victor R. Basili 教授提出的目标-问题-度量(goal-question-metric,GQM)模型,该模型的可操作性和灵活性很强。GQM 模型的实现步骤主要为:首先对整个软件过程定义一个目标,这个目标是整个度量活动的起点;在该目标的基础上,根据项目的实际情况,将目标细分为相互之间互不相同的一些问题元,这些问题即为得到最终结果过程中的过程变量;然后针对于上述情况下的每个问题,提出能够解决该问题的答案,即最终所得到的度量元,联合起来形成一套度量指标体系。接下来将对这种方法进行简要介绍。

1. GQM 概述

如何选择和定义度量、确定度量目标、选择适当的测量项是做好度量的基础。目前国际上广泛采用的比较典型的目标驱动的方法就是 GQM 和 GQ(I)M 度量定义模型。

GQM 是一种系统地对软件及其开发过程实施定量化的度量方法。GQM 模型是 20 世纪 80 年代中期由美国马里兰大学 Victor R. Basili 及其助手提出的一种面向目标、自上而下由目标逐步细化到度量的度量定义方法,用以告诉组织或者机构应该采集哪些数据。它基于以下的假设:对于一个有目的地进行度量的软件组织,首先必须指定组织和项目的目标,然后跟踪目标到数据,这些数据旨在可操作化地定义目标,最后提供一个解释数据与相关目标的框架。每个组织、项目均有一系列目标要实现;而要实现每个目标,均要回答一系列问题才能知道目标是否实现;而对提出的每个问题,都可以找到一个完整、可以量化的满意解答。它把组织的目标归纳、分解为度量的指标,并把这些指标提炼成可以测量的值,从而能更好地预测、控制过程性能,实现软件开发的定量化管理。

GQM 是一种面向目标的度量方法,也是管理者的一种科学的、具有逻辑性的思考问题的方式。GQM 模型提供了自顶向下的度量定义方法和自底向上的数据采集、解释方法。首先定义需要度量的目标,再针对各个目标提出可能会遇到的问题,来定义这个目标;然后通过回答问题的形式来衡量这些目标是否被实现。将一个个模糊、抽象的目标,分解成具体的、可测量的问题;最后针对每个问题再给出一组测量方法,并用这一组测量方法测量出来的数据作为对这个问题的回答。分析过程的目的是把概念化的目标转化成比较具体的问题,再进一步把问题分解成可以度量的指标。因此,这一过程着重分析目标—问题—指标的层次结构与相互之间的关联。

GQM模型基于目标自上而下有3个层次。这3层分别是概念层-目标(goals)、操作层-问题(questions)、数据层-度量(metric)。GQM的3层模型如图5-5所示。这3层是一个继承性的结构,下一层是对上面一层的细化,通过这种细化最终由目标得到需要的度量。

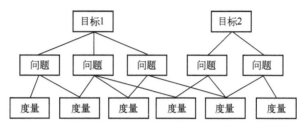

图5-5　GQM的3层模型

(1) 概念层(目标)。目标是对特定对象定义的,基于不同原因,与不同的质量模型相关,基于不同观点,与特定的环境相关联。它描述了度量目的,通过给定目标,能够清晰地表达度量过程。GQM一般包括5个要素,即度量对象、目的、属性、角度(为谁服务)及度量环境。它描述了通过度量期望达到的度量目标。每个度量目标都包含3个特征,即关注点、对象和视角,同时还包括一个度量目的。关注点定义了对特定对象需要研究的特定特征,视角描述了需要相应度量信息的执行者的观察角度,度量目的描述了是如何使用度量结果模型的。特定环境下项目的目标定义由诸多的原因所决定,其中主要的是产品、过程和资源。

(2) 可操作层(问题)。该层针对上一层的目标定义了一组问题,用一系列问题来定义所研究对象的模型,然后得出评价或达到特定目标。这些问题从各个角度对度量目标进行描述。问题与状态模型有关,它更加详细地定义了目标所关注的对象。用来评测既定目标的一系列问题应该建立在一定的具有相关特性的模型基础之上,所选择的问题应该尽可能地来刻画一个度量目标,而不是没有原则地选择数据;否则将造成工作量的增大和数据的浪费。

(3) 量化层(度量)。基于上述模型的一系列度量,与每个问题相关联,并以可度量的方法回答这些问题。对于每个问题都定义了一组数据与之相关联,通过这些数据可以对每个问题有个量化的回答,是对问题特征的一种刻画。指标的数据来自主、客观的测量,并且要仔细选择,力求从不同角度刻画每个问题。同一个测量项也可以被用来回答相同目标中的不同问题,几个GQM模型也可以共享一些问题和测量项,站在不同的角度来看相同的度量也会有不同的数据值。

2. GQIM概述

卡内基·梅隆大学软件工程研究所软件工程度量和分析组在GQM模型的基础上提出了GQ(I)M模型,GQ(I)M区别于GQM的地方就在于它在Q和M之间加入了一个中间步骤,即在GQM模型的问题层和度量层之间增加了可视化的指示器层,用它在问题和度量数据之间建立联系。指示器(indicator)或称为指标,是用于评价或预测其他度量的度量。指示器是一个或多个度量的综合,是对软件产品或过程的某一方面特征的反映,它通常利用图表、文本和表格等形式来描述,模型使用者可根据问题先定义指示器,然后再确定构建该指示器所需要的度量和数据。不同的度量目的,有不同的度量指示器选择。在具体的实施过程中可操作的度量成千上万,应选择最能反映当时度量环境的指标作为度量指示器。这些指示器可以作为测量要求说明书,指导需要收集什么数据、对这些数据需要做哪些处理和分析,从而为这些活动做计划。

如针对各个阶段分别注入和清除了多少缺陷问题,可以建立指示器——缺陷的阶段分布。

图5-6给出了GQ(I)M度量模型。

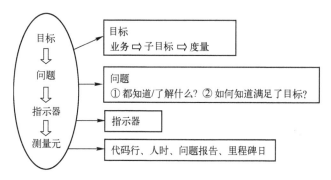

图5-6 GQ(I)M模型示意图

3. GQM及GQ(I)M实施原则及主要步骤

1) GQM及GQ(I)M实施原则

(1) 度量目标源于商业目标。

度量不是为了度量而度量,度量是为了实现某个目标。它可以是为了加强对过程的理解,也可以是为了改进过程。但无论是哪种目标,它都是为软件公司商业目标服务的。因此,在确定度量目标时,一定要确保其源于商业目标,并保持其可跟踪性。

(2) 为度量目标确定焦点、建立环境。

在度量实施中,度量目标可以有很多。常常会在大量的数据淹没之下不知所措,因此必须确定关注焦点、确定度量目标的优先级。此外,为了实现这些目标,就必须建立可以实现这些目标的环境。

(3) 用GQM/GQ(I)M将非形式化的目标转化为可以执行的度量结构。

确定了度量目标,根据这些目标提出问题,解决了这些问题实际上就是实现了度量目标。从这些问题中引出直观的指示器或者度量,从而实现从度量目标到度量数据项的映射。

2) GQM 的实施步骤

在项目和组织的特定需要的基础上,GQM 模型的工作原理就是提供一种模式来帮助软件管理者为了达到管理上的目标而设计一整套软件度量体系,运用系统方法对软件过程和产品模型中的各个目标进行裁剪和整合。GQM 可以有效回答正在收集的数据目的是"为什么"这个问题。"为什么"的问题是重要的,因为基于它可以确定如何解释所获得的数据,而且该问题的答案也为后续在未来项目和活动中重用度量计划和过程提供了基础。软件开发中应用 GQM 方法力求形式化表达这个特殊的过程,通过定义目标和测量的指标,使之能和有形产品一样,方便地观察和测量。

GQM 方法具有许多优点,包括思路清晰、便于理解、便于培训、便于知识的重用和计算机管理以及适应复杂、多变的应用环境等。

采用 GQM 方法的测量活动包括以下 4 个阶段。

① 计划阶段:选择度量应用的项目,经过定义、特征化并且制订计划,产生项目计划。

② 定义阶段:定义度量程序(目标、问题、度量和确定假设)并文档化。

③ 数据收集阶段:收集、确认、分析数据,产生结果集,并采取正确的行动。

④ 解释阶段:按照度量的定义,将收集的数据转化为度量结果,回答提出的问题,评估所要达到的目的。通过事后剖析的方式分析数据以评估是否与目标一致,并为其后的改善提供建议;为测量结果利益相关者提供反馈信息。

GQ(I)M 定义阶段包括以下实施细节。

① 确定商业目标。

② 确定需要获取什么。

③ 确定子目标。将相关的问题分组,产生一系列与管理或执行活动相关的子目标。

④ 确定与子目标相关的实体和属性。本过程提供为实现子目标必须获取的实体和属性信息。

⑤ 格式化度量目标。格式化后的度量目标应该包括 4 个元素,即关注对象、关注目的、关注人群和度量环境。

⑥ 制订度量计划。对目标进行分解时,可以参照过程模型的结构进行。根据过程的子过程组成情况,把度量目标分解为针对子过程的子度量目标。

⑦ 确定有助于达到度量目标的可度量问题和相关指示器。由格式化后的度量目标推出实现这些目标必须量化的问题和指示器(包括各种类型的图表)。

第 5 章　基于数据的复杂软件可靠性评估

⑧ 确定为了解决问题构造指示器所需收集的数据要素。

⑨ 定义使用的度量并使之可行。在组织内明确定义度量的公式、度量数据的含义,使用结构化的方法确保不遗漏重要的度量。

⑩ 确定实现度量的活动。这些活动主要包括确定数据源,确定收集报告数据的方法、频率、执行人,确定可以使用数据的用户,定义这些数据将如何被分析报告,定义辅助过程自动化和过程管理的工具,确定收集数据的过程等。

⑪ 准备实现度量的计划,开发数据收集和分析的机制。该计划应该包括度量目的、度量背景、度量范围、与其他过程改进活动的关系、实现度量应该执行的任务、活动和人力资源、度量进度、度量职责及支持活动等。

由以上的原则和实现步骤可以看出:过程①~⑤是对组织的商业目标进行分析分解,产生 GQ(1)M 中的 G。⑥~⑪将目标映射为相应的度量。在整个过程中,必须保持两个可跟踪性:一个是目标(G)到商业目标的可回溯性;另一个是度量(M)到目标(G)的可回溯性。这样就可以确保度量不偏离组织目标,避免收集不必要的数据,浪费人力。

5.3　数据训练与验证——基于数据的评估算法

本节将从度量数据聚合、度量数据标准化、数据降维方法和几种数据拟合算法等几个方面介绍几种工程上已经实践过的数据训练方法。

5.3.1　度量数据聚合

从上述描述可以看出,软件代码度量是在方法或类上定义的,很难直接应用于基于项目数据的软件质量评估。如果需要以项目为样本进行分析,就要将低于项目级别的代码度量数据聚合为项目级数据来使用。

由于软件代码规模庞大且代码本身极其复杂,描述代码规模和复杂性等方面的软件代码度量更容易反映软件的特点。然而软件代码度量是在方法或类上定义的,很难直接应用基于项目数据的软件质量评估。为了从项目整体的角度去考察软件代码度量,一般通过描述性统计值、统计分布参数和计量经济学指标等常用的聚合指标来聚合软件代码度量数据。

1. 软件代码度量的特点和聚合指标

大多数软件代码度量在一个项目内是高度倾斜分布的,这与服从"80/20 定律"的缺陷分布类似。就描述性统计值来说,均值这类适用于对称分布的指标很难用于刻画项目内软件度量的这种特点,而偏度与峰度正是刻画数据偏斜方向与程度的,而且幂律分布、对数正态分布以及一些描述收入不均等程度的经济计量学指标也能很好地刻画这种高度不对称的情况。所以,在考虑聚合指标时,要找到充分描述软件度量的指标组合,而不是使用单一的聚合指标。

常用的度量聚合指标主要有描述性统计值、统计分布参数和经济计量学指标三类,如表 5-4 所列。

表 5-4 常用的度量聚合指标

数据聚合指标	适用条件	聚合结果
描述性统计值	任意	加和、均值、中位数、方差、偏度和峰度等
统计分布拟合	数据服从一定分布	分布参数
经济计量学指标	任意	基尼系数、泰尔指数、胡佛系数等

描述性统计值与经济计量学指标类似,两者都是通过将每个数据纳入计算的公式来得到一个聚合值,这种计算方式决定了两种方法都可以用于任意数据。只有知道确切的分布数据才能使用统计分布参数聚合,收益是只使用一组统计分布参数(如描述正态分布的 μ 与 σ)就可以完全描述数据,而其他方法可能组合很多指标也无法完全描述。此外,对软件代码度量数据聚合的研究还集中到了软件代码度量的统计分布上,将在 5.4 节展示一个具体的研究案例。本节将对这些聚合指标的概念和意义进行介绍。

描述性统计值是最基本、最常见,同时也是适用范围最广的聚合指标,如图 5-7 所示。

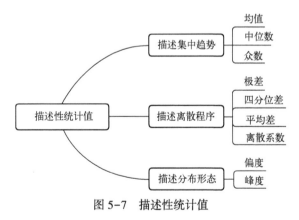

图 5-7 描述性统计值

1) 集中趋势描述性统计值

(1) 均值。

$$\bar{x} = \frac{\sum_{i=1}^{n} x_i}{n} \tag{5-1}$$

$$\bar{x} = \frac{\sum_{i=1}^{n} x_i f_i}{\sum_{i=1}^{n} f_i} \tag{5-2}$$

均值计算公式有以下两个重要的数学性质。

① 所有观测值与其均值的离差之和等于 0,即

$$\sum_{i=1}^{n}(x_i - \bar{x}) = 0 \tag{5-3}$$

② 所有观测值与其均值的离差平方和最小,即

$$\sum_{i=1}^{n}(x_i - \bar{x})^2 \tag{5-4}$$

(2) 中位数。计算中位数关键是要确定其所在位置,确定中位数位置的公式为

$$m = \frac{n+1}{2} \tag{5-5}$$

如果数据中观测值的个数是偶数,则可采用下列公式计算中位数的值,即

$$m_l = \frac{1}{2}\left[x_{\left(\frac{n}{2}\right)} + x_{\left(\frac{n}{2}+1\right)}\right] \tag{5-6}$$

(3) 众数。众数也是确定数据分布集中位置的一种常用方法。不同观测值在样本数据中出现的次数是不尽相同的,出现次数最多的观测值就是该数据的众数,记为 m_o。

均值、中位数和众数的比较:均值是全体观测值的重心;众数是全体观测值的重点;中位数是全体观测值的中心。三者之间的关系如图 5-8 所示。

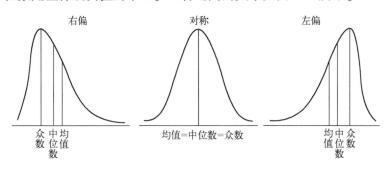

图 5-8 均值、中位数、众数的关系

经验表明,频数分布偏斜程度较低时,大体有

$$(m_0 - m_e) = 2(m_e - \bar{x}) \tag{5-7}$$

2) 离散程度描述性统计值

离散程度描述性统计值分为极差、四分位差、平均差、方差或标准差等。

（1）极差。数据中最大观测值与最小观测值之差称为极差，记为 R。其计算公式为

$$R = \max(x_i) - \min(x_i) \quad (5-8)$$

（2）四分位差。数据中的上四分位数与下四分位数之差称为四分位差，即

$$Q_d = Q_U - Q_L \quad (5-9)$$

（3）平均差。平均差是各个观测值与其均值离差绝对值的均值，记为 M_d。其计算公式为

$$M_d = \frac{\sum_{i=1}^{n} |x_i - \bar{x}|}{n} \quad (5-10)$$

（4）方差、标准差。样本方差是各个观测值与其均值离差平方的均值，记为 s^2。其计算公式为

$$s^2 = \frac{\sum_{i=1}^{n} (x_i - \bar{x})^2}{n-1} \quad (5-11)$$

样本方差的平方根称为样本标准差，记为 s。其计算公式为

$$s^2 = \sqrt{\frac{\sum_{i=1}^{n} (x_i - \bar{x})^2}{n-1}} \quad (5-12)$$

计算样本方差或样本标准差，有时是出于估计总体方差或总体标准差的目的，总体方差是用于描述总体数据离散程度的参数。其计算公式为

$$\sigma^2 = \frac{\sum_{i=1}^{n} (x_i - \mu)^2}{N} \quad (5-13)$$

总体标准差是总体方差的平方根，其计算公式为

$$\sigma^2 = \sqrt{\frac{\sum_{i=1}^{n} (x_i - \mu)^2}{N}} \quad (5-14)$$

（5）离散系数。离散系数是标准差与均值之比，记为 v。其计算公式为

$$v = \frac{s}{\bar{x}} \quad (5-15)$$

3）分布形态描述性统计值

分布形态描述性统计值分为偏度、峰度两种。

（1）偏度。偏度是衡量频数分布形态对称性的统计量，记为 SK。其计算公

式为

$$\mathrm{SK} = \frac{n \sum_{i=1}^{n} (x_i - \overline{x})^3}{(n-1)(n-2) s^3} \quad (5-16)$$

偏度的计算结果为 0,表明频数分布的形态是对称的;如果小于 0,则表明是左偏;如果大于 0,则表明是右偏。计算结果的绝对值越大,表明左偏或右偏的程度越大,特别是当计算结果的绝对值大于 1 时,通常被认为是高度偏态。

(2) 峰度。峰度是衡量频数分布形态尖削或陡峭程度的统计量,记为 KU。其计算公式为

$$\mathrm{KU} = \frac{n(n+1) \sum_{i=1}^{n} (x_i - \overline{x})^4 - 3 \left[\sum_{i=1}^{n} (x_i - \overline{x})^2 \right]^2 (n-1)}{(n-1)(n-2)(n-3) S^4} \quad (5-17)$$

峰度的计算结果为 0,称为正态峰;小于 0,称为平顶峰,表明频数分布趋于集中的速度变化较慢,分布形态比较平坦;大于 0,称为尖顶峰,表明频数分布趋于集中的速度变化较快,分布形态比较尖削或陡峭。

2. 软件代码度量的分布拟合

在数理统计教程中,通常会介绍总体分布类型已知的情况下,对其中的未知参数进行的检验,这类检验统称为参数检验。而在实际问题中,有时并不能确切预知总体服从何种分布,这时就需要根据来自总体的样本对总体分布进行推断,以判断总体服从何种分布,这类统计检验称为非参数检验。下面主要介绍 χ^2 检验法 和"偏度、峰度检验法"。

1) χ^2 检验法

在总体分布为未知时,根据样本 $x_1, x_2, \cdots, x_n$ 来检验关于总体分布假设。

① H_0:总体 x 的分布函数为 $F(x)$。

② H_1:总体 x 的分布函数不是 $F(x)$。

若总体 χ^2 为离散型,则假设①相当于

③ H_0:总体 x 的分布律为 $P\{x = t_i\} = p_i (i = 1, 2, \cdots)$。

若总体 x 为连续型,则假设①相当于

④ H_0:总体 x 的概率密度为 $f(x)$。

在用 χ^2 检验法检验假设 H_0 时,若在假设 H_0 下 $F(x)$ 的形式已知,但其参数值未知,这时需要先用极大似然估计法估计参数,然后再作检验。

χ^2 检验法的思想:将随机试验可能结果的全体 Ω 分为 k 个互不相容的事件 $A_1, A_2, \cdots, A_k (\Sigma A_i = \Omega, A_i A_j = \varnothing, i \neq j, i, j = 1, 2, \cdots, k)$。于是在假设 H_0 下,可以计算 $p_i = P(A_i)(i = 1, 2, \cdots, k)$。在 n 次试验中,事件 A_i 出现的频率 f_i/n 与 p_i 往往有差异,但

一般来说,若 H_0 为真,且试验的次数又较多时,则这种差异不应很大。基于这种想法,皮尔逊使用

$$\chi^2 = \sum_{i=1}^{k} \frac{(f_i - np_i)^2}{np_i} \qquad (5-18)$$

或

$$\chi^2 = \sum_{i=1}^{k} \frac{(f_i - n\hat{P}_i)^2}{n\hat{P}_i} \qquad (5-19)$$

作为假设检验的统计量,并证明了以下定理。

定理 5-1 若 n 充分大($n \geq 50$),则当 H_0 为真时(不论 H_0 中的分布属于什么分布),统计量

$$\chi^2 = \sum_{i=1}^{k} \frac{(f_i - np_i)^2}{np_i} \qquad (5-20)$$

总是近似地服从自由度为 $k-r-1$ 的 χ^2 分布。其中 r 是被估计参数的个数。

于是,在假设 H_0 下计算④,有

$$\chi^2 \geq \chi^2_\alpha(k-r-1) \qquad (5-21)$$

则在显著性水平 α 下拒绝 H_0;否则接受 H_0。

使用时必须注意 n 要足够大并且 np_i 不太小。$n \geq 50$,以及每个 np_i 都不小于 5,而且 np_i 最好在 5 以上;否则应适当地合并 A_i,以满足这个要求。

2) 峰度、偏度检验法

随机变量的偏度、峰度是指 x 的标准化变量 $\dfrac{x-E(x)}{\sqrt{D(x)}}$ 的 3 阶和 4 阶中心矩,即

$$\nu_1 = E\left[\left(\frac{x-E(x)}{\sqrt{D(x)}}\right)^3\right] = \frac{E[(x-E(x))^3]}{D(x)^{\frac{3}{2}}} \qquad (5-22)$$

$$\nu_2 = E\left[\left(\frac{x-E(x)}{\sqrt{D(x)}}\right)^4\right] = \frac{E[(x-E(x))^4]}{D^2(x)} \qquad (5-23)$$

当随机变量 x 服从正态分布时,$\nu_1 = 0$ 且 $\nu_2 = 3$。

设 $x_1, x_2, \cdots, x_n$ 是来自总体 x 的样本,则 ν_1、ν_2 的中心矩估计分别为

$$g_1 = \frac{B_3}{B_2^{\frac{3}{2}}} \qquad (5-24)$$

$$g_2 = \frac{B_4}{B_2^2} \qquad (5-25)$$

其中 $B_k(k=2、3、4)$ 是样本 k 阶中心矩,分别称 g_1、g_2 为样本偏度和样本峰度。

若总体 x 为正态变量,则可证当 n 充分大时,近似地有

$$g_1 \sim N\left(0, \frac{6(n-2)}{(n+1)(n+3)}\right) \tag{5-26}$$

$$g_2 \sim N\left(3-\frac{6}{n+1}, \frac{24n(n-2)(n-3)}{(n+1)^2(n+3)(n+5)}\right) \tag{5-27}$$

设 $x_1, x_2, \cdots, x_n$ 是来自总体 x 的样本,现在来检验假设

$H_0: x$ 为正态总体。

记 $\sigma_1 = \sqrt{\frac{6(n-2)}{(n+1)(n+3)}}$, $\sigma_2 = \sqrt{\frac{24n(n-2)(n-3)}{(n+1)^2(n+3)(n+5)}}$, $\mu_2 = 3-\frac{6}{n+1}$, $u_1 = g_1/\sigma_1$, $u_2 = (g_2-\mu_2)/\sigma_2$。

当 H_0 为真且 n 充分大时,近似地有

$$u_1 \sim N(0,1), u_2 \sim N(0,1)$$

由于样本 g_1、g_2 分别依概率收敛于总体偏度 ν_1 和总体峰度 ν_2,因此当 H_0 为真且 n 充分大时,一般来说,g_1 与 $\nu_1=0$ 的偏度不应太大,而 g_2 与 $\nu_2=3$ 的偏离不应太大。故从直观来看,当 $|u_1|$ 或 $|u_2|$ 过大时就拒绝 H_0。取显著水平为 α,H_0 的拒绝域为

$$|u_1| \geq k_1 \text{ 或 } |u_2| \geq k_2$$

其中 k_1、k_2 由下式确定,即

$$P_{H_0}\{|u_1|>k_1\} = \frac{\alpha}{2} \tag{5-28}$$

$$P_{H_0}\{|u_2|>k_2\} = \frac{\alpha}{2} \tag{5-29}$$

即有 $k_1 = Z_{\alpha/4}$, $k_2 = Z_{\alpha/4}$。于是拒绝域为

$$|u_1| \geq Z_{\alpha/4} \quad \text{或} \quad |u_2| \geq Z_{\alpha/4}$$

下面验证当 n 充分大时,上述检验近似满足显著性水平 α 的要求。事实上,n 充分大时有

$$p\{\text{拒绝 } H_0 | H_0 \text{为真}\} = P_{H_0}\{(|u_1| \geq Z_{\frac{\alpha}{4}}) \cup (|u_2| \geq Z_{\frac{\alpha}{4}})\} \leq P_{H_0}\{|u_1|$$

$$\geq Z_{\frac{\alpha}{4}}\} + P_{H_0}\{|u_2| \geq Z_{\frac{\alpha}{4}}\} = \frac{\alpha}{2} + \frac{\alpha}{2} = \alpha \tag{5-30}$$

5.3.2 度量数据标准化

在数据分析之前,通常需要先将数据标准化,利用标准化后的数据进行数据分析。数据标准化处理主要包括数据同趋化处理和无量纲化处理两个方面。数据同趋化处理主要解决不同性质数据问题,对不同性质指标直接加总不能正确反映不同作用力的综合结果,须先考虑改变逆指标数据性质,使所有指标对测评方案的作用力同趋化,再加总才能得出正确结果。数据无量纲化处理主要解决数据的可比

性。经过上述标准化处理,原始数据均转换为无量纲化指标测评值,即各指标值都处于同一个数量级别上,可以进行综合测评分析。

标准化的优点:提高模型的收敛速度;提升模型的精度,这在涉及距离计算的算法时效果显著。

目前数据标准化方法有多种,归结起来可以分为直线形方法(如极值法、标准差法)、折线形方法(如三折线法)、曲线形方法(如半正态性分布)。不同的标准化方法,对系统的评价结果会产生不同的影响。通常采用实验的选择数据标准化方法,还没有通用的法则可以遵循。最常用的是 min-max 标准化和 Z-score 标准化。

(1) min-max 标准化/0-1 标准化/线性函数归一化/离差标准化是对原始数据的线性变换,使结果落到[0,1]区间,转换函数为

$$x^* = \frac{x - \min}{\max - \min} \tag{5-31}$$

式中:max 为样本数据的最大值;min 为样本数据的最小值。

如果想要将数据映射到[-1,1],则将公式换成

$$x^* = x^* \times 2 - 1 \tag{5-32}$$

或者进行一个近似,即

$$x^* = \frac{x - \bar{x}}{x_{\max} - x_{\min}} \tag{5-33}$$

式中:$\bar{x}$ 为数据的均值。

这种方法有一个缺陷,就是当有新数据加入时,可能导致样品数据的最大值和最小值变化,需要重新定义。

(2) Z-score 标准化(zero-mean normalization)

Z-score 标准化是许多统计工具中最为常用的标准化方法,也是 spss 默认的标准化方法。

Z-score 标准化也叫标准差标准化,这种方法给予原始数据的均值和标准差进行数据的标准化。

经过处理的数据符合标准正态分布,即均值为0,标准差为1,其转化函数为

$$x^* = \frac{x - \mu}{\sigma} \tag{5-34}$$

式中:μ 为所有样本数据的均值;σ 为所有样本数据的标准差。

Z-score 标准化方法适用于属性 A 的最大值和最小值未知的情况,或有超出取值范围的离群数据的情况。该种归一化方式要求原始数据的分布可以近似为高斯分布;否则归一化的效果会受到影响。

min-max 标准化与 Z-score 标准化最常用方法使用场景

① 在分类、聚类算法中,需要使用距离来度量相似性的时候、或者使用 PCA 技

术进行降维的时候,Z-score 标准化方法表现更好。

② 在不涉及距离度量、协方差计算、数据不符合正态分布的时候,可以使用 min-max 标准化方法或其他归一化方法。

(3) 其他方法

(1) log 函数转换。通过以 10 为底的对数函数转换的方法同样可以实现归一化,具体方法为

$$x^* = \frac{\lg(x)}{\lg(\max)} \tag{5-35}$$

式中:max 为样本数据最大值。对数函数转换方法要求所有的数据都不得小于 1。

(2) arctan 函数转换。用反正切函数也可以实现数据的归一化,即

$$x^* = \frac{\arctan(x) \times 2}{\pi} \tag{5-36}$$

使用 arctan 函数转换方法需要注意的是,如果想映射的区间为[0,1],则数据都应该不小于 0,小于 0 的数据将被映射到[-1,0]区间上,而并非所有数据标准化的结果都映射到[0,1]区间上。

(3) 小数定标标准化。这种方法通过移动数据的小数点位置来进行标准化。小数点移动多少位取决于属性 A 的取值中的最大绝对值。

将属性 A 的原始值 x 使用小数定标标准化到 x' 的计算方法为

$$x^* = \frac{x}{10^j} \tag{5-37}$$

式中:j 为满足条件的最小整数。

例如,假定 A 的值由-986 到 917,A 的最大绝对值为 986,为使小数定标标准化,用每个值除以 1000(即 j=3),这样,-986 被规范化为-0.986。

注意,小数定标标准化会对原始数据做出改变,因此需要保存所使用的标准化方法的参数,以便对后续的数据进行统一标准化。

(4) S 型函数标准化。S 型函数(sigmoid fuction),也称为 S 型生长曲线。在信息科学中,由于其单增以及反函数单增等性质,S 型函数常被用作神经网络的激活函数,将变量映射到[0,1]之间。

S 型函数也叫逻辑函数,用于隐含层神经元输出,取值范围为(0,1),它可以将一个实数映射到(0,1)的区间,可以用来做二分类。在特征相差比较复杂或是相差不是特别大时效果比较好。S 型函数作为激活函数有以下优缺点。

① 优点:平滑、易于求导。

② 缺点:激活函数计算量大,反向传播求误差梯度时求导涉及除法;反向传播时很容易出现梯度消失的情况,从而无法完成深层网络的训练。

S 型函数由下列公式定义,即

$$S(x) = \frac{1}{1+e^{-x}} \tag{5-38}$$

其对 x 的导数可以用自身表示,即

$$S'(x) = \frac{e^{-x}}{(1+e^{-x})^2} = S(x)[1-S(x)] \tag{5-39}$$

5.3.3 数据降维方法

由于软件度量聚合形成的属性维度非常大,直接使用这些数据建模会影响评价模型的性能。对样本数据进行降维,可以消除特征之间的相关影响,减少特征选择的工作量,同时保证模型的性能。常用的数据降维方法有相关性分析与主成分分析,下面将介绍这两种方法。

相关性分析是一种有监督的降维方法,选择那些与标签值有显著相关性的特征作为模型的输入。由于样本的标签值是离散的,故选用可以衡量分级定序变量之间相关程度的 Spearman 相关系数。

主成分分析是一种无监督的降维方法,这意味着无需考虑样本的标签值就可以对数据属性进行降维。主成分分析的步骤:以主成分个数从 1 到(样本数-1)依次递增,分别对样本数据进行主成分分析,直至主成分的方差解释率超过设定的上限后,此时的主成分个数即为降维后的特征数。

主成分分析与相关性分析均是通过构造原变量的适当线性组合提取不同信息,主成分分析着眼于考虑变量的"分散性"信息,而相关性分析则立足于识别和量化二组变量的统计相关性,是两个随机变量之间的相关性在两组变量之下的推广。

1. 相关性分析

相关性分析是研究两个或两个以上处于同等地位的随机变量间的相关关系的统计分析方法。相关性分析就是对总体中确实具有联系的标志进行分析,其主体是对总体中具有因果关系标志的分析。它是描述客观事物相互间关系的密切程度,并用适当的统计指标表示出来的过程。

为了确定相关变量之间的关系,首先应该收集一些成对数据,然后在直角坐标系上描述这些点,这一组点集称为"散点图"。

根据散点图,当自变量取某一值时,因变量对应为某一种概率分布,如果对于所有的自变量取值的概率分布都相同,则说明因变量和自变量是没有相关关系的;反之,如果自变量的取值不同,因变量的分布也不同,则说明两者是存在相关关系的。

两个变量之间的相关程度通过相关系数 r 来表示。相关系数 r 的值在 $-1 \sim 1$ 之间,但可以是此范围内的任何值。正相关时,r 值在 $0 \sim 1$ 之间,散点图是斜向上的,这时一个变量增加,另一个变量也增加;负相关时,r 值在 $-1 \sim 0$ 之间,散点图是斜向下的,此时一个变量增加,另一个变量将减少。r 的绝对值越接近 1,两变量的关联程度越强,r 的绝对值越接近 0,两变量的关联程度越弱。

相关关系可按照以下规则进行分类。

(1) 按相关的程度,分为完全相关、不完全相关和不相关。

① 两种依存关系的标志,其中一个标志的数量变化由另一个标志的数量变化所确定,则称为完全相关,也称为函数关系。

② 两个标志彼此互不影响,其数量变化各自独立,称为不相关。

③ 两个现象之间的关系,介乎完全相关与不相关之间称为不完全相关。

(2) 按相关的方向,分为正相关和负相关。

① 正相关指相关关系表现为因素标志和结果标志的数量变动方向一致。

② 负相关指相关关系表现为因素标志和结果标志的数量变动方向是相反的。

(3) 按相关的形式,分为线性相关和非线性相关。

一种现象的一个数值和另一种现象相应的数值在指数坐标系中确定为一个点,称为线性相关。

(4) 按影响因素的多少,分为单相关和复相关。

① 如果研究的是一个结果标志同某一因素标志相关,就称为单相关。

② 如果分析若干因素标志对结果标志的影响,称为复相关或多元相关。

对于不同类型的数据,相关性分析的方法各不相同。本节主要按照不同的数据类型,来对各种相关性分析方法进行梳理和总结。

1) 离散与离散变量之间的相关性

(1) 卡方检验。

卡方检验是一种用途很广泛的计数资料的假设检验方法。卡方检验就是统计样本的实际观测值与理论推断值之间的偏离程度,实际观测值与理论推断值之间的偏离程度就决定卡方值的大小,如果卡方值越大,两者偏差程度越大;反之,两者偏差程度越小;若两个值完全相等时,卡方值就为 0,表明理论值完全符合。

卡方检验属于非参数检验的范畴,主要是比较两个及两个以上样本率(构成比)以及两个分类变量的关联性分析。其根本思想在于比较理论频数和实际频数的吻合程度或拟合优度问题。

卡方检验在分类资料统计推断中的应用包括两个率或两个构成比比较的卡方检验、多个率或多个构成比比较的卡方检验以及分类资料的相关分析等。

① 卡方检验的步骤以下。

a. 提出原假设:

H_0:总体 X 的分布函数为 $F(x)$。

如果总体分布为离散型,则假设具体为:

H_0：总体 X 的分布律为 $P\{X=x_i\}=p_i, i=1,2,\cdots$。

b. 将总体 X 的取值范围分成 k 个互不相交的小区间 A_1、A_2、A_3、$\cdots$、A_k，如可取 $A_1=(a_0,a_1], A_2=(a_1,a_2], \cdots, A_k=(a_{k-1},a_k)$。其中 a_0 可取 $-\infty$，a_k 可取 $+\infty$，区间的划分视具体情况而定，但要使每个小区间所含的样本值个数不小于 5，而区间个数 k 不要太大也不要太小。

c. 把落入第 i 个小区间的 A_i 的样本值的个数记为 f_i，称为组频数（真实值），所有组频数之和 $f_1+f_2+\cdots+f_k$ 等于样本容量 n。

d. 当 H_0 为真时，根据所假设的总体理论分布，可计算出总体 X 的值落入第 i 个小区间 A_i 的概率 p_i，于是，np_i 就是落入第 i 个小区间 A_i 的样本值的理论频数（理论值）。

e. 当 H_0 为真时，n 次试验中样本值落入第 i 个小区间 A_i 的频率 f_i/n 与概率 p_i 应很接近，当 H_0 不真时，则 f_i/n 与 p_i 相差很大。基于这种思想，皮尔逊引进以下检验统计量，即

$$\chi^2 = \sum_{i=1}^{k} \frac{(f_i - np_i)^2}{np_i} \tag{5-40}$$

在 0 假设成立的情况下服从自由度为 $k-1$ 的卡方分布。

② 检验方法。采用独立样本四格表。

自由度为 1，假设有两个分类变量 X 和 Y，它们的值域分别为 $\{x_1,x_2\}$ 和 $\{y_1,y_2\}$，其样本频数列联表如表 5-5 所列。

表 5-5 样本频数数据

变量	y_1	y_2	总计
x_1	a	b	a+b
x_2	c	d	c+d
总计	a+c	b+d	a+b+c+d

若要推断的论述为 H_1：" X 与 Y 有关系"，可以利用独立性检验来考察两个变量是否有关系，并且能较精确地给出这种判断的可靠程度。具体的做法：由表 5-6 中的数据计算出检验统计量 χ^2 的值。χ^2 的值越大，说明 " X 与 Y 有关系" 成立的可能性越大。

表 5-6 检验数据

$P(\chi^2 \geq k)$	0.50	0.40	0.25	0.15	0.10
k	0.455	0.708	1.323	2.072	2.706
$P(\chi^2 \geq k)$	0.05	0.025	0.010	0.005	0.001
k	3.841	5.024	6.635	7.879	10.828

当表 5-5 中数据 a、b、c、d 都不小于 5 时,可以查阅表中数据来确定结论"X 与 Y 有关系"的可信程度。

(2) 信息增益和信息增益率。

在介绍信息增益之前,首先来介绍两个基础概念,即信息熵和条件熵。信息熵,就是一个随机变量的不确定性程度,有

$$H(X) = -\sum_{i=1}^{k} p_i \log p_i \qquad (5-41)$$

条件熵,就是在一个条件下,随机变量的不确定性,有

$$H(X|Y) = -\sum_{j=1}^{n} p(y_j) H(X|y_j) = -\sum_{j=1}^{n} p(y_j) \sum_{i=1}^{k} p(x_i|y_i) \log p(x_i|y_i) \qquad (5-42)$$

① 信息增益:熵-条件熵,指在一定条件下,信息不确定性减少的程度。

$$\text{Gain}(Y, X) = H(Y) - H(Y|X) \qquad (5-43)$$

信息增益越大,表示引入条件 X 之后,不纯度减少得越多。信息增益越大,则两个变量之间的相关性越大。

② 信息增益率。假设某个变量存在大量的不同值,如 ID,引入 ID 后,每个子节点的不纯度都为 0,则信息增益减少程度达到最大。所以,当不同变量的取值数量差别很大时,引入取值多的变量,信息增益大。因此,使用信息增益率需要考虑到分支个数的影响。

$$\text{Gain\_ratio} = \frac{H(Y) - H(Y|X)}{H(Y|X)} \qquad (5-44)$$

2) 连续与连续变量之间的相关性

(1) 协方差。

协方差表达了两个随机变量的协同变化关系。如果两个变量不相关,则协方差为 0。

$$\text{Cov}(X, Y) = E\{[X - E(X)], [Y - E(Y)]\} \qquad (5-45)$$

当 $\text{cov}(X, Y) > 0$ 时,表明 X 与 Y 正相关。

当 $\text{cov}(X, Y) < 0$ 时,表明 X 与 Y 负相关。

当 $\text{cov}(X, Y) = 0$ 时,表明 X 与 Y 不相关。

协方差只能对两组数据进行相关性分析,当有两组以上数据时就需要使用协方差矩阵。

协方差通过数字衡量变量间的相关性,正值表示正相关,负值表示负相关。但无法对相关的密切程度进行度量。当面对多个变量时,无法通过协方差来说明哪两组数据的相关性最高。要衡量和对比相关性的密切程度,就需要使用相关系数方法。

（2）线性相关系数。

线性相关系数也叫 Pearson 相关系数，主要衡量两个变量线性相关的程度。

$$r = \frac{\text{cov}(X,Y)}{(D(X)D(Y))} \tag{5-46}$$

相关系数是用协方差除以两个随机变量的标准差。相关系数的大小在 $-1 \sim 1$ 之间变化，引入相关系数就不会出现因为计量单位变化而数值暴涨的情况了。

线性相关系数必须建立在因变量与自变量是线性关系的基础上；否则线性相关系数是无意义的。

3）连续与离散变量之间的相关性

（1）连续变量离散化。

将连续变量离散化，然后使用离散与离散变量相关性分析的方法来分析相关性。

（2）箱形图。

使用画箱形图的方法，可查看离散变量取不同值时，连续变量的均值与方差及取值分布情况。

如果离散变量取不同值，对应的连续变量的箱形图差别不大，则说明离散变量取不同值对连续变量的影响不大，相关性不高；反之，则说明相关性高。

2. 主成分分析

在多元统计分析中，主成分分析（principal components analysis, PCA）是一种统计分析、简化数据集的方法。它利用正交变换对一系列可能相关变量的观测值进行线性变换，从而投影为一系列线性不相关变量的值，这些不相关变量称为主成分（principal components）。具体地，主成分可以看作一个线性方程，其包含一系列线性系数来指示投影方向。PCA 对原始数据的正则化或预处理敏感（相对缩放）。

1）PCA 的基本思想

将坐标轴中心移到数据的中心，然后旋转坐标轴，使得数据在 C_1 轴上的方差最大，即全部 n 个数据个体在该方向上的投影最为分散。这意味着更多的信息被保留下来。C_1 成为第一主成分。

C_2 第二主成分：找一个 C_2，使得 C_2 与 C_1 的协方差（相关系数）为 0，以免与 C_1 信息重叠，并且使数据在该方向的方差尽量最大。

以此类推，找到第三主成分、第四主成分、……、第 p 个主成分。p 个随机变量可以有 p 个主成分。

主成分分析经常用于减少数据集的维数，同时保持数据集中对方差贡献最大的特征。这是通过保留低阶主成分，忽略高阶主成分做到的。这样低阶主成分往往能够保留住数据的最重要方面。但是，这也不是一成不变的，要视具体应用而定。由于主成分分析依赖所给数据，所以数据的准确性对分析结果影响很大。

PCA 的数学定义是：一个正交化线性变换，把数据变换到一个新的坐标系统中，使得这一数据的任何投影的第一大方差在第一个坐标(称为第一主成分)上，第二大方差在第二个坐标(第二主成分)上，依此类推。

定义一个 $n×m$ 的矩阵，X^T 为去平均值(以平均值为中心移动至原点)的数据，其行为数据样本，列为数据类别(注意，这里定义的是 X^T 而不是 X)。则 X 的奇异值分解为 $X=W\Sigma V^T$，其中 $m×m$ 矩阵 W 是 XX^T 的特征向量矩阵，Σ 是 $m×n$ 的非负矩形对角矩阵，V 是 $n×n$ 的 XX^T 的特征向量矩阵。据此，有

$$Y^T = X^T W = V\Sigma^T W^T W = V\Sigma^T \tag{5-47}$$

当 $m<n-1$ 时，V 在通常情况下不是唯一定义的，而 Y 则是唯一定义的。W 是一个正交矩阵，$Y^T W^T = X^T$，且 Y^T 的第一列由第一主成分组成，第二列由第二主成分组成，依此类推。

为了得到一种降低数据维度的有效办法，可以利用 W_L 把 X 映射到一个只应用前面 L 个向量的低维空间中去，即

$$Y = W_L^T X = \Sigma_L V^T \tag{5-48}$$

其中 $\Sigma_L = I_{l*m}$，且 I_{l*m} 为 $l×m$ 的单位矩阵。

X 的单向量矩阵 W 相当于协方差矩阵的特征向量 $C=XX^T$，有

$$XX^T = W\Sigma\Sigma^T W^T \tag{5-49}$$

在欧几里得空间给定一组点数，第一主成分对应于通过多维空间平均点的一条线，同时保证各个点到这条直线距离的平方和最小。去除掉第一主成分后，用同样的方法得到第二主成分，依此类推。在 Σ 中的奇异值均为矩阵 XX^T 的特征值的平方根。每个特征值都与跟它们相关的方差是成正比的，而且所有特征值的总和等于所有点到它们的多维空间平均点距离的平方和。PCA 提供了一种降低维度的有效办法，本质上，它利用正交变换将围绕平均点的点集中尽可能多的变量投影到第一维中去，因此，降低维度必定是信息丢失最少的方法。PCA 具有保持子空间拥有最大方差的最优正交变换的特性。然而，当与离散余弦变换相比时，它需要更大的计算需求代价。非线性降维技术相对于 PCA 来说则需要更高的计算要求。

PCA 对变量的缩放很敏感。如果只有两个变量，而且它们具有相同的样本方差，并且成正相关，那么 PCA 将涉及两个变量的主成分的旋转。但是，如果把第一个变量的所有值都乘以 100，那么第一主成分就几乎和这个变量一样，另一个变量只提供了很小的贡献，第二主成分也将和第二个原始变量几乎一致。这就意味着，当不同的变量代表不同的单位(如温度和质量)时，PCA 是一种比较武断的分析方法。但是在 Pearson 的名为"On Lines and Planes of Closest Fit to Systems of Points in Space"的原始文件里，是假设在欧几里得空间里不考虑这些。一种使 PCA 不那么

武断的方法是使用变量缩放以得到单位方差。

2) PCA 的算法步骤

(1) 组织数据集。

假设有一组 M 个变量的观察数据,目的是减少数据,使得能够用 L 个向量来描述每个观察值,$L<M$。进一步假设,该数据被整理成一组具有 N 个向量的数据集,其中每个向量都代表 M 个变量的单一观察数据。

$x_1,\cdots,x_n$ 为列向量,其中每个列向量有 M 行。将列向量放入 $M \times N$ 的单矩阵 X 里。

(2) 计算经验均值。

① 对每一维 $m=1,2,\cdots,M$ 计算经验均值。

② 将计算得到的均值放入一个 $M \times 1$ 维的经验均值向量 u 中,有

$$u[m] = \frac{1}{N} \sum_{i=1}^{N} x[m,n] \tag{5-50}$$

(3) 计算平均偏差。

对于在最大限度地减少近似数据的均方误差的基础上找到一个主成分来说,均值减去法是该解决方案不可或缺的组成部分。因此,继续以下步骤。

① 从数据矩阵 X 的每一列中减去经验均值向量 u。

② 将平均减去过的数据存储在 $M \times N$ 矩阵 B 中,有

$$B = X - uh \tag{5-51}$$

式中:h 为一个全为 1 的 $1 \times N$ 的行向量,即

$$h[n] = 1 \tag{5-52}$$

式中:$n=1,2,\cdots,N$。

(4) 求协方差矩阵。

从矩阵 B 中找到 $M \times M$ 的经验协方差矩阵 C,有

$$C = E[B \otimes B] = E[B \otimes B^*] = \frac{1}{N-1} \Sigma B \cdot B^* \tag{5-53}$$

式中:E 为期望值;$\otimes$ 为最外层运算符;上角标"$*$"为共轭转置运算符。

(5) 查找协方差矩阵的特征值和特征向量。

计算矩阵 C 的特征向量,有

$$V^{-1}CV = D \tag{5-54}$$

式中:D 为 C 的特征值对角矩阵,这一步通常会涉及使用基于计算机的计算特征值和特征向量的算法,矩阵 D 为 $M \times M$ 的对角矩阵。

各个特征值和特征向量都是配对的,m 个特征值对应 m 个特征向量。

5.3.4 几种数据拟合算法

在相当长的时间内,许多专家相信只要编写足够多的规则来处理知识,就可以

实现与人类水平相当的人工智能,这被称为符号主义人工智能。虽然符号主义人工智能适合解决定义明确的逻辑问题,但它难以给出明确的规则来解决更加复杂、模糊的问题,于是出现了一种新的方法来替代符号主义人工智能,这就是机器学习。同人工智能的发展阶段一样,软件质量评价也经历着从符号人工智能与专家系统到机器学习的发展过程。软件度量与软件质量的关系正是一种复杂而又模糊的关系,本节旨在介绍可以用于描述软件度量与软件质量关系的拟合算法。

1. 线性回归

线性回归是利用数理统计中的回归分析来确定两种或两种以上变量间相互依赖的定量关系的一种统计分析方法,运用十分广泛。其表达形式为 $y=w'x+e$,e 为误差服从均值为 0 的正态分布。

一般来说,线性回归都可以通过最小二乘法求出其方程,可以计算出 $y=bx+a$ 的直线。最简单的一元线性模型可以用来解释最小二乘法。回归分析中,如果只包括一个自变量和一个因变量,且两者的关系可用一条直线近似表示,这种回归分析称为一元线性回归分析。如果回归分析中包括两个或两个以上的自变量,且因变量和自变量之间是线性关系,则称为多元线性回归分析。对于二维空间线性是一条直线;对于三维空间线性是一个平面,对于多维空间线性是一个超平面。

以一元线性回归为例。对于一元线性回归模型,假设从总体中获取了 n 组观察值 $(X_1,Y_1),(X_2,Y_2),\cdots,(X_n,Y_n)$。对于平面中的这 n 个点,可以使用无数条曲线来拟合。要求样本回归函数尽可能好地拟合这组值。综合起来看,这条直线处于样本数据的中心位置最合理。选择最佳拟合曲线的标准可以确定为:使总的拟合误差(即总残差)达到最小。可以选择以下 3 个方法。

(1) 用"残差和最小"确定直线位置。这个方法的缺点在于,计算"残差和"时,会出现存在相互抵消的问题。

(2) 用"残差绝对值和最小"确定直线位置。这种方法的缺点是绝对值的计算比较麻烦。

(3) 使用最小二乘法的原则,以"残差平方和最小"确定直线位置。用最小二乘法除了计算比较方便外,得到的估计量还具有优良特性。这种方法对异常值非常敏感。

最常用的方法是普通最小二乘法(ordinary least square,OLS),所选择的回归模型应该使所有观察值的残差平方和达到最小。Q 为残差平方和即采用平方损失函数。

可以定义样本回归模型为

$$Y_i=\hat{\beta}_0+\hat{\beta}_1X_i+e_i \Rightarrow e_i=Y_i-\hat{\beta}_0-\hat{\beta}_1X_i \tag{5-55}$$

式中:e_i 为样本 (X_i,Y_i) 的误差。

定义平方损失函数为

$$Q = \sum_{i=1}^{n} e_i^2 = \sum_{i=1}^{n}(Y_i - \hat{\beta}_0 - \hat{\beta}_1 X_i)^2 \tag{5-56}$$

通过 Q 最小确定这条直线,即确定 β_0 和 β_1,把它们看作 Q 的函数,这就变成了一个求极值的问题,可以通过求导数得到结果。

求 Q 对两个待估计参数的偏导数,有

$$\frac{\partial Q}{\partial \hat{\beta}_0} = 2\sum_{i=1}^{n}(Y_i - \hat{\beta}_0 - \hat{\beta}_1 X_i)(-1) = 0 \tag{5-57}$$

$$\frac{\partial Q}{\partial \hat{\beta}_1} = 2\sum_{i=1}^{n}(Y_i - \hat{\beta}_0 - \hat{\beta}_1 X_i)(-X_i) = 0 \tag{5-58}$$

根据数学知识可知,函数的极值点为偏导为 0 的点。可以解得

$$\hat{\beta}_1 = \frac{n\sum X_i Y_i - \sum X_i \sum Y_i}{n\sum X_i^2 - (\sum X_i)^2} \tag{5-59}$$

$$\hat{\beta}_0 = \frac{n\sum X_i^2 Y_i - \sum X_i \sum X_i Y_i}{n\sum X_i^2 - (\sum X_i)^2} \tag{5-60}$$

以上就是最小二乘法的解法,也就是求得平方损失函数的极值点方法。

2. 逻辑回归

逻辑回归是一种广义的线性回归分析模型,对于二分类问题,把事件发生的情况定义为 Y,Y 的取值为

$$y = \begin{cases} 1 & (\text{事件发生}) \\ 0 & (\text{事件未发生}) \end{cases} \tag{5-61}$$

假设 p 表示事件发生的概率,并把 p 看作自变量 X_i 的线性函数,即

$$p = \beta_0 + \beta_1 X_1 + \beta_2 X_2 + \cdots + \beta_k X_k + \varepsilon \tag{5-62}$$

p 对 X_i 的变化在 $p=0$ 或 $p=1$ 的附近是缓慢的,且非线性的程度较高,于是要寻求一个 p 的函数 $\theta(p)$,使得它在 $p=0$ 或 $p=1$ 附近时变化幅度较大,而函数的形式又不是很复杂。因此,引入 p 的逻辑变换,即

$$\theta(p) = \text{logit}(p) = \ln\left(\frac{p}{1-p}\right) \tag{5-63}$$

在 $p=0$ 和 $p=1$ 的附近变化幅度很大,而且当 p 从 0 变化为 1 时,$\theta(p)$ 从 $-\infty$ 变到 $+\infty$。如果 p 对 X_i 不是线性关系,$\theta(p)$ 对 X_i 就可以是线性关系了。用 $\text{logit}(p)$ 代替式 p,得

$$\theta(p) = \ln\left(\frac{p}{1-p}\right) = \beta_0 + \beta_1 X_1 + \beta_2 X_2 + \cdots + \beta_k X_k + \varepsilon \tag{5-64}$$

再将 p 用 θ 来表示,得

$$p = \frac{e^{\theta}}{1+e^{\theta}} = \frac{e^{\beta_0+\beta_1 X_1+\beta_2 X_2+\cdots+\beta_k X_k+\varepsilon}}{1+e^{\beta_0+\beta_1 X_1+\beta_2 X_2+\cdots+\beta_k X_k+\varepsilon}} \tag{5-65}$$

此时称满足上面条件的回归方程为逻辑线性回归。

在实际应用中,变量可能是多分类的有序变量,如评价指标分为差、中、良、优等。这种逻辑回归分析通常称为比例比数模型,它需要拟合 $m-1$(m 为等级个数)个逻辑回归模型。面对一个数据集,通常会首先尝试逻辑回归算法,以便初步熟悉手头的分类任务。但逻辑回归对模型中自变量多重共线性较为敏感,所以使用逻辑回归前需要使用主成分分析来降低特征之间的相关性。

3. KNN 算法

KNN 算法的核心思想是如果一个样本在特征空间中的 k 个最相邻的样本中的大多数属于某一个类别,则该样本也属于这个类别,并具有这个类别上样本的特性。该方法在确定分类决策上只依据最邻近的一个或者几个样本的类别来决定待分样本所属的类别。KNN 方法在类别决策时,只与极少量的相邻样本有关。由于 KNN 方法主要靠周围有限的邻近样本,而不是靠判别类域的方法来确定所属类别的,因此对于类域的交叉或重叠较多的待分样本集来说,KNN 方法较其他方法更为适合。

在选择两个实例相似性时,一般使用的欧几里得距离 L_p 定义为

$$L_p(x_i, x_j) = \left(\sum_{l=1}^{n} | x_i^{(l)} - x_j^{(l)} |^p \right)^{\frac{1}{p}} \tag{5-66}$$

其中 $x_i \in \mathbf{R}^n, x_j \in \mathbf{R}^n$,其中 L_{∞} 定义为

$$L_{\infty}(x_i, x_j) = \max_l | x_i^{(l)} - x_j^{(l)} | \tag{5-67}$$

式中:p 为一个变参数。

(1) 当 $p=1$ 时,就是曼哈顿距离(对应 L_1 范数)。

曼哈顿距离对应 L_1-范数,也就是在欧几里得空间的固定直角坐标系上两点所形成的线段对轴产生的投影距离总和。例如,在平面上,坐标(x_1, y_1)的点 P_1 与坐标(x_2, y_2)的点 P_2 的曼哈顿距离为 $|x_1-x_2|+|y_1-y_2|$,要注意的是,曼哈顿距离依赖坐标系的转度,而非系统在坐标轴上的平移或映射。

曼哈顿距离定义为

$$L_1 = \sum_{k=1}^{n} | x_{1k} - x_{2k} | \tag{5-68}$$

其中的 L_1 范数表示为

$$|\mathbf{x}| = \sum_{i=1}^{n} | x_i | \tag{5-69}$$

其中

$$x = \begin{bmatrix} x_1 \\ x_2 \\ \vdots \\ x_n \end{bmatrix} \in \mathbf{R}^n$$

(2) 当 $p=2$ 时，就是欧几里得距离（对应 L_2 范数）。

欧几里得距离最常见的两点之间或多点之间的距离表示法，又称为欧几里得度量，它定义于欧几里得空间中，n 维空间中两个点 $x_1(x_{11},x_{12},\cdots,x_{1n})$ 与 $x_2(x_{21},x_{22},\cdots,x_{2n})$ 间的欧几里得距离定义为

$$d_{12} = \sum_{i=1}^{n} \sqrt{(x_1 - x_2)^2} \tag{5-70}$$

L_2 范数表示为

$$|\boldsymbol{x}| = \sqrt{\sum_{i=1}^{n} x_i^2} \tag{5-71}$$

其中

$$x = \begin{bmatrix} x_1 \\ x_2 \\ \vdots \\ x_n \end{bmatrix} \in \mathbf{R}^n$$

(3) 当 $p\to\infty$ 时，就是切比雪夫距离。

二维平面两点 $a(x_1,y_1)$ 与 $b(x_2,y_2)$ 间的切比雪夫距离定义为

$$d_{12} = \max(|x_1-x_2|, |y_1-y_2|) \tag{5-72}$$

n 维空间点 $a(x_{11},x_{12},\cdots,x_{1n})$ 与 $b(x_{21},x_{22},\cdots,x_{2n})$ 的切比雪夫距离定义为

$$d_{12} = \max(|x_{1i}-x_{2i}|) \tag{5-73}$$

如果选择较小的 k 值，就相当于用较小的邻域中的训练实例进行预测，学习的近似误差会减小，只有与输入实例较近的训练实例才会对预测结果起作用，k 值较小的缺点是学习的估计误差会增大，预测结果会对近邻的实例点敏感。如果邻近的实例点恰巧是噪声，预测就会出错。换句话说，k 值减小就意味着整体模型变复杂，分不清楚，也就容易发生过拟合。

如果选择较大 k 值，就相当于用较大邻域中的训练实例进行预测，其优点是可以减少学习的估计误差，但近似误差会增大，也就是对输入实例预测不准确，k 值增大就意味着整体模型变得简单。

4. BP 神经网络

前向神经网络，也称为前馈网络。这种网络只在训练过程中存在反馈信号。工作过程中，信号只能从输入层传到隐含层，再从隐含层传到输出层，此过程不可

逆,因而被称为前馈网络。BP 神经网络就是前馈网络的典型代表。

BP 神经网络主要用于逼近输入-输出类型的函数关系。BP 神经网络的学习规则一般采用最快下降法,学习方法是在误差从输出层到隐含层再到输入层的反向传播过程中,依据学习规则,调整神经元的权值。目标是使误差平方和达到最小。BP 网络结构简图如图 5-9 所示。

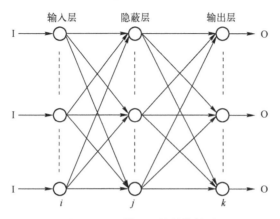

图 5-9 BP 神经网络结构简图

BP 神经网络的拓扑结构主要由 3 个网络层组成,即输入层、隐含层、输出层。

输入层(input layer):该层接收所有外界的输入信息后,经过神经元本身的数学运算,再将结果传输到神经网络的其他层。

隐含层(hidden layer):该层主要负责信息变化,是神经网络的内部信息处理层。中间层可以设计为单层,也可以设计为多层。通常在一定范围内,层数越多,对数据的描述性能就越好;最后一个隐含层将信息传递到输出层的各个神经元。

输出层(output layer):输出层接收隐含层传递来的信号,经进一步处理后将最终结果传递给外界,完成一次正向传播的处理过程。

图 5-10 中 BP 神经网络的训练包含正向和反向两个过程。训练过程:首先进行权值初始化和训练样本的输入,然后数据信息从输入层传播到隐含层,再从隐含层传播到输出层。此为正向传播。正向传播结束后,将输出的实际值与真值进行比较,如果精度达到要求,则换另一个训练样本继续训练;否则进入反向过程,将之前正向传播过程的误差从输出层反向传播至隐含层,再传播至输入层。在该过程中修改输出层和隐含层神经元权值系数。之后加入新的训练样本进行训练,直到精度达到要求为止。这样经过大量的数据样本进行训练之后,各个神经元的权值就固定下来,可以进入工作期。

以图 5-10 所示单隐含层 BP 神经网络为例,设输入层神经元有 i 个,隐含层神经元有 j 个,输出层神经元有 k 个。则正向传播的数学公式如下。

隐含层第 j 个神经元的输入为

$$\text{net}_j = \sum_i \omega_{ji} o_i \tag{5-74}$$

隐含层第 j 神经元的输出为

$$o_j = g(\text{net}_j) \tag{5-75}$$

输出层第 k 个神经元的输入为

$$\text{net}_k = \sum_j \omega_{kj} o_j \tag{5-76}$$

输出层第 k 个神经元的输出为

$$o_k = g(\text{net}_k) \tag{5-77}$$

式中：$g(\cdot)$ 为激活函数。

BP 神经网络在误差反向传播过程中对神经元权值的调整，是通过使目标函数最小来实现的，最常用的是梯度下降法。

设期望输出为 t_k，而实际输出为 o_k，则平均误差为

$$E = \frac{1}{2} \sum_k (t_k - o_k)^2 \tag{5-78}$$

式中：E 为目标函数。根据梯度下降法，权值变化项 $\Delta\omega_{kj}$ 与 $\dfrac{\partial E}{\partial \omega_{kj}}$ 成正比，即

$$\Delta\omega_{kj} = \frac{\partial E}{\partial \omega_{kj}} \tag{5-79}$$

以选用 S 型函数为激活函数为例，即 $g(x) = 1/(1+e^{-(x+\theta)})$，则

$$\Delta\omega_{kj} = -\eta \frac{\partial E}{\partial \omega_{kj}} = \eta(t_k - o_k) o_k (1 - o_k) o_j \tag{5-80}$$

记 $\delta_k = \dfrac{-\partial E}{\partial \omega_{ji}} = (t_k - o_k) o_k (1 - o_k)$，

对于隐含层神经元，也可写成

$$\Delta\omega_{ji} = -\eta \frac{\partial E}{\partial \omega_{ji}} = -\eta \frac{\partial E}{\partial o_j}(1 - o_j) o_j \tag{5-81}$$

记 $\delta_j = \dfrac{-\partial E}{\partial o_j}(1 - o_j) o_j$，则导出各权值系数调整量为

$$\Delta\omega_{kj} = \eta(t_k - o_k) o_k (1 - o_k) o_j \tag{5-82}$$

$$\Delta\omega_{ji} = \eta \delta_j o_i \tag{5-83}$$

式中：η 为学习率。

BP 神经网络的学习算法步骤可归纳如下。

① 初始化权值。

② 提取样本，输入。

③ 数据从输入层传播到隐含层,再从隐含层传播到输出层,得到输出结果。
④ 将实际结果与真值进行对比,确定误差。
⑤ 开始反向传播,按照学习规则调整神经元权重。
⑥ 对其他样本重复上述步骤,观察误差。
⑦ 当精度达到要求时,训练结束。

5.4 一个具体的案例

本节将介绍作者在具体项目中开展的一个基于数据进行软件可靠性评估的实例。

在具体项目中,作者收集了某个研究机构的 82 个历史软件项目数据,包括软件代码度量与测试度量数据以及软件质量评价目标调查与评分数据。以这些数据为支撑完成了软件代码度量聚合、数据预处理以及软件质量模型建模等研究,此外还开发了相关的支持工具。作为实践提供给读者参考。

5.4.1 数据收集

1. 数据收集方案

针对某个研究机构制订了初步的数据收集方案,方案以上文提出的软件质量/可靠性评估体系、相关标准与机构内的实际情况为参考制订。数据收集分为以下3 个步骤进行。

步骤 1　确定软件质量评价目标

① 根据 GB/T 25000.10—2016《系统与软件工程 系统与软件质量要求和评价》设计了软件质量评价目标调查问卷(附录 2),旨在调查研究所看重的软件质量子特性。

② 对机构内的开发人员、测试人员以及部门经理进行问卷调查。

③ 根据调查问卷的填写结果,统计并计算软件质量子特性分值。

④ 依据软件质量子特性的分值以及实际需求确定软件质量评价目标。

步骤 2　软件质量评价目标评分

① 依据 GB/T 25000.10—2016《系统与软件工程系统与软件质量要求和评价》与 GB/T 30961—2014《嵌入式软件质量度量》,对 10 个作为评价目标的子特性作进一步细分,以此制定了软件质量评价目标评分表(附录 3)。

② 由软件测试人员对软件质量评价目标进行评分,评分表中每个子项都有 5、4、3、2、这 4 个分值与无法判断选项,对每个子特性的子项求平均分,记为该子特性的评分值。

③ 虽然平均后的评分出现了非整数值，但由于其离散程度较高，不适合使用连续函数拟合方法，所以需要将软件质量评价目标的评分变为方便对样本进行分类的类别标签，按表5-7所列规则对应到质量等级"优""良""中""差"。

表5-7 评分与质量等级对应规则

评分	等级
4.5<评分≤5	优
3.5<评分≤4.5	良
2.5<评分≤3.5	中
2.0≤评分≤2.5	差

步骤3 软件度量收集

① 收集每个项目的软件代码度量数据，包括测试工具 Helix QAC 的静态代码分析功能提供的全部33个函数级代码度量以及 LARA Testbed 对函数的5个注释行度量与4个嵌套深度度量，这42个软件代码度量如表5-8所列。

表5-8 收集代码度量

缩写	全称	工具
TC	total comments	LARA testbed
CH	comments in headers	LARA testbed
CD	comments in declarations	LARA testbed
CE	comments in executable code	LARA testbed
BC	blank comments	LARA testbed
NL	number of loops	LARA testbed
ND	nesting depth	LARA testbed
IN	order 1 intervals	LARA testbed
MN	max Int nesting	LARA testbed
AKI	akiyama's criterion	helix QAC
AV1	average size of statement in function (variant 1)	helix QAC
AV2	average size of statement in function (variant 2)	helix QAC
AV3	average size of statement in function (variant 3)	helix QAC
BAK	number of backward jumps	helix QAC
CAL	number of functions called from function	helix QAC
CYC	cyclomatic complexity	helix QAC
ELF	number of dangling else-Ifs	helix QAC

续表

缩 写	全 称	工 具
FN1	number of operator occurrences in function	helix QAC
FN2	number of operand occurrences in function	helix QAC
GTO	number of goto statements	helix QAC
KDN	knot density	helix QAC
KNT	knot count	helix QAC
LCT	number of local variables declared	helix QAC
LIN	number of code lines	helix QAC
LOP	number of logical operators	helix QAC
M07	essential cyclomatic complexity	helix QAC
M19	number of exit points	helix QAC
M29	number of functions calling this function	helix QAC
MCC	myer's interval	helix QAC
MIF	deepest level of nesting	helix QAC
PAR	number of function parameters	helix QAC
PBG	residual bugs(PTH-based est.)	helix QAC
PDN	path density	helix QAC
PTH	estimated static program paths	helix QAC
RET	number of return points in function	helix QAC
ST1	number of statements in function(variant 1)	helix QAC
ST2	number of statements in function(variant 2)	helix QAC
ST3	number of statements in function(variant 3)	helix QAC
SUB	number of function calls	helix QAC
UNR	number of unreachable statements	helix QAC
UNV	unused or non-reused variables	helix QAC
XLN	number of executable lines	helix QAC

② 收集每个项目的测试度量,包括与测试用例相关的 16 组度量和与缺陷相关的 9 个度量。25 个测试度量如表 5-9 所示。

表 5-9　收集测试度量

测试度量(测试用例相关)	测试度量(缺陷相关)
测试用例执行总数	问题总数
未通过测试用例总数	关键的问题
功能测试执行用例数	重要的问题
功能测试未通过用例数	一般的问题
性能测试执行用例数	建议改进的问题
性能测试未通过用例数	用户需求问题
接口测试执行用例数	软件需求问题
接口测试未通过用例数	设计问题
余量测试执行用例数	程序问题
余量测试未通过用例数	
安全性测试执行用例数	
安全性测试未通过用例数	
边界测试执行用例数	
边界测试未通过用例数	
恢复性测试执行用例数	
恢复性测试未通过用例数	

2. 实际数据收集

步骤1　软件质量评价目标调查

将软件质量评价目标调查问卷在所属范围内分发,最终收集到了5名部门经理、5名开发人员与13名测试人员填写的软件质量评价目标调查问卷。根据总体得分排名并与相关人员确认后,选取了10个软件质量子特性作为评价目标,并依据得分计算其权重,结果如表5-10所列。

表 5-10　质量子特性权重

特性	子特性	权重	描述
可靠性	可用性	0.15	系统、产品或组件在需要使用时能够进行操作和访问的程度
功能性	功能正确性	0.13	产品或系统提供具有所需精度的正确结果的程度
可靠性	成熟性	0.12	系统、产品或组件在正常运行时满足可靠性要求的程度
可靠性	容错性	0.11	尽管存在硬件或软件故障,系统、产品或组件的运行符合预期的程度

续表

特　性	子　特　性	权　重	描　述
功能性	功能完备性	0.10	功能集对指定的任务和用户目标的覆盖程度
维护性	易修改性	0.09	产品或系统可以被有效地、有效率地修改，且不会引入缺陷或降低现有产品质量的程度
维护性	易分析性	0.09	可以评估预期变更(变更产品或系统的一个或多个部分)对产品或系统的影响、诊断产品的缺陷或失效原因、识别待修改部分的有效性和效率的程度
维护性	易测试性	0.08	能够为系统、产品或组件建立测试准则，并通过测试执行来确定测试准则是否被满足的有效性和效率的程度
可靠性	易恢复性	0.07	在发生中断或失效时，产品或系统能够恢复直接受影响的数据并重建期望的系统状态的程度
性能效率	时间特性	0.06	产品或系统执行其功能时，其响应时间、处理时间及吞吐率满足需求的程度

步骤2　项目数据收集

研究所提供了82个航空机载嵌入式软件，种类包括光电、显示、任务机、记录和外挂等5种软件，规模从7个函数(208行代码)到403个函数(25545行代码)不等，其项目类型与规模的分布直方图如图5-10和图5-11所示。

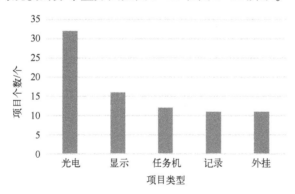

图5-10　项目类型分布直方图

这些项目全都由软件测试部门进行文档审查、代码审查与配置项测试，每个项目由一名测试人员测试。对于每个项目收集了以下数据。

① 收集了42个软件代码度量的数据，包括QAC提供的全部33个对函数的代码度量以及Testbed工具提供的函数的5个注释行度量与4个嵌套深度度量。

② 收集了测试度量的数据，包括9个与缺陷相关的测试度量数据16个与测试用例相关的测试度量数据。

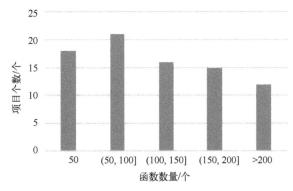

图 5-11　项目规模分布直方图

③ 收集了软件质量评价目标的评分,由项目的测试人员对此项目的 10 个软件质量子特性依据评分表进行评分。

5.4.2　软件代码度量数据的聚合

为了从项目整体的角度去考察软件代码度量,计划通过描述性统计值、统计分布参数和计量经济学指标等常用的聚合指标来聚合软件代码度量数据。

1. 软件代码度量的特点

图 5-12 展示了在这个实践中某个项目的圈复杂度分布。

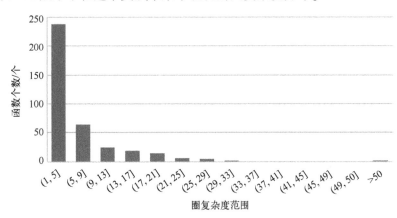

图 5-12　某项目圈复杂度分布直方图

在实践中,采取了分布参数、描述性统计值以及计量经济学系数来开展代码度量数据的聚合。接下来分别对这 3 种聚合方法进行介绍。

2. 软件代码度量的分布拟合

分布拟合是确定数据服从某种分布的方法,由于软件代码度量数据是高度倾斜分布的,将对数正态分布与幂律分布选为待拟合的分布。

1) 分布拟合的预处理

对于对数正态分布与幂律分布来说样本都是大于 0 的。首先分析 42 个代码度量数据中 0 值样本所占的比例。选取以下 6 个都是非 0 样本的代码度量(其中两个项目存在大约 1% 的单元,其 STLIN 为 0,作为异常值将其剔除),如表 5-11 所列。

表 5-11 非 0 代码度量

序 号	缩 写	名 称
1	AKI	Akiyama's criterion
2	CYC	cyclomatic complexity
3	FN1	number of operator occurrences in function
4	LIN	number of code lines
5	M07	essential cyclomatic complexity
6	PTH	estimated static program paths

2) 对数正态分布拟合

对数正态分布的定义是设 X 是取值为正数的连续随机变量,若 $\ln X \sim N(\mu, \sigma^2)$,则称随机变量 X 服从对数正态分布。分别对 6 个代码度量的样本数据取对数,并进行正态分布检验。该实例中我们使用 Python 库中自带的 scipy.stats.normaltest() 方法进行正态分布的检验,该方法运用了 D'Agostino-Pearson 综合测试法,结合了偏度和峰度以得到正态性的综合检验。统计了正态分布检验 P 值大于 0.05 的项目占 40 个项目的比例,结果如表 5-12 所列。

3) 幂律分布拟合

幂律分布的性质为在双对数坐标系下,幂律分布表现为一条斜率为幂指数的负数的直线。分别对 6 个代码度量的样本数据降序排列,将样本值作为因变量,样本值的排名作为自变量,在对数坐标系上进行线性回归。统计了线性回归决定系数 $R^2 > 0.8$ 的项目占 40 个项目的比率,结果如表 5-12 所列。

表 5-12 幂律分布拟合结果

序 号	代码度量	对数正态检验通过率/%	幂律分布检验通过率/%	结 果
1	AKI	50.00	90.00	幂律分布
2	CYC	27.50	90.00	幂律分布
3	FN1	82.50	55.00	对数正态分布
4	LIN	42.50	40.00	未通过
5	M07	5.00	12.50	未通过
6	PTH	2.50	92.50	幂律分布

4) 分布参数估计

对于通过对数正态分布拟合检验的 FN1(函数中操作符的数量),采用最大似然估计对 μ、σ 进行估计,并将其作为聚合结果,即

$$\begin{cases} \mu = \dfrac{1}{n}\sum_{i=1}^{n} \ln y_i \\ \sigma^2 = \dfrac{1}{n}\sum_{i=1}^{n} (\ln y_i - \mu)^2 \end{cases} \qquad (5-84)$$

对于通过幂律分布拟合检验的 3 个代码度量采用最大似然估计对 α 进行估计,并将其作为聚合结果,即

$$\alpha = 1 + \dfrac{1}{n}\sum_{i=1}^{n} \ln \dfrac{y_i}{y_{\min}} \qquad (5-85)$$

5) 软件代码度量的聚合

上面通过统计分布拟合确定了 4 个可以使用统计分布参数聚合的代码度量,将对分布参数进行最大似然估计的结果作为这些度量的聚合值。其他度量由于未找到确切的分布,需要用描述性统计值与经济计量学指标聚合值近似地描述数据,聚合值的选取兼顾了聚合指标对样本描述的全面性与作为输入变量的解释性,选取的聚合值如表 5-13 所列。

表 5-13 选取代码度量聚合值

聚 合 值	特 点
最大值	用于描述极端值
累加和	用于描述项目总体规模
算术平均值	用于描述函数平均规模
标准差	用于描述离散程度
偏度	用于描述数据分布的不对称程度
峰度	用于描述数据的聚集程度
基尼系数	用于描述数据的不均匀程度
胡佛系数	用于描述数据的不均匀程度

经过聚合后,4 个分布已知的代码度量产生了 6 个聚合值,而剩下的 38 个代码度量产生了 304 个聚合值。也就是说,42 个软件代码度量数据经过聚合后产生了 310 个聚合软件度量。

5.4.3 数据预处理

数据预处理方法将收集到的数据转化为可以用于建模的数据。数据预处理包

括以下3个内容。

① 由于软件代码度量的数据颗粒度比其他数据精细,所以需要对软件代码度量数据进行聚合处理。

② 由于软件度量数据的量纲和数量级各不相同,需要对数据进行数据同趋化处理和无量纲化处理等标准化处理。

③ 由于软件代码度量聚合形成的属性维度非常大,为了保证评价模型的性能,需要对数据进行降维。

1. 软件度量数据的标准化处理

如果直接用尺度差距很大的数据进行分析,就会突出数值较高的度量对软件质量的作用,相对削弱了数值水平较低度量的作用。由于软件代码度量聚合后形成的软件度量数据中非零数的尺度从10^9到10^{-16}不等,直接进行后续计算可能会带来精度损失,故先对样本数据进行归一化处理。

由于 Z-score 标准化更适用于使用距离来度量相似性(K 近邻算法)与使用 PCA 技术进行降维(min-max 标准化在线性变换后数据的协方差产生了倍数值的缩放),因此本实践使用 Z-score 标准化方法对数据进行处理。

2. 软件度量数据的降维方法

本实践中每个样本都有 310 个属性。而样本总数为 82 个,因为矩阵的最大线性无关向量组不可能超过矩阵的行列数,这意味着最多有 82 个属性是有用的,需要对样本数据进行降维,以去除无关数据,保证模型的性能。常用的数据降维方法有相关性分析与主成分分析,下面将介绍两种方法以及处理后的结果。

1) 相关性分析

采用步骤通过相关性分析降维。

步骤1 去掉无关特性。使用 Spearman 相关性分析分别选取与各个标签显著相关($p<0.05$)的特性。

步骤2 去掉重复特性。将这些特性按相关系数的绝对值降序排序,从第一个特性开始依次向后扫描,去掉与此特性显著相关($p<0.05$)且高度相关($r>0.9$)的特性。

相关性分析结果见附录4。

2) 主成分分析

对样本数据进行主成分分析,直至主成分的方差解释率超过80%,此时的主成分个数即为降维后的特征数。

如图 5-13 所示,选择不同的主成分个数进行主成分分析的同时,绘制方差百分比随主成分个数变化的曲线,当主成分个数为 18 时,方差百分比已达到80%,即 18 个主成分即可解释 310 个属性中 80.91% 的信息。

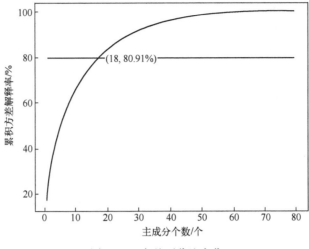

图 5-13　方差百分比变化

图 5-14 所示为新增主成分贡献的方差解释率,可以看出第 18 个主成分贡献的方差解释率已低至 1.33%;而主成分数为 81 时方差解释率达到 100%,即平均方差解释率为 100%/81=1.23%。故继续增加主成分的收益(1.27%)已经接近平均值,选择主成分数为 18 是合理的。

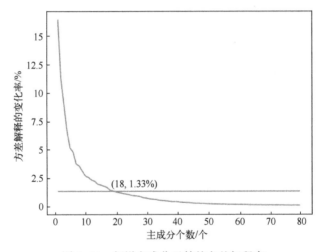

图 5-14　新增主成分贡献的方差解释率

5.4.4　数据训练方法对比

本节主要对比了逻辑回归、KNN 算法与 BP 神经网络 3 种分类算法对软件质量评价模型性能的影响。数据预处理方法将收集到的数据转换为 82 组训练数据。

对于模型的训练数据来说,每个项目构成了一条样本数据,而每个项目的软件代码度量聚合值构成了样本数据的特征,每个项目的软件质量目标评分等级构成了样本数据的标签。所有的数据分析与建模过程借助第三方机器学习模块 Scikit-learn (sklearn)使用 Python 语言编写的。其中各算法含义如下。

① 逻辑回归(logistic regressive)分类算法,是一种线性的机器学习分类算法。

② KNN(k-nearest neighbor)算法,是一种简单的非线性机器学习分类算法。

③ BP 神经网络(back propagation neural network)分类算法,是一种典型的非线性分类算法。

1. 交叉验证

交叉验证的基本思想是把在某种意义下将原始数据进行分组,一部分作为训练集(train set),另一部分作为验证集(test set),首先用训练集对分类器进行训练,再利用验证集来测试训练得到的模型,以此来作为评价分类器的性能指标。

由于训练集与验证集划分的随机性可能对模型的性能指标产生影响,所以采用"10 折交叉验证"(10-fold cross validation)的方法来减少随机性带来的误差。10 折交叉验证即将数据集分成 10 份,轮流将其中 9 份做训练,1 份做验证,10 次的结果均值作为对算法精度的估计。同样为了避免数据集划分随机性带来的误差,采取了 10 次 10 折交叉验证,以求更精确。具体步骤如下。

① 随机将数据集划分 10 等份。
② 轮流将其中 9 份作为训练集,1 份作为验证集。
③ 使用训练集建立分类模型。
④ 使用测试集测试模型的分类准确率。
⑤ 重复②~⑤直至每份数据都曾作为验证集。
⑥ 重复①~⑥直至 10 次。

2. 逻辑回归分类模型

由于越简单的模型对训练数据量的要求就越低,所以优先考虑训练一个线性分类器作为软件质量评价模型。线性分类器是通过对特征的线性组合来做出分类的,常用的线性分类器有感知机(PLA)、线性判别分析(LDA)、逻辑回归(LR)与支持向量机(SVM)等。采用逻辑回归作为线性分类器。逻辑回归是一种广义的线性回归分析模型,通过构造回归函数,利用机器学习来实现分类或者预测。建模步骤如下。

① 随机将数据集划分为 10 等分。
② 轮流将其中 9 份作为训练集,1 份作为验证集。
③ 通过主成分分析对训练集的特征数据进行降维,测试集采用与训练集相同的变换。

④ 使用训练集建立逻辑回归分类模型。
⑤ 使用测试集测试模型的分类准确率。
⑥ 重复②~⑤直至每份数据都曾作为验证集。
⑦ 重复①~⑥直至 10 次。

逻辑回归结果如表 5-14 所列。

表 5-14 逻辑回归结果

软件质量评价目标	逻辑回归	
	特 征 数	准确率/%
功能完备性	18	66.77
功能正确性	18	57.67
可用性	18	56.92
容错性	18	63.91
成熟性	18	72.69
时间特性	15	62.56
易修改性	18	42.85
易分析性	17	49.91
易恢复性	18	50.25
易测试性	18	47.36
平均	17.6	57.09

3. K-最近邻算法 KNN

KNN 算法是一种简单的机器学习算法,选取 $k=5$,采用 10 次 10 折交叉验证的方法按以下步骤进行基于 k 最近邻算法的软件质量评价模型建模,结果如表 5-15 所列。

① 随机将数据集划分为 10 等份。
② 轮流将其中 9 份作为训练集,1 份作为验证集。
③ 通过相关性分析/主成分分析对训练集的特征数据进行降维,测试集采用与训练集相同的变换。
④ 使用训练集建立 KNN 分类模型。
⑤ 使用测试集测试模型的分类准确率。
⑥ 重复②~⑤直至每份数据都曾作为验证集。
⑦ 重复①~⑥直至 10 次。

表 5-15 KNN 算法结果

软件质量评价目标	KNN 算法	
	特征数	KNN 准确率/%
功能完备性	18	66.08
功能正确性	18	58.75
可用性	18	58.25
容错性	18	64.82
成熟性	18	63.08
时间特性	15	67.00
易修改性	18	49.92
易分析性	17	44.73
易恢复性	18	54.42
易测试性	18	48.82
平均	17.6	57.59

可以看出 KNN 分类模型的准确率与线性模型几乎差不多,这可能是由于 KNN 算法计算的是样本特征的欧几里得距离,而经过标准化处理后,样本特征已经失去了原有的量纲,也就是说各个特征对欧几里得距离的计算是平等的,但实际情况是特征对结果的影响并不平等,需要在计算欧几里得距离前给特征数据乘一个合适的权重。为了找到合适的权重,采用遗传算法寻找最优权重。遗传算法的一般流程如下。

① 随机初始化一个包含 N 个个体的种群,每个个体都是一组权重。
② 评估每条染色体所对应个体的适应度,从种群中选择适应度最高的 k 个个体作为父代。
③ 根据交叉率抽取父代的染色体进行交叉产生子代。
④ 根据变异率对子代的染色体进行变异。
⑤ 重复③、④直到数目为 N,即新种群的产生。
⑥ 返回②直至达到规定的遗传代数 M。

以功能完备性为例,每次建模仍然对样本数据进行 10 次 10 折交叉验证,将每次建模作为遗传算法的目标函数,返回的平均准确率为目标值,即让遗传算法寻找可以使准确率升高的特征权重。设定种群规模为 100,交叉率为 75%,变异率为 5%,遗传 30 代结束,进化过程如图 5-15 所示。

随机初始化的初代种群最优个体很容易达到 61.77% 的准确率,而种群的平均准确率只有 55.95%;经过 25 代进化后,最优个体的准确率已经稳定在 81.18% 左右,种

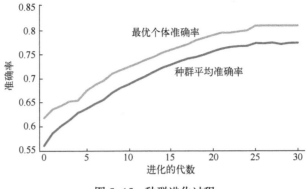

图 5-15 种群进化过程

群的平均准确率也稳定在 77.51% 左右,这意味着种群基本到达最优值附近了,虽然无法确定此时达到的是局部最优还是全局最优,但由于遗传算法搜索很费时间,再加上每个个体的适应度都经过了 10 次 10 折交叉验证,所以扩大种群去验证局部最优还是全局最优成本很高,暂且使用目前的结果作为特征的权重。作为对比,使用逻辑回归分类器与 KNN 分类器建立的功能完备性评价模型的准确率仅为 67% 左右。

再次采用 10 次 10 折交叉验证的方法进行基于 KNN 算法的软件质量评价模型建模,对各个评价目标建立 KNN 分类模型前,将特征数据乘上优化后的权重,交叉验证得到平均准确率如表 5-16 所列。可以看出,经过遗传算法对特征的优化后,平均准确率有所上升。

表 5-16 KNN 算法+遗传算法结果

软件质量评价目标	KNN 算法+遗传算法	
	特征数	准确率/%
功能完备性	18	79.38
功能正确性	18	72.05
可用性	18	71.55
容错性	18	78.12
成熟性	18	76.38
时间特性	15	80.30
易修改性	18	63.22
易分析性	17	58.03
易恢复性	18	67.72
易测试性	18	62.12
平均	17.6	70.89

4. BP 神经网络分类模型

BP 神经网络对数据量要求比较高,所以初步选取结构最简单的 3 层 BP 神经网络。首先需要确定 BP 神经网络的拓扑结构。对于 m 个软件质量评价目标,需建立 m 个独立的 3 层 BP 神经网络模型。对于第 i 个 BP 神经网络 NN_i,其第一层(输入层)的神经元个数等于软件质量评价目标 T_i 的相关自变量集合 $\{IV_1', IV_2', \cdots\}_{T_i}$ 中的元素个数;其第三层(输出层)的神经元个数为 1;其第二层(隐含层)的神经元个数采用实验法确定。最终确定的各个神经网络结果如表 5-17 所列。

表 5-17 BP 神经网络结构

神 经 网 络	输入层单元数	隐含层单元数	输出层单元数
NN_1	18	17	1
NN_2	18	18	1
NN_3	18	17	1
NN_4	18	16	1
NN_5	18	14	1
NN_6	15	15	1
NN_7	18	15	1
NN_8	17	16	1
NN_9	18	15	1
NN_{10}	18	12	1

选用 S 型函数作为隐含层的激活函数,设置误差平方代价函数、动态学习率以及随机初始化权重。在确定好神经网络的结构与参数后,采用 10 次 10 折交叉验证的方法按以下步骤进行基于 BP 神经网络的软件质量评价模型建模。

① 随机将数据集划分为 10 等份。
② 轮流将其中 9 份作为训练集,1 份作为验证集。
③ 通过主成分分析对训练集的特征数据进行降维,测试集采用与训练集相同的变换。
④ 使用训练集建立 BP 神经网络分类模型。
⑤ 使用测试集测试模型的分类准确率。
⑥ 重复②~⑤直至每份数据都曾作为验证集。
⑦ 重复①~⑥直至 10 次。

最终训练多次的各个 BP 神经网络的平均迭代次数、平均收敛时间与分类准确率如表 5-18 所列。

表 5-18　BP 神经网络结果

软件质量评价目标	BP 神经网络			
	特征数	迭代次数	收敛时间/ms	准确率/%
功能完备性	18	1588	60	67.01
功能正确性	18	1783	83	66.26
可用性	18	1503	55	59.44
容错性	18	1389	40	72.48
成熟性	18	1624	58	75.45
时间特性	15	1332	27	71.17
易修改性	18	1307	28	55.08
易分析性	17	1383	33	54.44
易恢复性	18	1485	50	64.50
易测试性	18	1357	32	54.66
平均	17.6	1475	46.6	64.05

可以看出,相对遗传算法优化过的 KNN 算法来说,BP 神经网络模型的表现并不理想,这是可能是因为样本数据过少、迭代次数过多而导致模型过拟合。为了提高神经网络模型的准确率,采用以下两种优化措施。

① 在数据量有限的情况下,可以通过数据增强(data augmentation)来增加训练样本的多样性,避免过拟合。通过对原始样本数据集增加随机噪声方法构建新的样本数据集,将原来的 82 组数据扩充到 164 个。

② 因为基于梯度下降法的神经网络在学习过程开始时非常慢但最后最快,而遗传算法模拟生物进化理论在学习过程开始时非常快,但在结束时很慢,所以采用遗传算法对 BP 神经网络模型进行优化。与 5.3.2 节类似,让种群中的每个个体都包含一个网络所有权重和阈值,找到最优适应度值对应的个体,即为最优初始化权重和阈值。

通过数据增强增加了样本量以及利用遗传算法优化 BP 神经网络的初始化权重和阈值后,BP 神经网络训练结果如表 5-19 所列。可以看出,数据增强与遗传算法对 BP 神经网络的优化是显而易见的。数据增强方法降低了 BP 神经网络过拟合的风险,虽然数据量有所增加,但遗传算法使 BP 神经网络的收敛速度明显变快。

表 5-19 优化后的 BP 神经网络结果

软件质量评价目标	优化后的 BP 神经网络			
	特 征 数	迭代次数	收敛时间/ms	准确率/%
功能完备性	18	1265	33	86.34
功能正确性	18	1269	22	85.44
可用性	18	808	20	61.99
容错性	18	702	22	81.25
成熟性	18	848	24	76.49
时间特性	15	1073	20	77.37
易修改性	18	712	12	62.91
易分析性	17	737	13	71.65
易恢复性	18	828	21	69.20
易测试性	18	788	16	71.29
平均	17.6	903	20	74.39

5. 结论

通过对比逻辑回归、KNN 算法与 BP 神经网络 3 种分类算法建立的软件质量评价模型的性能可以看出，虽然逻辑回归与 KNN 算法更适合小样本学习，但它们的实际表现并不理想，主要是因为简单的模型考虑更多的是简单的关系，而软件度量与软件质量之间的关系要复杂得多；尽管 KNN 算法与 BP 神经网络模型一开始表现都不尽如人意，但是通过遗传算法的优化以及数据增强方法，两种模型的性能都有了大幅提升。总之，优化过的 BP 神经网络凭借其强大的非线性拟合能力表现最佳，平均分类准确率达到了 74.39%，3 种模型结果对比如表 5-20 所列。

表 5-20　3 种模型结果对比

软件质量评价目标	逻辑回归准确率/%	优化后的 KNN 算法准确率/%	优化后的 BP 神经网络准确率/%
功能完备性	66.77	79.38	86.34
功能正确性	57.67	72.05	85.44
可用性	56.92	71.55	61.99
容错性	63.91	78.12	81.25
成熟性	72.69	76.38	76.49
时间特性	62.56	80.30	77.37
易修改性	42.85	63.22	62.91
易分析性	49.91	58.03	71.65

续表

软件质量评价目标	逻辑回归准确率/%	优化后的KNN算法准确率/%	优化后的BP神经网络准确率/%
易恢复性	50.25	67.72	69.20
易测试性	47.36	62.12	71.29
平均	57.09	70.89	74.39

5.4.5 案例成果

软件质量综合评价体系是一个从软件度量到软件质量特性再到软件质量的一个分层评价体系。书中实例采用的是对测试前软件的度量以及测试人员的评分构成的样本数据,训练出来的评价模型运行在测试前阶段是最合适的。对于新开发的示例软件,在测试前获取其软件代码度量数据,然后由图5-16所示的模型计算软件综合质量。经过每个软件质量评价目标的BP神经网络模型的预测,按照5、4、3、2分别对应"优""良""中""差"的规则,根据公式$\sum T_i \times \omega_i$得到软件质量综合评分为3.9,对应的质量等级为"良",见表5-21。

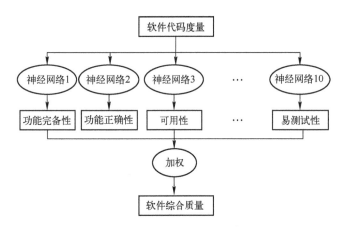

图5-16 软件质量综合评价模型

表5-21 软件质量子特性权重

特 性	子 特 性	分类结果	权重ω_i
功能性	功能完备性	良	0.10
功能性	功能正确性	优	0.13
性能效率	时间特性	优	0.06
可靠性	成熟性	良	0.12

续表

特　　性	子　特　性	分类结果	权重 ω_i
可靠性	容错性	中	0.11
可靠性	可用性	优	0.15
可靠性	易恢复性	中	0.07
维护性	易修改性	良	0.09
维护性	易分析性	中	0.09
维护性	易测试性	中	0.08

5.5　本章小结

随着软件的规模与复杂程度日益攀升,复杂软件的质量与可靠性管理、评估与预测变得愈加困难。软件可靠性评估是保证软件质量的重要手段,而软件度量是评价、管理与改善软件产品质量的必要因素。建立良好的软件可靠性评估体系对于软件生命周期资源的分配以及识别软件质量的薄弱部分是至关重要的。本章介绍了基于数据进行软件可靠性评估的框架和相关技术。

此外,本章介绍了一个实例,该实例通过神经网络从历史软件数据中学习软件度量与软件质量的关系,从而建立一个通过软件度量来评价软件质量的定制化与自动化综合评价体系。实例分析的结果表明,通过数据增强增加样本数据后,遗传算法优化过的 BP 神经网络建立的软件质量评价模型效果最好,其平均分类准确率为 74.39%,这得益于神经网络学习复杂关系的强大能力,所以它在学习软件度量与软件质量的关系上的表现好于相对较为简单的模型。

相关研究与实例都证明了这种基于数据的思想在复杂软件质量评价/可靠性评估方面的可行性。

第 6 章

基于模型的测试技术

对于软件系统而言,在交付用户使用之前,设计人员都必须采取一定的验证措施来验证系统的可靠性,软件测试就是经常使用的最重要和有效的方法之一。随着软件测试相关标准的不断提出,软件测试过程的成熟度也在不断提高。但是在需求多样、软件日益复杂的今天,传统的软件测试方法已经很难适应这种变化,传统测试过程的不适应性主要体现在以下几个方面:①软件测试的形式化程度不高;②开展软件测试活动的时间相对滞后;③软件测试效率比较低下,主观因素影响较大;④软件测试对软件需求变更和运行平台的适应能力较低;⑤传统的测试方法难以适应新的技术。对于复杂软件系统的测试,目前仍然没有一个高效率和高质量的测试实施方法。

目前,对象管理组织(object management group,OMG)提出的模型驱动框架(model driven architecture,MDA)在软件开发领域的发展日趋成熟,模型驱动有效地提高了软件开发的效率和质量,并有效克服了中间构件之间互操作性障碍、平台移植困难等难题。

随着模型驱动开发的推广和使用,基于模型的测试(model-based testing,MBT)也逐渐受到了人们的关注。相比于传统的软件测试,基于模型的测试以模型的形式呈现测试过程中的实体与活动,可以帮助测试人员更好地了解系统,发现与测试相关的信息,同时,基于模型的测试表达规范更加严格与形式化,为提高软件测试自动化水平与改进测试过程提供了帮助。

将模型的思想引入复杂软件测试领域,在一定程度上可以有效地解决复杂软件测试存在的问题,本章对基于模型的测试技术进行讨论,探索其在复杂软件验证与测试中可能提供的解决方案。

6.1 认识基于模型的测试

6.1.1 MDA 与 MBT

在介绍基于模型测试的具体技术之前,有必要了解模型驱动框架以及模型驱动框架与基于模型测试之间的关系,这有助于理解后续章节中提到的技术和相关概念。

1. 模型驱动框架的基本组成

20世纪90年代是软件中间件高速发展时期,一系列平台技术诞生并得到广泛应用。在近10余年的市场竞争中,支持不同技术标准的中间件产品并存,没有而且也不可能产生一个"最终赢家"。中间件的分化现象带来了中间件平台之间的操作障碍,直接导致了企业必须为不同中间件应用系统的集成付出昂贵的代价。此外,由于企业商业逻辑与某种平台实现技术的"绑定",提升了信息系统的平台移植难度,又会因此加大企业业务受制于某种平台技术发展的风险。

在这种背景下,OMG于2001年正式提出了一种框架规范,即模型驱动框架(MDA)。MDA是一种以应用模型技术进行软件系统开发的方法论和标准体系。

MDA的核心是OMG的建模标准,包括UML、CWM、XMI和MOF。下面分别介绍这4种标准。

(1) UML是一套标准的面向对象分析和设计的图像化建模语言,用于实现软件系统可视化、规范定义、构造和文档化建模。MDA的各种模型均采用UML进行描述。

(2) CWM(common warehouse metamodel)为数据库和业务分析领域最为常见的业务与技术相关元数据的表示定义了元模型。CWM实际上提供了一个基于模型的方法来实现异构软件系统之间的元数据交换。

(3) XMI(XML-based metadata interchange)是基于XML的元数据交换。它通过标准化的XML文档格式和DTD(document type definitions)为各种模型定义了一种基于XML的数据交换格式。

(4) MOF(meta object facility)是OMG提出的一个对元模型进行描述的规范的公共抽象定义语言。MOF是一种元-元模型,即元模型的元模型。MOF中的UML、CWM元模型均以MOF为基础。MOF标准的建立确保了不同元模型之间的交换。

MDA以OMG建立的各种标准为基础,实现了将应用逻辑与支撑平台技术相分离,可以为企业应用建立独立于实现技术的平台无关模型。MDA的出现提供了一套完整的规范和方法体系,在软件系统生命周期的各个阶段,提供互操作性、可移植性、可重用性保证。

依据模型之间的描述与定义关系,MDA 中的模型分为四层结构,如图 6-1 所示。

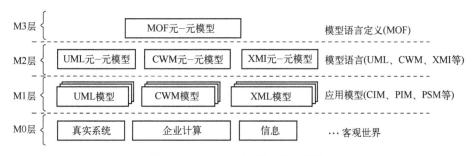

图 6-1 MDA 四层元模型体系结构

从 M3 层到 M0 层:上一个层次是下一个层次的定义基础,即元模型;下一个层次是上一个层次的应用,即描述对象。M3 层为元-元模型层,仅包含 MOF,元-元模型为模型语言定义提供公共标准;M2 为元模型层,代表建于 MOF 之上的各种模型语言;M1 层为应用模型层,即采用模型语言为企业应用建立的描述模型;M0 层代表企业应用真实的系统,或者企业计算,或者信息,也代表客观世界在人们头脑中的概念或者认知模型,是模型描述的终极目标。

从图 6-1 所示的 MDA 四层模型体系结构中可以知道,MDA 应用模型层包含 3 种模型:

(1) 计算平台无关模型(computation independent model,CIM)是 MDA 基于计算无关视角(computation independent view,CIV)建立的系统模型,用于描述系统需求、功能、行为和运行环境,也称为业务模型。之所以被称为计算无关,主要是 CIM 侧重于表述系统的外部行为和运行环境,而不表现系统的内部结构和实现细节等相关内容。CIM 为领域专家与系统设计专家之间关于需求的沟通和交流提供了桥梁,并直接支持 PIM、PSM 的构造和实现。

(2) 平台无关模型(platform independent model,PIM)是 MDA 基于平台无关视角(platform independent view,PIV)建立的系统模型。PIM 是抽象的业务逻辑,之所以被称为平台无关,是因为 PIM 不包含与实现平台和技术相关的特定信息。PIM 所表现出的平台无关性,使其能够在任何技术平台上得以实现。

(3) 平台相关模型(platform specific model,PSM)是 MDA 基于平台相关视角(platform specific view,PSV)建立的系统模型。PSM 从相应 PIM 转换而来,它既包含了 PIM 中所定义的业务逻辑规范,也包含了与选定平台和技术相关的特定实现技术细节。

2. 模型转换

如果将 MDA 框架比作一栋建筑物，MDA 框架的"建筑材料"包括：高层次模型；一种或多种用来编写高层次模型的精确定义的语言；如何把 PIM 转换到 PSM 的定义；编写这些定义的语言，这种语言能够被转换工具执行；能够执行转换定义的工具；能够执行 PSM 到代码的转换工具。所以，在 MDA 的框架中，它的主要元素有模型、PIM、PSM、语言、转换、转换定义以及转换工具。其中，模型转换是十分重要的一项技术。

MDA 将软件系统的模型分离为平台无关模型（PIM）与平台相关模型（PSM），通过模型转换规则将它们统一起来，以这样的方式试图去摆脱需求变更所带来的困难。在 MDA 框架中，首先使用平台无关的建模语言来搭建平台无关的模型 PIM，然后根据特定平台和实现语言的映射规则将 PIM 转换以生成平台相关的模型 PSM，最终生成应用程序代码和测试框架。

模型是形式化的，必须用一种语法严格的、语义没有歧义的语言描述。元模型虽然具有严格的语法，但是语义不是形式化的，也不能被计算机所"理解"，在 MDA 模型转换过程中难以保证转换结果的准确性。因此，MDA 的模型转换工作主要集中在应用模型层 M1。

模型转换是应用模型映射技术将描述同一系统的某种模型转换为另一种模型的过程。在 MDA 中，模型转换的核心是 PIM 到 PSM 的转换。

MDA 提供了两种模型映射方法，即类型映射和实例映射。其中，类型映射提供了从 PIM 采用的模型语言类型到 PSM 采用的模型语言类型的映射，而实例映射是将 PIM 模型元素加以标记，来标识该元素以某种特定方式转换为 PSM 模型元素。

与两种模型映射方法相对应，MDA 提供两种基本的模型转换方法，即基于类型映射的模型转换方法和基于实例映射的模型转换方法。

在软件开发过程中，存在以下几种转换模型。

（1）CIM 到 PIM 的转换。这一转换是业务模型到分析模型的转换，主要是手工实现。

（2）PIM 到 PIM 的转换。当模型在开发生命周期中进行改进、过滤或者特殊化，但又不需要任何与特定平台相关的信息，那么将使用 PIM 到 PIM 的转换。一般是从分析模型到总体设计模型的转换。PIM 到 PIM 的转换通常与模型求精相关，属于正向工程。

（3）PIM 到 PSM 的转换。在 MDA 的实际应用中，转换工具可以根据不同的转换规则将一个 PIM 转换成多个不同的 PSM，对于每种特定的技术平台都会生成独立的 PSM，并在这些 PSM 之间生成桥接器，在这些 PSM 之间建立联系。

(4) PSM 到 PSM 的转换。PSM 到 PSM 的转换与特定平台模型的细化相关，是对 PSM 的求精。当涉及组件实现与部署时，需要用到 PSM 到 PSM 的转换。

(5) PSM 到 PIM 的转换。从现有的实现模型中抽取出抽象的平台无关模型，就需要用到 PSM 到 PIM 的转换。从软件工程的角度来看，这是一种逆向工程，一般很难做到完全的自动化。在理想情况下，从 PSM 到 PIM 的转换结果应该与 PIM 到 PSM 的转换结果相对应。

(6) PSM 到代码的转换。由 PSM 模型生成最后的代码。

表 6-1 列出了一些常见的模型转换技术及其优缺点。在 MDA 中，建立精确的模型以及模型转换技术的开发，将有助于提高软件开发过程的质量和效率。

表 6-1 常见的模型转换技术及其优缺点

模型转换技术	优 点	缺 点
基于 XMI 的模型转换技术	基于文本的转换技术，语义语法相对简单	不直观，转换步骤较多，开销大，容易引起前后模型不一致
基于 QVT 的模型转换技术	对模型元素之间的关系既可使用声明式的语言定义，也可使用指令式的语言进行定义	模型的视图功能在 QVT 相关规范中还没有得到解决
基于 OCL 的模型转换技术	OCL 的静态语义是比较明确的，可用于模型的约束，也可用于模型元素的查询和模型转换，而且还可以用来定义建模语言	OCL 动态语义描述能力较弱，而动态语义又是完整的模型转换过程中必不可少的部分。必须对 OCL 元模型进行适当的扩展，使其具备命令式语言的特点
基于 UML profile 的模型转换技术	完全兼容 UML，可以用 UML 建模工具处理，特别适用于 PSM 建模	扩展能力有限，不如直接用 MOF 定义全新的建模语言
利用 XSLT 进行模型转换和代码生成	方便地进行代码生成以及逆向工程	模型转换的开销大，且复杂性程度高
图形化的模型转换技术	利用 UML 类图与文本模板语言描述模型，使用图形符号指出模型元素之间的匹配关系，比较直观	功能有限，且形式化程度不够

3. 模型驱动的软件测试

模型驱动的软件测试是将模型驱动的思想引入到软件测试过程，是一种新颖而具有发展前景的自动化测试方法，它为测试人员提供了简便、有效的方式，从而实现高效自动化的测试。与模型驱动的软件开发思想类似，模型驱动的软件测试方法也将测试过程看作模型的集合，使得测试参与人员能够集中精力对软件测试过程进行建模以及对测试过程的模型转换进行定义，具体工作由计算机自动实现，大大减少了人工的参与，提高了测试效率和正确性。

在软件生命周期过程中，不同阶段会产生不同的过程模型，如软件需求模型、软件设计模型、测试模型等。作为业务信息以及具体实现技术的载体,模型可以作为客户、软件开发人员、测试人员交流的工具,同时模型作为 MDA 的重要概念,是模型驱动的软件开发和软件测试的先决条件。

图 6-2 展示了一个与模型驱动的软件开发过程集成的模型驱动的软件测试过程。图的左边部分描述了一个基于 MDA 的软件开发过程,开始于 PIM 的构造。PIM 仅表示了业务功能和行为,是逻辑应用的表示,一般由业务专家和建模专家完成,模型驱动的软件开发使得软件构造的焦点集中于 PIM 的构造,从 PIM 到 PSM 的映射,从 PSM 到代码的转换都可以由工具支持自动实现自动化。图的右边部分表示模型驱动的软件测试过程,对应于开发阶段的 PIM,适用基于模型的测试方法,可分别生成单元、集成、系统测试各阶段的测试用例,包含测试执行条件和预期结果。

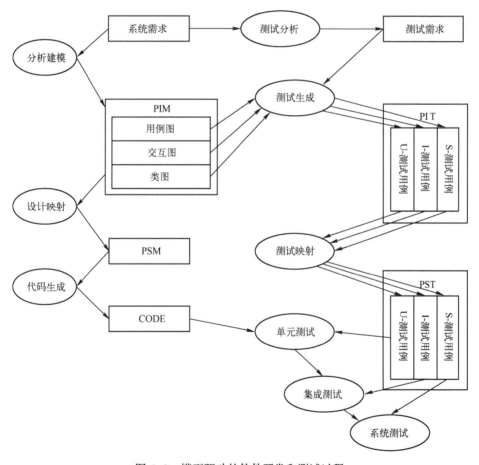

图 6-2　模型驱动的软件开发和测试过程

类似 PIM 到代码的转换,分别定义一组转换规则,实现平台无关测试模型 PIT 中三类测试用例到平台相关测试模型 PST 中三类测试用例的转换,使得 PST 可以在相应的平台上直接执行相应的单元测试、集成测试和系统测试。

模型驱动的软件测试过程集成了基于模型的软件测试和模型驱动的软件开发的优点,把测试工作的中心提前到了 PIT 的构造上,模型转换工作可使用工具支持,减少了测试人员的参与,避免引入新的错误。

模型驱动测试技术有两个技术要点:一是可用于生成测试用例的测试模型构建;二是测试用例生成方法。

对于测试模型主要有以下两种方法得到。

(1)使用建模语言在系统设计模型的基础上建立测试模型。系统设计模型(PIM,平台无关模型)可直接用于测试生成,该模型在开发过程中即可实现,可以将设计模型(PIM)转换得到测试模型,以用于测试数据生成,这里主要会用到模型转换的方法。

(2)可以直接从分析需求开始到建立测试需求模型。测试需求建模是测试用例生成过程关键的一步,也是测试用例自动生成的前置条件,有学者对测试需求建模进行了较多改进,提出了一个可视化的测试需求元模型,如图 6-3 所示。

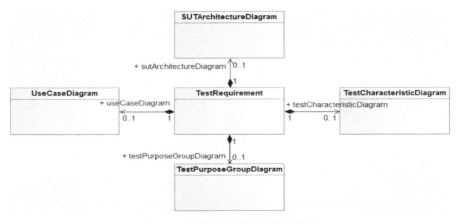

图 6-3 可视化的测试需求元模型

软件测试工作的核心是生成测试用例,模型驱动测试中,可以基于 PIM、测试需求模型、PIM 转换得到的测试模型生成测试用例。当测试人员获取到有限的正确的输入时,也不大可能获取到所有可能的测试用例,这时就需要一些相应的测试策略来决定把什么样的用例包含到测试套件中。这就需要针对不同测试模型采用不同的测试用例生成策略。

(1)测试模型大都有其路径可循,如有向图、FSM 等,测试用例的生成主要是采用算法对其路径进行遍历,藉此来生成测试用例。根据不同方向的搜索路径,分为广度优先搜索遍历和深度优先搜索遍历;同时依据不同的算法策略,分为非递归遍历算法和递归遍历算法。

(2) 通过智能算法生成测试用例,这是现今比较流行的测试用例生成方式,主要有随机、蚁群、遗传、禁忌搜索和粒子群等算法,这几种算法各有优缺点,并没有好坏之分,只是各自适用的应用场景有所不同。应根据被测件模型的特性以及测试目标等来决定使用哪一种算法。

(3) 利用模型检验生成测试用例。在模型驱动的测试技术中,模型用来描述所期望的软件行为,测试的目的在于发现软件实现与由模型描述的软件行为之间的差异。模型检验的依据主要来源于需求,检验行为的输入主要来源于历史失效数据和需求分析,这个过程中发现的、与模型不一致的反例,实质上也是一种测试用例,也可以用于测试用例的执行。

4. 基于模型的测试

需要指出的是,不应该将基于模型的测试与模型驱动的测试相混淆。基于模型的测试属于基于规范的软件测试范畴,其最初应用于硬件测试,广泛应用于电信交换系统测试,目前在软件测试中得到了一定应用,并在学术界和工业界得到了越来越多的重视。

其特点:在产生测试用例和进行测试结果评价时,都是根据被测系统的模型及其派生模型进行的。在基于模型的测试中,需要在测试模型的基础上,进一步开展相关的工作,采用某种覆盖准则来指导测试用例的生成,并决定何时终止测试。覆盖准则是指测试需要满足或覆盖软件的哪些具体元素。对基于模型的测试,目前从设计模型到测试模型自动转换的研究成果不多,更多的研究集中在通过设计模型直接生成测试用例或测试代码。其优势在于快速生成测试代码,不足之处在于缺少对测试的描述,很难复用、演化以及根据用户需求定制测试代码。

基于模型的测试实践为模型驱动的软件测试方法奠定了基础,是模型驱动测试的必经之路,可以简单地认为基于模型的测试在自动化水平以及形式化程度上不如模型驱动测试。

6.1.2 MBT 框架

通过前面的介绍,对 MBT 有了初步的认识,接下来关注 MBT 框架以及具体的相关技术。关于 MBT 框架这部分的内容,主要参考了 ISTQB 基础级认证中的基于模型测试工程师认证标准。

在 MBT 实施过程中会包含一些特有的活动,这些活动一般不经常用在传统的测试分析和设计中,主要有以下两项活动。

（1）MBT 建模活动。除了最重要的待测系统的模型建立外,还包括与 MBT 模型管理相关的活动、建模方法的开发和集成活动、建模指南的定义、MBT 模型结构的开发和建模元素的开发等活动,如 MBT 模型特定的图表、工具相关的活动等。

（2）在基于 MBT 方法和覆盖准则的基础上生成测试件,如测试用例的生成。

MBT 对测试过程产生影响的一个关注点是过程自动化和工件的生成。与传统的测试设计相比,MBT 将测试设计推进到早期的项目阶段。当 MBT 使用图形模型时,它可以作为一种早期的需求验证方法,可以促进及改进沟通。基于模型的测试通常会增强传统测试,这为测试团队提供了一个机会来验证根据 MBT 自动生成的测试用例和手动创建的传统测试用例是否一致。

以下 4 点认识可以帮助我们了解 MBT 技术在软件开发生命周期中所扮演的角色,其对于顺序软件开发生命周期还是迭代软件生命周期都适用。

（1）由于 MBT 能对复杂的功能需求和预期行为进行抽象,MBT 通常会用在较高测试级别如集成测试、系统测试、验收测试中。

（2）MBT 偶尔也被用于组件(单元)测试。例如,有的 MBT 方法是基于解析代码注释的技术,就可以被用于组件(单元)测试。

（3）MBT 模型可以描述系统的预期行为和/或系统的环境。因此,MBT 主要使用在功能测试中。

（4）增强的或专用的 MBT 模型可以用于非功能测试,如安全测试、负载/压力测试、可靠性测试。

基于模型测试的技术主要包括建模技术、模型检验与测试用例生成等。目前,在国内很多的组织中,基于模型测试仍处于刚刚起步的阶段,接下来逐一对这些技术予以介绍。

6.2 建模语言与测试模型

6.2.1 建模语言

在基于模型的测试中,首先要做的就是选择合适的建模语言,建立系统的测试模型。接下来有所侧重点地介绍几种建模语言。

建模语言大体可分为非形式化、半形式化、形式化 3 种。测试模型的形式化程度越高,软件测试的自动化程度也就越高。但目前常用的几种建模语言大都是非形式化和半形式化的,如 UML 及其在实时嵌入式领域的扩展 MARTE、Petri 网、马尔可夫链、AADL 等,马尔可夫链用于计算未来某种状态的概率,并且和当前状态是无关的;结构分析和设计语言(AADL)主要用于对体系结构进行建模,包括软件、硬件组件,尤其针对实时嵌入式系统;Petri 网用于对实时系统进行建模,处理事件之间的不确定性和并发性问题,扩展后的 Petri 网也可以用来对 UML 序列图进行建模。

UML 具有良好的面向对象性以及丰富的建模表达能力,可以用来对系统的静态结构和动态行为进行描述,并且 UML 中某些模型具有形式化特征,如活动图。也因此 UML 常常被用来对软件开发以及测试过程进行建模。UML 在功能测试方面非常适合。但是在许多系统中,如嵌入式软件系统,除了功能外,非功能属性也是其重要的质量属性。对此 UML 也有美中不足的地方,其在实时性和非功能属性方面表达能力不够。

为了提高 UML 对实时嵌入式系统建模分析能力,OMG 提出实时嵌入式系统建模和分析语言 MARTE,大大提高了嵌入式系统的描述能力。作为 UML 的扩展,MARTE 使用构造型、标记值和约束 3 种元素扩展了 UML 的建模能力,同时利用值描述语言(value specification language,VSL)来定性或定量地描述非功能属性。

1. 实时嵌入式系统建模分析 MARTE

由于 UML 定义良好、易于表达、功能强大且普适性好,在软件工程领域已经获得了广泛的应用,且具有很强的通用性和众多的支持工具。对 UML 进行扩展,可以应用于不同的领域。然而,这些扩展往往适用性差且缺乏标准化,所以其应用往往受到很大的限制。在嵌入式领域,除了系统本身功能外,其非功能属性也是系统重要的质量属性,UML 自身缺乏对这些非功能属性的标准化,所以将 UML 直接应用于嵌入式系统建模,扩展工作量大且质量难以保证。

系统建模语言(systems modeling language,SysML)已经被 OMG 采用,可以对复杂系统进行建模,包括软件、硬件、设备以及进程方面。虽然在嵌入式系统应用方面,SysML 与 UML 相比具有更强的建模能力,但是 SysML 依然无法支持对一些诸如硬实时、实时资源管理等关键特性的建模,极大地影响了 SysML 在嵌入式领域的应用。

OMG 以实时性和嵌入式领域为目标,提出了另一个标准,即用于可调度性、性能和时间的 UML 概要文件(SPT)。它能够提供一种注释机制来使用有限的标识对调度分析和性能分析建模。然而,实践表明,SPT 尚需较大的改进和巩固。通常来说,SPT 需要在以下几个方面进行改进:①对软、硬件的规格说明;②与 UML 2.0 的兼容;③平台模型、应用模型和分配模型的定义;④非功能属性的建模。

在这种背景下,OMG 提出了实时嵌入式系统建模分析 MARTE,目的是要增强 UML 在嵌入式领域的建模能力。

MARTE 主要包含三个部分,即基础模型包、设计模型包和分析模型包。其中,基础模型包提供了基本的模型,用来构建非功能属性、时间以及与时间相关的概念、分配机制和通用的资源。对基础模型的进一步改进,可以支持实时嵌入式系统的设计和分析。设计模型包阐述了基于模型的设计,它提供的构建模型不仅可以用来描述应用程序的实时嵌入式特性,同时也能用来描述嵌入式系统的软、硬件执行平台。分析模型包阐述了基于模型的分析。它为定量分析提供了通用的基本元素。这些基本元素可以进一步精化,支持调度分析和性能分析。

2. MARTE 和 AADL 的分析与比较

MARTE 和 AADL 是目前比较流行的两种实时嵌入式系统建模语言。现如今,嵌入式系统已广泛应用于生产生活中,且扮演着十分重要的角色,有必要在这里讨论一下 MARTE 与 AADL 各自的优劣,MARTE 和 AADL 的共同点主要体现在以下几个方面。

① 目标相同:都适用于实时嵌入式系统设计和分析。

② 工作相同:都能对嵌入式系统进行软、硬件设计以及分配定义、分析等。

③ 语义等价:MARTE 和 AADL 的概念可以建立等价的关系,两者概念的对应关系如图 6-4 所示。

MARTE结构	AADL结构
'HwProcessor', 'HwASIC', 'HwPLD', 'HwComputingResource', 'ComputingResource', 'ProcessingResource'	processor
'DeviceResource','HwActuator', 'HwArbiter', 'HwBridge', 'HwDevice','HwDMA', 'HwCLock', 'HwCoolingSupply', 'HwComponent', 'HwI_O', 'HwISA', 'HwMedia', 'HwMMU', 'HwPowerSupply', 'HwResource', 'HwSensor', 'HwStorageManager', 'HwSupport', 'HwTimer', 'HwTimingResource', 'HwWatchDog'	device
'HwBus'	bus
No stereotype, SysML::Block	system
'StorageResource', 'HwMemory','HwCache','HwRAM','HwROM', 'HwDrive'	memory
'MemoryPartition', 'RtUnit', 'DeviceBroker', 'MemoryBroker', 'SynchronizationResource', 'MutualExclusionResource', 'SwMutualExclusionResource', 'SwTimerResource'	process
'SwSchedulableResource', 'SchedulableResource', 'ConcurrencyResource'	thread
none	threadGroup
'Type', 'PpUnit', 'Alarm', 'InterruptResource', 'MessageComResource', 'SwCommunicationResource', 'NotificationResource', 'SharedDataComResource', UML2!DataType or UML2!Signal	data
An operation (class method) in a thread or a subProgram	subProgram

图 6-4 MARTE 和 AADL 的概念对应关系

虽然在嵌入式系统建模方面,MARTE 和 AADL 有着诸多的相似性,但是它们仍然保留各自的特点,这些特点的区别主要体现在以下 6 个方面。

1) 概念以及建模能力

(1) MARTE 继承了 UML 的基本概念,概念丰富,建模能力覆盖了从需求建模到代码生成各个阶段。

（2）AADL 的概念来自于数字模拟语言 DSL,概念少,只能对特定的抽象层进行建模。

2）语义的严格性

（1）与 UML 一样,MARTE 语义宽松,不利于代码的自动生成及仿真,适合对平台无关的模型进行建模。

（2）AADL 具有定义良好的、形式化的可执行语义特征。

3）适用性

（1）MARTE 是适用于通用的嵌入式系统应用建模和分析。

（2）AADL 是专用于同步数据流、事件流应用建模和分析。

4）模型表示

（1）与 UML 一样,MARTE 能提供多种视图从多个角度对嵌入式系统进行建模,使模型更加易于理解,多模型之间进行的一致性验证有助于发现系统设计的不足。

（2）AADL 能够使用文本、XML 和图形 3 种形式对嵌入式系统进行建模,然而这 3 种形式本质仍是一样的,是同一个模型同一个方面的不同表示形式。

5）非功能属性建模

（1）MARTE 集成了模型中所需的非功能属性,涵盖了调度(schedulability)、性能(performanc)、时间(time)等特性。

（2）AADL 则缺乏这种非功能属性的集成。

6）工具支持

（1）UML 有大量成熟的支持工具,MARTE 在 UML 的基础上进行嵌入式扩展,当然也具备这种特性。

（2）AADL 是比较新的技术,在国内的研究尚属起步阶段,国外也仅限于航空、军事等应用领域,尚未得到广泛应用,其支持工具尚不成熟。

虽然在嵌入式系统建模方面,MARTE 与 AADL 都保留各自的特点,但是两者并非是对立的,反而由于它们在嵌入式建模领域的诸多相似性,使得 MARTE 和 AADL 的融合研究成为了可能,目前国内外已有众多学者开展了与这方面相关的研究。如果将 MARTE 和 AADL 相结合,使用 MARTE 进行平台无关的系统建模,通过转换工具或者定义转换规则将 MARTE 模型转换为 AADL 模型,再利用 AADL 精确良好的可执行语义对嵌入式系统模型进行仿真以及形式化验证,能够有效地发现嵌入式系统开发早期设计的不足。

3. UML 测试建模语言 UML 2.0 Testing Profile

针对 UML 测试建模能力的不足,2001 年 6 月,OMG 提出 UML 2.0 Testing

Profile 测试建模标准,U2TP 为用 UML 进行建模的系统提供用于系统结构和行为方面测试的确切定义。它可以支持测试相关的设计、可视化、规格说明、分析、构造及文档化。

U2TP 提供了以下 4 个逻辑概念对软件测试进行支持。

① 测试体系结构(test architecture)。

② 测试行为(test behavior)。

③ 测试数据(test data)。

④ 测试时间(test time)。

其中,测试体系结构指定了 U2TP 的结构;测试行为指定了 U2TP 的行为;测试数据是代表了贯穿 U2TP 测试行为始终需要的数据;测试时间是对 U2TP 测试行为的量化。下面分别介绍这 4 个逻辑概念的定义。

测试体系结构定义了一组概念用来描述测试系统的静态组成结构,包括测试上下文(test context)、测试结果判决器(arbiter)、调度器(scheduler)、被测软件(SUT)、测试组件(test component)等。其中测试上下文用来管理整个测试,包括测试组件和测试用例以及测试配置等;测试结果判决器用于判断测试用例的执行是否通过;调度器用来以启动、终止测试用例及动态创建测试组件;SUT 是一个待测的系统或者系统的行为;测试组件是测试用例执行的场所,一个测试用例的行为通过 SUT、测试组件之间的交互来实现。

测试行为定义一组概念用来描述测试系统的行为,包括测试用例、测试目标、测试日志、测试结果类别。

其中,测试用例定义一个具体的测试行为,测试目标允许测试设计人员表达测试的目的,同时测试用例作为测试上下文的一个行为来管理;测试日志用以记录在测试用例执行过程中的实体以便进行更深入的分析。

测试结果类别共定义了 4 种:通过(pass,测试行为和预期结果一致)、失败(fail,测试行为和预期结果不一致)、错误(error,测试系统本身存在错误或者异常)和不可判定(inconclusive,无法判定测试行为和预期结果的一致性),可以通过判决器设置或者获取测试用例模型的 4 种测试结果类别(verdict)。

测试数据定义了一组概念用以描述测试数据,主要包括数据池(data pool)、数据分区(data partition)、数据选择器(data selector)和编码规则(coding rules)。数据池与测试上下文相关,包含数据分区与具体的数据值;数据分区用以定义一组划分测试数据的规则;数据选择器提供了不同的策略来选择和验证数据;编码规则允许用户定义测试数据的编码和解码规则。

测试时间控制主要定义了两个概念,即定时器(timers)和时区(time zone)。时区用来处理各个测试组件的协调与同步问题(尤其在分布式测试中),并规定每个测试组件属于至多一个时区,在同一个时区中的测试组件具有同样的时间特性,即同步。定时器用于操作和控制测试行为以保证测试用例的终止。U2TP 的概念如表 6-2 所列。

表 6-2 U2TP 概念及其内容

测试体系结构	测试行为	测试数据	测试时间
被测软件	测试目的	通配符	计时器
测试组件	测试用例	数据划分	时区
测试环境	默认	数据池	
测试配置	判决	数据选择器	
测试控制	确认		
判优器	测试日志		
实用程序的一部分	日志操作		

U2TP 是基于 UML 2.0 的测试建模语言,可以独立于 UML 使用,支持从单元测试到系统测试的各个级别的测试建模。U2TP 可以进一步扩展并应用到多个领域,如远程通信、IT、航空航天等。

与 MARTE 一样,U2TP 描述的测试模型也是平台无关的,使得 U2TP 适合于在模型驱动的嵌入式软件测试过程中,构建平台无关的测试模型 PIT,大大提高了测试模型的适应性。

4. 其他测试建模语言

1) 测试和测试控制表示(testing and test control notation,TTCN-3)

TTCN-3 是一种新的标准化测试语言,它是由 ETSI(european telecommunications standards institute)制定的。TTCN-3 现已被 ISO 接纳为国际标准(Z.140 系列),目的在于适应测试需求的不断变化,为新的软件架构,如 ODP、CORBA、TINA、DCE 等以及下一代网络协议提供新的测试概念、测试架构和功能强大的测试规范描述手段。TTCN-3 已在移动通信、无线局域网、宽带技术等领域有广泛的应用,国内也开展了与 TTCN-3 相关的科学研究和工具的开发,如中国科学技术大学。

TTCN-3 分为核心语言(core language)、表格表示格式(tabular presentation)、消息序列图(MSC)表示格式等多种使用形式。核心语言是其他形式的基础,是完整的、独立的,也是 TTCN 工具之间的标准交互格式,是其他格式的语义基础。

TTCN-3 核心语言主要包含四部分。

① 数据类型,提供基本的数据类型和可供用户自定义的通用数据类型。

② 测试数据,用于测试过程中的发送和接收。

③ 测试配置,提供测试成分的定义以及用于建立不同测试配置的通信端口。

④ 测试行为,提供了测试动态行为的定义。

使用 TTCN-3 构建测试模型具有以下特点。
① 是一种国际标准语言,模块化程度高,可重用结构和进行分布式开发。
② 可实现单用例多运行,也可以自由选择用例运行。
③ 配置文件和测试过程分离,测试脚本可移植性好。
④ 支持多种数据类型。

2) JUnit

目前,测试驱动开发已成为软件开发的一个主流思想。测试驱动开发的基本思想就是在开发功能代码之前,先编写测试代码,然后只编写使测试通过的功能代码,从而以测试来驱动整个开发过程的进行。这有助于编写简洁可用和高质量的代码,具有良好的灵活性和健壮性,能快速应对相应变化,并加速开发过程。

测试框架是测试驱动开发理论中的一个重要概念,JUnit 是 Java 语言的单元测试框架。它由 Kent Beck 和 Erich Gamma 建立,并逐渐成为源于 Kent Beck 的 sUnit 的 xUnit 家族中为最成功的一个。

JUnit 框架共包含有 6 个包,JUnit 测试框架中的几个包的关系如图 6-5 所示。

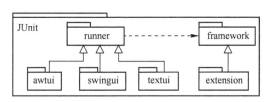

图 6-5　JUnit 包及其关系

在 JUnit 框架中有 7 个核心类,这 7 个类的名称和功能如表 6-3 所列。

表 6-3　JUnit 框架核心类

名称	描述
Assert	对预期值和实际值进行验证,当验证不成立时提示错误
TestResult	主要用来收集测试结果,包括所有的错误信息
Test	是一个接口,TestCase 和 TestSuit 实现了这个接口,运行后将结果传给 TestResult
TestListener	是一个接口,测试中的开始、结果、错误等事件都会通知 TestListener
TestCase	定义了运行测试的环境,测试一般从继承 TestCase 类开始
TestSuite	实现了运行多个 TestCase
BaseTestRunner	在 JUnit 框架中有 3 个 TestRunner 启动测试界面(包括文本控制、Swing、AWT),BaseTestRunner 是这 3 个类的父类

JUnit 易于使用和扩展,使单元测试变得非常容易。在 JUnit 基础上,有很多新的应用的单元测试框架产生,如 StrutsTest 专门用于测试 Struts 应用、

GroovyTestCase 测试 Groovy 程序。

JUnit 框架使得 Java 单元测试更加规范、有效,并且更有利于测试的集成,且目前多数 Java 开发工具都能直接提供 JUnit 单元测试的支持。

3) 可扩展标记语言(XML)

可扩展标记语言(extensible markup language,XML)是万维网联盟(W3C)创建的一组规范,用于在 Web 上组织、发布各种信息。

XML 是一种具有描述数据功能的元标记语言,适合作为知识、组件以及文件格式的表示方法。XML 允许定义数量不限的标记来描述文档中的资料,允许嵌套的信息结构。XML 主要具有可扩展性、灵活性和自描述性等重要特性。

基于 XML 的元数据交换 XMI 已成为 MDA 的一个子标准。XMI 的主要目的是实现分布式异构环境中的建模工具和元数据仓库之间能方便地进行数据交换。XML 的主要作用是能够利用 XML 来连接不同的分析模型和设计模型。

传统的软件测试方法中,测试程序的编写都是针对特定语言进行的,测试程序的开发工作非常繁琐,测试者面对不同的语言要编写不同的测试程序。但是,现在大多数语言的特性是相似的,如都有作用域、函数、循环等概念,而几乎所有的面向对象程序语言都有类、包或接口等类似的概念,而测试程序所做的仅是调用被测程序的功能模块,判定返回值是否与期望值一致。

可以对各种程序设计语言进行特征抽象,定义一个与特定语言无关的通用 XML 模式来描述测试用例的生成格式,并通过 XSLT 工具进行文本转换,生成适合特定平台的测试脚本。因此,将 XML 引入测试过程,描述平台无关的测试模型信息,将有效提高测试模型的适用性。

前面对目前比较常见的几种软件测试建模语言进行了详细的介绍。接下来对这几种建模语言进行比较。

(1) 测试类型的支持范围。

① U2TP 可支持从单元测试到系统测试等不同测试级别模型的构建。

② TTCN-3 特别适合于黑盒测试,一致性测试更是其专长。

③ JUnit 只能适合 Java 语言开发的程序的单元测试。

(2) 模型与平台的相关性。

因为 U2TP 没有与具体实现技术相关联,所以 U2TP 描述的测试模型是平台无关的,而诸如 JUnit 生成的测试脚本只能在特定的平台上运行,如 Eclipse 等。

(3) 模型的维护难易程度。

① U2TP 与 UML 模型相对应,由 U2TP 构造的测试模型比较容易适应 UML 描述的需求、设计的变化,模型维护相对容易。

② TTCN-3 没有同构的开发模型,一旦需求发生变化,测试模型需要重新构

建,测试模型维护相对困难。

③ JUnit 描述的测试模型只能适应特定平台的底层实现的变化。

(4) 模型的抽象程度。

① U2TP 建立的测试模型不能直接执行,需要进一步转换为更低抽象级别的测试模型。

② 由 TTCN-3 和 JUnit 构建的测试模型具有精确的可执行语义,可直接在其支持平台上执行测试。

虽然 U2TP 能充分发挥出平台无关建模的优势,然而,也正是由于它的优势,U2TP 描述的模型缺乏精确的可执行语义,所以不能直接利用 U2TP 模型进行测试,需要对模型做进一步转换。

6.2.2 测试模型

模型是指一个系统、实体、现象或者过程的物理、数学或者其他逻辑的表示形式,是用某种形式近似地描述或者模拟所研究的对象或者过程。客观性、有效性是对建模的首要要求。在模型中必须能表现出反映原型本质特性的一切信息,这样通过研究模型能够把握原型的主要特征。

在基于模型的测试中,建立测试模型是十分关键的环节,由于软件特征和测试目的不同,在基于模型的测试中,业界提出了很多模型。有的学者总结了基于模型的测试中的状态模型,有的学者依据模型的标记(notation)对模型进行了分类和解释说明,如表 6-4 所列。

表 6-4 模型分类

标记	模型
前/后(或基于状态)标记	B,OCL,JML
基于迁移的标识	FSM,状态图,I/O 自动化,Simulink 的状态流
基于历史的标记	消息序列图
功能符	代数模型
操作符	Petri 网
统计符	马尔可夫链
数据流符	Simulink 模型

在科学研究与实际工程中,常用的测试模型大致分为有限状态机模型、UML 模型、元建模语言模型、MARTE 模型与 AADL 模型几类。

(1) 有限状态机(finite state machine,FSM)又称有限状态自动机,简称状态机,是表示有限个状态以及在这些状态之间的转移和动作行为的数学模型。有限状态机可以描述对象在它的生命周期内所经历的状态序列,以及如何响应来自外界的各种事件。

一个 FSM 可以看成一个有向图,其中的节点是状态,而边则是迁移。起始节点和结束节点分别表示起始状态和结束状态。有限状态机的迁移上可增加信息以显示引起迁移的原因以及迁移的动作。下面是有限状态机的形式化定义。

定义:有限状态机是一个四元组(S,T,In,Out)

其中,S 是一个状态集合;T 是一个迁移集合;In 是一个能够引起迁移的原因集合;Out 是一个迁移造成的输出集合。

图 6-6 所示的状态机的其四元组如下:

$S = \{S_1, S_2, S_3, S_4, S_5\}$

$T = \{<S_1,S_2>, <S_1,S_3>, <S_2,S_3>, <S_2,S_4>, <S_3,S_5>, <S_4,S_5>\}$

$\text{In} = \{e_1, e_2, e_3, e_4\}$

$\text{Out} = \{a_1, a_2, a_3\}$

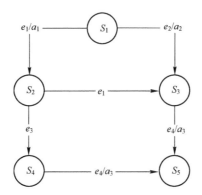

图 6-6 示例有限状态机

通常所说的有限状态机模型中包括有限状态机模型和扩展的有限状态机模型。扩展的有限状态机(extended finite state machine,EFSM)通过在 FSM 模型的基础上扩展变量、迁移触发的谓词条件和迁移被触发后的操作可对控制过程和数据进行描述,可以精确地描述软件系统的动态行为。由于有限状态机的精确性、可推导性和可验证性的特点,其得到了广泛的研究和应用。在实际工程中,有限状态机适合对控制系统、事件驱动系统,特别是协议进行建模和测试,扩展的有限状态机还可对控制过程和数据进行描述。有相当大的一部分研究在状态机建模、测试用例生成以及优化方面开展工作。

(2) UML(unified modeling language,统一建模语言)又称标准建模语言,是用来对软件密集系统进行可视化建模的一种语言。UML 的定义包括 UML 语义和 UML 表示法两个元素。得益于对象管理组织(OMG)的大力支持与推广,UML 技术在工业界与学术界得到了广泛的使用,基于 UML 模型的测试也成为基于模型测试的主要研究方向之一。

UML 是在开发阶段用于说明、可视化、构建和书写一个面向对象软件密集系统的开发方法。在针对大规模、复杂系统的建模方面,特别是在软件架构层次,UML 是行之有效的最佳实践。UML 是一种模型化语言,模型大多以图表的方式表现。一份典型的建模图表通常包含几个块或框、连接线和作为模型附加信息之用的文本。这些元素虽然简单,却非常重要,在 UML 规则中它们可以相互联系和扩展。

截至 UML 2.0,现在共有 13 种 UML 模型,其中 UML 1.5 定义了 9 种,UML 2.0 增加了 4 种,分别是用例图、类图、对象图、状态图、活动图、顺序图、协作图、构件图、部署图 9 种以及包图、时序图、组合结构图、交互概览图 4 种。

① 用例图:从用户角度描述系统功能。
② 类图:描述系统中类的静态结构。
③ 对象图:系统中的多个对象在某一时刻的状态。
④ 状态图:是描述状态到状态控制流,常用于动态特性建模。
⑤ 活动图:描述了业务实现用例的工作流程。
⑥ 顺序图:对象之间的动态合作关系,强调对象发送消息的顺序,同时显示对象之间的交互。
⑦ 协作图:描述对象之间的协助关系。
⑧ 构件图:一种特殊的 UML 图,用来描述系统的静态实现视图。
⑨ 部署图:定义系统中软、硬件的物理体系结构。
⑩ 包图:对构成系统的模型元素进行分组整理的图。
⑪ 时序图:表示生命线状态变化的图。
⑫ 组合结构图:表示类或者构建内部结构的图。
⑬ 交互概览图:用活动图来表示多个交互之间的控制关系的图。

从相关的工程经验与文献调研结果来看,状态图、类图、时序图与活动图使用频率较高。

(3) 元模型(meta model)定义了描述某一模型的规范,具体来说就是组成模型的元素和元素之间的关系。可以将元模型想象成为某种形式语言,模型是一篇用该语言描述的文章,其中元模型中的元素就是该语言的词汇,元素之间的关系就是该语言的语法。每个模型都有一种元模型来解释它,虽然这种元模型可能不是显而易见的。而模型与元模型也是相对的,元模型是元-元模型的模型,模型与元模型构成了一个无限循环,而越往上抽象层次越高。

元模型是相对于模型的概念,离开了模型,元模型就没有了意义。OMG 提出的典型元模型是 UML、SysML、SPEM 或 CWM。国际标准化组织(ISO)也发表了元模型的标准 ISO/IEC 24744。

元建模技术是建立用以刻画某种建模语言的元模型,并提供支持该建模语言的建模工具。元建模技术允许定义自己的元模型,元建模技术通过定义适合于特定领域的建模语言建立元模型,这使得元模型更具有通用性,可针对领域的个性化需求灵活地定制扩展。

元模型更具有通用性,可针对领域的个性化需求,灵活地定制扩展,还可解决工具项目化开发模式。目前,有较多的研究集中在采用元建模技术,定义并构建测试需求元模型,并且与被测系统模型共同生成测试用例。

（4）MARTE 模型。

实时嵌入式系统建模分析(modeling and analysis of real-time embedded system,MARTE)是 OMG 提出的一个标准,旨在对 UML 进行嵌入式扩展,弥补了 UML 在实时嵌入式领域建模表达能力的不足。

MARTE 主要包含了 3 个部分,包括基础模型包、设计模型包、分析模型包,如图 6-7 所示。

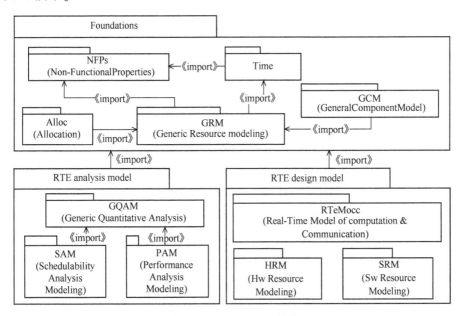

图 6-7 UML MARTE 结构

MARTE 在 UML 的基础上进行扩展,合理地继承了 UML 的语法和语义,支持对软件需求到代码实现各个阶段的建模,且模型是平台无关的,符合 MDA 在平台无关级模型建立的需要。MARTE 的出现,大大增加了 UML 在嵌入式领域的建模能力,且还具有以下优势。

① 提供了对非功能属性建模的支持。
② 为 UML 添加了丰富的时间和资源模型。
③ 为软、硬件平台建模定义了概念。
④ 为将应用关联到平台定义了概念。
⑤ 提供了定量分析的支持(如调度、性能)。

(5) AADL 模型。

体系结构分析与设计描述语言(architecture analysis and design language, AADL)是 2004 年美国汽车工程师协会 SAE(society of automotive engineers) 在 MetaH、UML 的基础上提出的,并发布为 SAE AS5506 标准,目的是提供一种标准而又足够精确的方式,设计与分析嵌入式实时系统的软、硬件体系结构及功能与非功能属性,采用单一模型多种分析方式,将系统设计、分析、验证、自动代码生成等关键环节融合于同一框架之下。

组件是 AADL 模型的基本组成部分,是 AADL 模型系统中的硬件或软件实体。组件有一个组件类型,定义功能接口。组件类型作为其他组件操作该组件的规约,由特征、流和属性关联来组成。

AADL 有 3 种类型的组件,关于 AADL 组件类型及内容可见表 6-5。

表 6-5　AADL 组件类型及内容

组件类型	内容
软件组件	数据、进程、线程、线程组、子程序等
执行平台组件	处理器、存储器、总线、外设等
合成组件	系统组件

AADL 通过组件、连接等概念描述系统的软、硬件体系结构;通过特征、属性描述系统功能与非功能性质;通过模式变换描述运行时体系结构演化;通过用户定义属性和附件支持可扩展;对于复杂系统,AADL 通过包(package)进行系统组织和建模。

AADL 提供了 3 种建模方式,可以描述上述过程的,即文本、XML 及图形。

AADL 具有语法简单、功能强大、可扩展的优点。在国外,AADL 已经广泛应用于航空航天、机械、电子等嵌入式领域的系统开发中;国内众多研究机构也对 AADL 开展了深入研究与扩展。

需要特别注意的是,在利用模型生成测试用例之前,进行测试约束的设计也是十分重要的环节。可以将测试约束设计理解为处理各参数之间的相互作用和约束关系,通过对测试约束关系的处理,可以在模型中添加更多测试信息,生成更加贴近测试需求的测试用例集,同时也缓解了状态爆炸问题,大部分研究工作中采用测试约束语言进行测试约束的设计。

6.2.3 建模小案例

本节以一个简单的车库门控制系统为例展示 MBT 建模技术,采用状态机对车库门控制系统建模,对待测系统进行描述,建立系统的状态机模型以支持下一步的测试工作。

案例来源于《基于模型的测试——一个软件工艺师的方法》一书,下面是车库门控制系统的需求规格说明。

车库门控制系统包括以下几个部件。

① 驱动电动机,为控制系统提供动力,可正反转。

② 带有传感器的车库门运行轨道,传感器能够感知车库门是开还是关状态,布置在车库门全开和全关的两个位置上。

③ 控制设备,发送控制信号,对系统进行控制。

④ 布置在地板附近的光束传感器,只有在车库门正在关的时候,光束传感器才会工作。

⑤ 车库门。

如果正在关门时,光束被打断(可能是有个宠物)或者门遇到了一个障碍,门会立即停止,然后反方向运行。当车库门处于运行状态时,要么正在开,要么正在关,控制设备一旦发出一个信号,门就会停止运行,当再次运行时,控制信号会根据门停下来时的运动方向继续启动门的运行。当车库门位于全开或全关时,车库门会停止运行。

建立待测系统的状态机模型通常分为以下几步。

① 识别系统状态。

② 识别引起状态转换的事件与动作。通过对车库门控制系统的需求说明的分析,识别系统的状态和引起状态转换的事件和动作如表 6-6 所列,其中事件是扩展有限状态机中的谓词条件,动作是迁移触发后的操作。

表 6-6 车库门控制系统的状态、事件与动作

输入事件	输出事件(动作)	状 态
发出控制信号	启动电动机向下	门开启
到达轨道下端	启动电动机向上	门关闭
到达轨道上端	停止运转电动机	门停止关闭

续表

输入事件	输出事件(动作)	状态
激光束受到阻碍	停止向下并反转电动机向上	门停止开启
		门正在关闭
		门正在开启

③ 确定各状态之间的转换。为了分析各状态之间的转换关系,可以借助状态转换表来确定各状态之间的复杂关系,如表 6-7 所列。假设分析出了系统中的 3 个状态(S_1、S_2 与 S_3),列出状态的正交表,逐一判断各状态之间是否能够转换。状态转换表可以帮助我们分析状态之间是否存在转换,做到不重不漏。同时,还能发现一些隐含需求或是错误信息,进而去完善模型或需求。

表 6-7 状态转换表

状 态	S_1	S_2	S_3
S_1	×	√	√
S_2	√	×	√
S_3	√	√	×

④ 确定引起状态转换的事件和动作。同样地,在分析状态转换之间的条件和动作时,可以借助状态/事件表来确定状态之间的复杂关系。这里列出状态与事件的正交表,逐一分析各事件是否能够引起状态的转换。这些表格可以帮助我们有效地分析系统复杂的关系,如表 6-8 所列。

表 6-8 状态事件转换表

事 件	状 态		
	S_1	S_2	S_3
e_1	S_2	S_2	S_1
e_2	S_3	—	S_1
e_3	—	S_3	S_2

最后,在确定了车库门控制系统的状态、事件、动作、状态之间的转换以及引起状态转换的事件和动作后,利用状态机对车库门控制系统建模,建立的模型如图 6-8 所示。

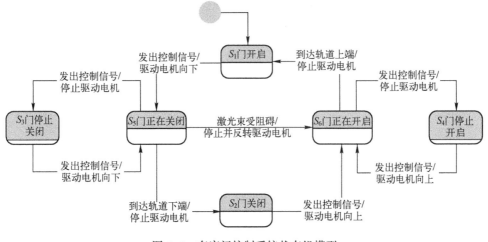

图 6-8 车库门控制系统状态机模型

6.3 模型检验技术

建立好待测系统的模型后,通常需要对模型进行验证才能开展下一步工作。在工程上,最直接的做法是对模型进行评审。虽然图形化模型在一定程度上有利于相关技术人员的理解和交流,但是,以评审的方式对模型进行验证仍然存在效率及有效性低的问题。

形式化验证技术作为一类基于严格数学理论的方法,可以有效地解决模型在验证方面的问题,其中最成功的一种技术是模型检验。模型检验通过定理和逻辑证明实现对有限状态系统的验证,它不仅能最大程度地减少人工的工作量、提高自动化程度,还可以有效节省测试消耗的资源、提高测试本身的准确性。

6.3.1 模型检验概述

模型检验是一种形式化验证技术,它首先通过对待检验的软件和性质进行形式化:对一个状态数有限的系统,用状态迁移系统(S)来建立表示系统行为的模型,用严格定义的时态逻辑公式(F)建立对系统性质的描述。通过这样的形式化,"系统是否满足所给定的性质"这个问题就被转化为可以用数学方法严格证明的问题"系统模型 S 是否满足系统性质公式 F?",记作公式 $S \vdash F$。系统状态的有穷性决定了这个问题可以被判定,即计算机可以在有穷时间内给出问题的解。模型检验问题的基本要素包括系统模型 S 和待检验性质对应的公式 F,使用一些算法可以检验是否有 $S \vdash F$,若是则算法返回结果"是";否则算法返回结果"否"并给出一条证明模型不满足性质的反例,如图6-9所示。相关人员可以根据反例分析出系统中存在的问题,从而对系统进行改进。

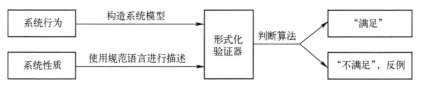

图6-9 模型检验基本过程

因此,模型检验主要分为下面3步。

(1) 建立模型。把需要检验的对象转化为模型检验程序可接受的形式化模型,如状态机。建模设计时通常需要按照检测目标、时空资源限制等条件,在模型转化时做一定的抽象,忽略掉不影响检验结果的部分。

(2) 性质规约。首先需要以某种方式获得系统应满足的性质,然后根据第(1)步建立的模型和模型检验程序的要求,将性质转化为特定形式的逻辑公式。通常采用时态逻辑来声明软件运行时的行为在时间上有怎样的规律。尽管模型检验可以证明一个模型是否满足给定的性质,却不能保证给定的若干条性质规约一定覆盖了软件需要满足的所有性质。

(3) 检验。将模型和规约输入到模型检验程序之后,检验的过程由算法完成,避免了人的行为引入错误,但是检验结果仍然需要人工分析。当模型不满足性质时,需要分析程序给出的反例路径以跟踪产生错误的源头。错误通常是由系统本身不正确或者模型、规约不正确造成,但也有可能是由于模型的规模超出了模型检验程序的限制,引发内存不足等异常情况,此时需要对模型做出调整或者改变模型检验的某些输入参数。

6.3.2 建立系统模型

软件通常都和外界有一定的信息交互。例如,在ATM取款机软件中,软件内的数据改变、状态迁移等过程都是由用户输入或远程服务器的响应等事件驱动的。而运行模型检验时程序不会与外界发生交互,因此建立系统模型时通常包括两个部分,一部分是对软件的建模,另一部分则是对外部环境建模,以此模拟输入输出数据,提供激励事件。

模型的获取可以分为3种方式,按自动化程度递增的顺序排列如下。

① 手动建立模型。
② 自动导出模型。
③ 以软件代码作为模型。

手动建立模型的工作需要先分析软件的逻辑,从中抽象出若干种状态和迁移关系并表示为模型自动机,此过程可以由某些算法自动实现,即为自动导出模型。然而模型检验的输入不一定是状态机,一些模型检验直接以 C 语言、Java 语言等常见语言的代码作为模型输入,或者以类似 C 语言风格的中间语言作为模型输入。在这种情况下,可以高效地进行模型检验,减少分析软件、建立模型所花费的时间,在软件发生更改时也可以将更改部分快速同步到模型中。

模型检验通常以状态机的形式建立模型,这种模型可以表示为(状态集合,初始状态,状态迁移集合,输出函数,输入集合,检验工具支持输出集合)构成的六元组,模型接受输入后从一个状态转移到另一个状态并产生输出的过程,称为迁移。状态机描述的模型可以描述软件系统和子系统的生命周期,也可以是面向对象软件中一个对象的生命周期。它清晰地表现了一个模型拥有哪些种状态,模型处于不同状态时外界事件的驱动会如何决定迁移的下一状态,以及迁移条件如何约束这些迁移,同时也表现了迁移过程会对模型内的不同变量产生何种影响。这种状态机模型通常对应于软件开发过程中创建的 UML 状态图,可以在两者间建立直接的映射关系。

模型检验要求的状态机和传统的状态机有一些区别。一方面,为了更好地反映软件的逻辑,引入了扩展有限状态机的概念,它与有限状态机的区别主要在于增加了前置条件,只有满足一条路径的前置条件时才能沿着这条路径进行迁移,迁移过程中会增加一些操作,如变量赋值语句;另一方面,传统状态机难以描述复杂的控制系统,因此需要引入层次状态机、并行状态机和信号。层次状态机中的状态节点可能是一个子状态机构成的复合节点,这个子状态机中的状态称为子状态,体现状态的 OR 分解,即对象处于复合节点时实际位于其子状态机中的一个子状态;并发状态机中局部或整体可能由多个并发的子状态机构成,每个子状态机都有一个独立的当前状态,整体的状态由这些子状态组合产生,体现了状态的 AND 分解;这些并发的状态机不是完全独立的,它们之间可以通过信号同步,如某个子状态机内迁移产生的输出事件作为信号被发出,另一个子状态机内收到该信号作为输入,引发新的迁移。没有子状态的状态称为基本状态,层次状态和并发状态合称为复合状态,此外还有用于保存子状态机中上次离开位置的历史状态等特殊状态。

6.3.3 性质规约

软件的行为在状态机模型中表示为状态间的迁移。对于整个软件来说,基于状态迁移的性质规约比传统上只考虑程序输入、输出的测试技术更有意义,因为软件系统的内部细节与状态迁移密切相关,而程序的输入、输出只能反映运行的开始和结束,另外很多软件如操作系统的设计目标是永久运行的,没有明确的有限计算序列,不适合用传统方法进行测试。时态逻辑采用原子命题、布尔运算符组成的逻辑公式描述期望的性质。通过时态运算符和传统布尔逻辑的组合,时态逻辑公式能够表达模型在时序上的性质。时态逻辑中的时间并不是普通概念中的时间,它的对象是一个无限长度的离散序列,序列的一个方向称为未来而另一个方向称为过去,序列中的每个位置称为某个时刻。时态逻辑对这个序列进行约束,如"在某时刻的下一时刻……""未来终将……""未来永远……"等,因此非常适用于模型中的状态迁移序列。这些时序运算符可以和布尔式、布尔运算符相结合,也可以自相嵌套。

时态逻辑主要有计算树逻辑 CTL(computation tree logic)和线性时态逻辑 LTL(linear temporal logic)。

(1)计算树以树形结构展开模型 M,它的根节点是 M 的一个状态。如图 6-10 以 S_5 为根展开状态机模型 M。CTL 对计算树性质的形式化表示中包含时序运算符和路径量词,如 All、Exist。计算树逻辑可以体现出状态的分枝情况,如图 6-10 所示。

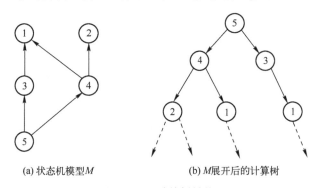

(a)状态机模型M　　　　(b)M展开后的计算树

图 6-10　计算树转换

(2) LTL 公式是一种线性时态逻辑,它可以确保在系统的所有时刻,判断性质规约的证明结论都成立。LTL 的逻辑运算符包括与、或、非、逻辑对(⟵⟶)和逻辑包含等。LTL 的时态运算符包括 G(globally,始终)、U(until,直到)、F(future,终将)、X(next-time,下一时刻)。在判断系统的状态迁移模型是否符合 LTL 表示的性质时通过可满足性证明,即判断从初始状态出发是否能产生一条违背 LTL 公式的路径。如果任意路径均满足某条 LTL 公式,则不存在满足对该公式取反的路径。LTL 公式的不足之处是无法使用存在量词,如果性质规约既使用了全称量词也使用了存在量词,通常无法使用 LTL 公式进行检验。

CTL 和 LTL 都具有准确描述时序性质的能力,但是两者之间存在一些差异。LTL 可以按照人为规定的优先级选择一部分路径做分析。LTL 在任意时刻仅有一个后继状态,而 CTL 每个状态的后继状态数可能不止一个。对于某些复杂的性质,如系统的状态迁移,始终有可能回到初始状态,那么 CTL 可以表达这种性质而 LTL 不能表达。LTL 对时间的定义与路径相关,CTL 对时间的定义与 LTL 不同,它与状态相关。CTL 对行为的断言是通过从某个状态分解出路径来实现。CTL 和 LTL 都有路径量词 A,两者使用 A 的描述内容可以完全相同,但是只有 CTL 可以使用路径

量词 E,因此对于同时包含全称和存在量词的性质,通常只能用 CTL 检验。

6.3.4 模型检验算法与实现

目前,主流的模型检验算法主要有两种。第一种是基于 on-the-fly 方法的逻辑重写算法。算法把时态逻辑公式分为当前状态需满足的部分 f_1 和后继状态需满足的部分 f_2。运行检验时,若当前状态满足 f_1 则继续运行,判断 f_2 是否满足下一个状态,重复该过程直到 f_2 进入必然为真的状态。第二种,基于状态机的模型检验算法,分别根据系统模型构造系统模型状态机和根据待检验性质构造性质状态机,首先通过同步积算法得到这两个状态机的交集,即计算两个状态机的同步积,然后通过判空算法判断同步积的可接受语言集合是否为空。如果为空,则说明模型满足待检验性质,如果不为空,则说明模型不满足待检验属性且存在反例。

同步积算法的输入是模型状态机和性质自动机,其中模型状态机在建模阶段已经完成,性质自动机则需要通过 LTL 语句转化得到。LTL 语句本质上相当于一个集合,该集合中的每个元素都代表状态机的一连串迁移组成的一条路径,且该路径上各变量符合 LTL 语句对应的规约。因此,可以构造一个特殊的自动机,它的所有可接受路径恰好与上述的集合一致,称为 Büchi 自动机(即性质自动机)。将 LTL 语句转化为 Büchi 自动机的算法已有成熟的实现,本小节借助相关的工具来直接进行转换。

如果模型满足性质,则模型自动机 S 的行为不超出性质自动机 P 行为的范围。也就是说,性质自动机的行为集合完全包含了模型自动机的行为集合,形式化表示为 $L(S) \subseteq L(P)$。对 P 取反记为 $\neg P$,表示该自动机的行为集合等价于 $L^z(P)$ 所有违背性质 P 的行为集合,那么 $L(S) \subseteq L(P)$ 等价于 $L(S) \cap L(\neg P) = \phi L(S) \cap L^z(P) = \phi$。通过生成 S 和 $\neg P$ 的同步积,可以得到一个行为集合是 $L(S) \cap L(\neg P)$ 的自动机。

若在 Python 中实现这一过程,设计两类数据结构,包括 FSM 和 AccFSM,分别表示普通状态机和带有可接受节点的状态机。普通状态机中有节点集合 states,每个节点对应一个状态以及迁移集合 trans,每个迁移由起始节点和终止节点组成。模型作为普通状态机,以一个 FSM 对象的方式输入到程序中。带有可接受节点的状态机在继承普通状态机的属性上增加了可接受节点集合 accStates,这个集合是 states 的子集。性质自动机除了具有普通状态机的元素之外,还需要标记一些特殊的可接受状态,因此作为 AccFSM 对象输入到程序中。下面的 getSynProduct() 函数输入一个 FSM 对象和一个 AccFSM 对象,返回的同步积也是 AccFSM 类:

```
def getSynProduct(model, Büchi):

    #model 和 Büchi 的 states 集合的笛卡儿积
    newStates=[(m,b) for b in Büchi.states for m in model.states]
```

```
#判断同步积中一个迁移是否符合对应Büchi自动机迁移的条件
def isTransValid(transM,transB):
    func = transB[2]
    if func == 1:
        return True
    return func(transM[1])
    #transM 是<起点,终点>,model.states[transM[1]]是终点的状态

#model 和 Büchi 的 trans 集合的笛卡儿积
newTrans = [[(m[0],b[0]),(m[1],b[1])]
            for b in Büchi.trans
            for m in model.trans
            if isTransValid(m,b)]
newAccStates = [(m,b) for b in Büchi.accStates for m in model.states]

#实际上有很多节点和迁移不可能到达,可以设计算法删除掉

synProduct = AccFSM(newStates, newAccStates, newTrans)

return synProduct
```

接下来,自动机同步积的判空问题可以通过图论知识加以解决。算法从初始状态开始搜索,看是否能从图中获得一条环路,该环路包含至少一个可接受节点。图论中的 Tarjan 算法可以检查有向图是否包含强连通分支,强连通分支中必然存在环路。对同步积状态机使用 Tarjan 算法,如果存在强连通分支,说明模型不满足性质,且从初始状态进入环路的路径和环路本身组成一条反例路径;如果不存在这样的环路,表明模型满足性质。该算法的实现如下:

```
def checkEmpty(self):# checkEmpty 是 AccFSM 类的成员函数
    s1 = [self.states[0]]#作为栈使用,初始化为同步积状态机的初始状态
    s2 = []#作为栈使用,初始化为空
    m1 = dict().fromkeys(self.states, 0)#构建两个从状态到数值的映射,用
    来记录两层循环中某个状态是否被访问
    m2 = dict().fromkeys(self.states, 0)
    while(s1 != []):#第一层深度优先搜索
        x = s1[-1]
```

```
succX = self.succ(x)#获得节点 x 的所有后继节点
found = 0
for state in succX:#遍历其后继节点
    if m1[state] == 0:#如果未被访问过
        found = 1
        m1[state] = 1
        s1.append(state)#将该后继节点加到栈 s1 中
        break
#当没有未被访问过的后继节点时,进入下面的流程
if found == 0:
    s1.pop()#从 s1 弹出一个节点
    if x in self.accStates:#如果 x 是可接受节点
        s2.append(x)
        while(s2 != []):#进入第二层循环,判断是否存在环路
            v = s2[-1]
            if x in self.succ(v):
                return [s1,s2]#找到一个后继节点已被第二层访问,说明形成了环路,返回两个栈,因为栈中记录了当前路径
            all = 1
            for w in self.succ(v):
                if m2[w] != 1:
                    all = 0
                    m2[w] = 1
                    s2.append(w)#将第二层访问到的节点压入栈中
                    break
            if all == 1:
                s2.pop()
return None#没有找到环路,返回 None
```

6.3.5 模型检验工具

目前,市面上可以找到的模型检验工具多达数十种,它们的诞生见证了模型检验技术的发展,这些工具的特点也体现出不同时期、不同方向的模型检验技术在理论和应用层面的差别。按照模型语言的区别,可以将工具分为以下两类。

1. 面向形式化规格语言的模型检验工具

（1）SMV（symbolic model verifier，符号模型检验工具），其模型检验的基本方法是通过计算不动点，检验状态的可达性和是否满足 CTL 公式。SMV 模型的基本单位是模块，模块之间既能建立同步关系，也能以异步的方式并发执行。

（2）NuSmv（new symbolic model verifier，新符号模型检验工具）。它整合了以 SAT 为基础的有界模型检验技术。它是对 SMV 重构的一个模型检验工具，同时支持 CTL 语句和 LTL 语句。

（3）STeP（stanford temporal prover，斯坦福时间验证器）。用模型检验器处理子系统的验证问题，用定理证明器将结果汇总处理。STeP 不限于有限状态系统，用推论方式联合模型检验技术，可以应用于更广泛的系统，包括无限数据域的程序。

（4）CWB（concurrency workbench）适用于并发系统操作与分析的自动化工具。它可以检测出模型的等价性。它的模型表达语言是 CCS 和 LOTOS，能分析给定程序的状态空间及检测多种语义的等价性和序列性。它可以判定模型是否满足 μ-演算方式表达的性质规约。

2. 面向源程序语言的模型检验工具

（1）SPIN（simple promela interpreter，显式模型检验工具）。它使用 PROMELA（process meta language）来描述模型，这种语言与 C 语言有相似之处，但是基于异步组合的进程结构。SPIN 除了能检测模型是否满足 LTL 公式外，还可以对某些安全性质和断言进行检测。基本方法是以自动机表示各进程和 LTL 公式，以某种判定自动机是否存在可接受语言的方式判断模型是否符合性质。

（2）BLAST（berkeley lazy abstraction software verification tool，C 程序的时序安全属性自动验证工具）。它采用懒惰抽象技术降低求解复杂度，它在检验过程中利用了反例的性质来优化检验性能。

（3）SLAM C 程序模型检验工具。它从 C 语言的软件源代码提取出只含有 bool 型变量的进程模型，然后对这个抽象后的模型检验。它建立在 3 个工具上：C2bp，用于提取代码；**Newton**，用于精简模型；Bebop，用于检验模型。

也可以通过其他方式对模型检验工具分类，可以分为结合模型检验与定理证明的工具、符号模型检验的工具和定界模型检验（bounded model checking）的工具。其中符号模型检验工具使用有序二叉图 OBDD（ordered binary decision diagrams）描述状态迁移图，用布尔逻辑公式描述系统属性；定界模型检验技术依赖于布尔可满足性问题（Boolean satisfiability problem, SAT），在限定步数 k 内，确定系统是否满足性质，若不能确定，则增加 k 值重新进行验证。

按照基础理论分类模型检验工具，还可以分为基于自动机理论的工具和基于不动点定理的工具。如果按照检验对象类型划分,模型检验工具可以分为针对实时系统、针对并发系统和针对混合系统的工具。

6.4 覆盖准则

6.4.1 基于模型的测试覆盖准则

测试充分性准则也可称为覆盖准则或测试准则,J. B. Goodenough 和 S. L. Gerhart 在关于测试理论的文献中定义了充分性准则(test adequacy criteria):指导测试工程师开发设计有效的且能够增强软件系统可靠性和功能正确性的测试用例的规则集,称为测试充分性准则。

在基于模型的测试中,覆盖准则是十分重要的元素。其一方面反映了测试需求;另一方面也为测试人员提供测试充分性的衡量标准。

需要注意的是,覆盖准则的划分与比较需要在同一体系下才有意义,按照不同的划分体系可以得到不同的覆盖准则。可以按照控制流中的转换给出一套覆盖准则,并能分析出各覆盖准则的强弱关系。也可以按照控制流和数据流两大类对覆盖准则进行分类。有的学者将覆盖准则分成了结构模型覆盖准则、数据覆盖准则、基于故障的覆盖准则、基于需求的覆盖准则和统计覆盖准则这五大类。

在这里,针对 MBT 中使用的测试模型,介绍几类覆盖准则,即有限状态机的覆盖准则、UML 模型的覆盖准则、元模型覆盖准则。

(1) 有限状态机的覆盖准则主要有全状态覆盖(all-states)、全迁移覆盖(all-transitions)、全迁移对覆盖(all-transition-pairs)、全无循环路径覆盖(all-loop-free-paths)、全一次循环路径覆盖(all-one-loop-paths)、全往返路径覆盖(all-round-trips)、全路径覆盖(all-paths)。各覆盖准则之间的强弱关系如图 6-11 所示。对覆盖准则强弱关系的理解,可以举一个例子来说明,当满足覆盖准则 1 时,其必定满

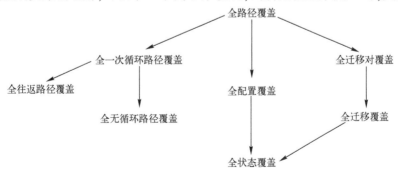

图 6-11 有限状态机覆盖准则强弱关系

足覆盖准则2,这时可以说覆盖准则1强于覆盖准则2,在有限状态机的覆盖准则中,全路径覆盖是最强的覆盖准则,全状态覆盖是最弱的覆盖准则。在有限状态机的各覆盖准则中,全迁移覆盖、全路径覆盖与全状态覆盖是使用最多的覆盖准则。

(2) UML模型的覆盖准则分为节点覆盖、转换覆盖、全谓词覆盖、转换对覆盖和完整序列覆盖。针对不同的UML模型,所划分的覆盖准则类别对应着具体的建模元素覆盖。例如,在UML状态图中,节点覆盖即状态覆盖、全谓词覆盖(即条件覆盖)、完整序列覆盖(即路径覆盖),在UML时序图中,有节点覆盖(即对象覆盖)、转换覆盖(即控制焦点覆盖)、全谓词覆盖(即消息覆盖)、完整序列覆盖(即生命线覆盖)。在UML模型的各覆盖准则中,转换覆盖、完整序列覆盖以及节点覆盖是使用最多的三类覆盖。

(3) 元模型中使用的覆盖准则,同其他模型一样,大都是从覆盖建模元素的角度出发,其中使用最多的是将元模型转换为图后的全路径覆盖。由于元模型的领域特殊性,也可以定义元模型特有的覆盖准则,如有的学者针对设计的特定元模型,提出了元类、元关联和属性覆盖准则。

在基于各种模型的测试中,除了上述常用的从模型元素角度考虑的覆盖准则外。从逻辑和数据角度考虑的逻辑覆盖准则和数据覆盖准则在各模型中也常被使用,也有一些学者从不同的角度出发,定义和设计了新的覆盖准则。如从测试成本和测试效率平衡的角度出发,设计了FSM的最小测试成本迁移覆盖准则。同时,变异测试也逐渐成为被业内认可的覆盖准则之一。

6.4.2 覆盖准则评估

目前,对基于模型的测试覆盖准则研究主要集中在各覆盖准则之间关系的探讨以及基于各覆盖准则的测试充分性分析评估方面。

常见的基于模型测试覆盖准则有典型的状态机覆盖准则、UML控制流覆盖准则等。其中,典型的状态机模型覆盖准则是针对模型的特征定义的,用于评估测试用例集对模型的覆盖充分程度的一组规则,模型覆盖准则应用于特定的测试模型,可以得到该模型的一组关于模型元素(状态、转移、事件等)或是模型元素组合的测试结果。

对于传统的基于代码结构与功能覆盖的测试覆盖准则的评估,业界已有较为成熟的研究,这些研究大都通过公理系统,比较基于程序代码结构的软件测试覆盖准则,衡量了各测试覆盖准则之间的优劣。但是,目前并没有对基于模型测试各覆盖准则之间关系的深入研究。

测试充分性评估是对软件测试充分程度的一种度量,通常用测试覆盖率来定量表示。根据软件测试的分类,测试充分性评估可以分为基于代码的测试充分性评估和基于功能的测试充分性评估。目前,对软件测试充分性分析评估研究主要集中在评估对象与评估方法上,如相关学者提出通过不同层级的充分性分析以得到系统的综合测试充分性,但是,相关结果都是从不同角度局部地评估测试的充分性。

2007年第7届软件质量国际会议上,Mayer等提到了第一个国际软件测试评价组织(first international workshop on software test evaluation committees,STEV2007)成立的相关消息,并指出软件测试评估一直受到忽视。测试覆盖准则是定量度量和控制软件测试过程的重要手段之一,在基于模型的测试中,依据覆盖准则进行测试目前仍存在的问题如下。

(1)基于覆盖准则的度量方法主要是对各种覆盖率分别进行统计,度量软件测试充分程度,以满足相应的测试覆盖准则为目标。但是目前的度量方法缺乏反馈,如果能够综合利用多种测试覆盖率的动态变化特征,对各种测试方法和测试用例本身的测试效果及测试薄弱点进行动态跟踪和定量评价,这会使得度量结果有实质性反馈。

(2)目前提出了语句覆盖、分支覆盖、条件覆盖等10余种测试覆盖度量指标,测试覆盖率不同,反映软件测试程度的角度也不同,各有优、缺点。但在工程应用中,由于测试时间和成本的约束,常常依据少数几个测试覆盖准则,分别统计相应的几种测试覆盖率,并独立地评价软件测试的充分程度。如何充分利用所有能够统计的覆盖率数据及其特点,给出软件测试充分性的综合度量方法是一个值得考虑的问题。

6.5 基于模型的测试用例生成

测试用例作为软件测试的核心产品,测试用例集的质量将直接影响到软件测试的最终效果,如何生成高质量的测试用例集一直是有关学者想要解决的问题。基于模型的测试用例生成框架如图6-12所示,首先对软件测试过程中的实体如测试需求进行建模,在这一过程中需要考虑测试约束信息,进行测试约束的设计,建立测试模型。针对不同的测试模型提出覆盖准则,由覆盖准则再生成测试用例,这些工作包含3个环节:①生成逻辑测试用例;②可执行分析;③生成测试数据。通过采用不同的方法与相应的算法实现这3个环节,生成满足覆盖要求的测试用例集。其中,测试数据是指逻辑测试用例中包含变量的确定值,能够作为输入执行程序进行测试。

本小节将介绍基于模型的测试用例生成技术,讨论基于模型的逻辑测试用例生成方法、测试用例的可执行分析方法以及测试数据生成方法,分析在基于模型的

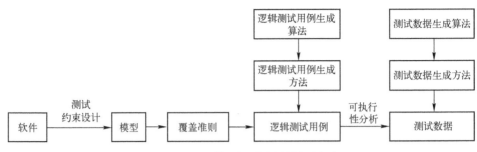

图 6-12 基于模型的测试用例生成框架

测试用例生成中使用的算法、各算法的表现以及算法的优化方法。

需要说明的是,严格来说测试用例是由测试数据、约束条件与预期输出三部分组成的。本小节中,侧重点在于对测试用例生成中约束条件的考虑以及逻辑测试用例与测试数据的生成,没有深入地对预期输出生成进行讨论,因此,本小节中的测试用例生成均指的是考虑了测试数据与约束条件的部分。

6.5.1 基于模型的逻辑测试用例生成方法

如前文所说,将基于模型的测试用例生成划分为逻辑测试用例生成、可执行分析以及测试数据生成 3 个环节。逻辑测试用例生成作为第一个环节十分重要,直接影响着测试用例生成的质量。

在相关研究工作中,由于划分依据的不同,基于模型的逻辑测试用例生成方法的分类也不尽相同。有的学者将逻辑测试用例生成方法分为随机、面向路径、面向目标 3 种。其中,面向路径是根据软件的控制流识别出一组路径,再基于这些路径生成合适的逻辑测试用例。面向目标则是通过选择目标如语句、分支,而不考虑所采取的路径。有的学者按照生成技术的不同,将逻辑测试用例生成方法分为随机法、区间算术法、符号执行法、Korel 法和智能算法。

按照测试用例生成的实现策略将逻辑测试用例生成方法大致分为五类,即随机法、范畴划分法、图论算法、启发式搜索与模型检验。下面分别介绍这几种方法。

(1) 随机法,顾名思义就是在测试用例集合空间中随机地产生测试用例,直到满足覆盖准则。随机法十分简单,易于实现,但是逻辑测试用例中存在大量的冗余,还可能会存在环路,随机法揭错能力弱,生成的测试用例效率低。目前,随机法多作为对比算法用于算法实验中。

(2) 范畴划分法是一种基于规格说明的测试方法,它根据输入输出的分析来产生逻辑测试用例集。测试根据输入域确定范畴,再将范畴划分为多个选择,选择的组合对应着逻辑测试用例的输入。该方法通过确定 SUT 结构中的行为等价类生成逻辑测试用例。

（3）还可以将测试模型转换为图或者树,通过图论算法搜索或遍历这些"中间模型",生成逻辑测试用例。该方法的好处在于可以使用相关的、较为成熟的图论算法,同时,在将测试模型转换为"中间模型"的过程中,可以添加相关的测试信息,生成更好的逻辑测试用例。但是这样生成的逻辑测试用例中,也存在较多的冗余与不可执行用例,如果图过于复杂,还可能会出现"状态爆炸"的情况。

（4）如果解空间过大,希望减小搜索范围,生成相对较少的逻辑测试用例满足覆盖准则,这时可以使用启发式搜索法生成逻辑测试用例。启发式搜索算法搜索解空间中每个位置,评估后得到最好的位置,再从这个位置进行搜索,直到达到目标为止。

相比于其他方法,基于启发式搜索的测试用例生成方法是表现最好的方法之一。其主要优势表现在以下方面。

① 当解空间过大时,不可能通过遍历或搜索解空间中所有满足覆盖准则的测试用例集,希望在满足覆盖准则的同时生成尽可能少的测试用例。相关研究证明,该问题与集合覆盖问题等价,是一个 NP 完全问题。对于 NP 完全问题,目前业界提供的解决方案大都是基于启发式搜索算法。这也是在很多研究中使用基于启发式搜索的测试用例生成方法最主要的原因。

② 在使用一些图论算法时,往往对图和树需要一些前提假设,有些假设与实际情况是不相符的,这造成了测试的有效性下降。同时,一些图论算法生成的测试用例集中有大量的冗余或无效的测试用例,启发式搜索在每个搜索位置进行评估,减少了冗余与无效测试用例的生成。

③ 基于启发式搜索的测试用例生成方法在测试的效率和有效性上更显优势,拥有强大的搜索能力,能够对更加复杂的系统进行测试。

④ 利用启发式搜索算法生成逻辑测试用例其实可以看作基于搜索的软件测试领域中一个环节。目前,基于搜索的软件测试是一个十分活跃的研究分支领域,它将传统软件测试过程中的活动表述为优化问题通过各种搜索算法来改变活动的解决方案。

（5）模型检验是一种形式化验证技术,首先对模型需求和属性规约进行形式化表述,然后利用检验工具或算法验证两者之间的一致性。在基于模型的测试中,模型检验也可以用于生成逻辑测试用例。此类方法将模型检验作为覆盖准则,通过检验模型与规约之间的一致性,生成逻辑测试用例。

6.5.2 测试用例的可执行分析方法

由于测试模型间存在变量和谓词条件,当模型中的变量数据存在冲突时,逻辑测试用例中的谓词条件就可能存在矛盾,这会造成测试用例的不可执行。在依据逻辑测试用例生成测试数据之前,通常需要对逻辑测试用例进行可执行分析,避免生成一些不可执行的测试用例,造成资源浪费。

基于模型的测试用例可执行性分析方法可以简单地分为两类,即直接法和间接法。

(1) 直接法是指通过分析变量数据和前置条件,利用符号执行技术直接判断测试用例的可执行性。该方法直接考虑到变量以及前置条件对逻辑测试用例产生的影响,并利用可执行性分析产生测试用例,但此类方法通常需要对模型进行简化,忽略或简化外部变量,且能够处理的变量类型也有限。

(2) 间接法通过构造或搜索可执行路径来避开正向的分析推导,通常利用构造可执行路径或利用搜索、启发式搜索产生可执行的逻辑测试用例。

传统的基于可执行分析树的逻辑测试用例生成方法就是一种间接法。它通过构造可执行分析树,利用搜索算法对树进行遍历生成可执行测试用例。在利用该方法进行搜索生成可执行测试用例时,通常会使用一些策略,对模型中的一些初始变量进行转换,通过转换可以某种程度地消除一些冲突,之后再构造一个有向图,利用图论算法对其进行遍历,生成一个转换的可执行分析树,再由生成的可执行树转换为可执行的逻辑测试用例。

利用启发式搜索算法进行测试用例可执行分析一般需要将模型转换为中间模型,中间模型在形式上更利于可执行分析,通过进一步量化中间模型中的反馈信息,结合启发式搜索,引导可执行测试用例的生成。

6.5.3 基于模型的测试数据生成方法

除了有少部分学者尝试通过在模型中定义测试输入与测试输出直接生成测试数据以外,在绝大部分研究与实践中,基于模型的测试用例生成过程都包含逻辑测试用例生成与逻辑测试用例中包含的变量确定值生成,即测试数据生成。在 6.5.2 节的内容中,已经讨论了逻辑测试用例的生成,在这里将探讨测试输入数据的生成方法。

按照测试数据生成的实现策略,常见的测试数据生成方法可以分为五类,即手工法、范畴划分法、图论算法、启发式搜索与符号执行。

(1) 手工法是测试人员依据测试约束条件与逻辑测试用例,手工识别和选取测试数据的方法。通过分析测试约束条件,确定逻辑测试用例中包含的变量值。该方法十分繁琐,极大地增加了测试的花销。但由于研究侧重点不同,仍有许多研究工作采用了手工法生成测试数据。

(2) 范畴划分法是一种基于规格说明的测试方法,它依据输入输出的分析来产生测试数据集。根据输入域特征确定范畴,再将范畴划分为多个选择,可以将选择理解为输入等价类,通过确定选择的值组合生成对应的测试数据。

范畴划分法分析模型,获取研究的交互行为定义、输入参数的定义、其他影响消息执行的变量定义、系统环境条件的定义等,继而获取这些系统环境条件、输入参数、方法行为的可能选择,然后结合这些选择,利用范畴划分方法能够确定模型测试用例的测试输入值和预期输出值。

(3) 测试数据生成还可以采取的一种做法是,依据逻辑测试用例与约束条件构造图或树,利用图论算法遍历模型生成测试数据。可以利用测试用例表和树的标记交叉点生成测试数据,每个交集代表一个适用的条件,评估为真或假,为测试用例提供测试条件,也可以利用分段梯度寻优生成测试数据。

(4) 启发式搜索生成测试数据过程可以描述为是在选定一条逻辑测试用例后之后,从输入域随机地选取测试用例初始值,经模型多次循环探测执行,启发式地确定测试数据。

虽然基于启发式搜索算法的测试用例生成方法相比于其他方法具有更好的表现,且已有大量的相关研究,但是,目前基于启发式搜索算法的模型测试用例生成的质量与效率仍有待提高,具体表现在以下方面。

① 变量之间的约束带来的问题。大部分的模型中存在变量,变量之间存在着相互作用与约束关系,在利用模型生成测试用例之前,如果没有很好地进行测试约束的设计,可能会丢失一些测试信息,这导致生成的测试用例不符合测试需求,存在大量冗余,测试用例质量低,同时也加剧了状态爆炸的问题。

② 启发式搜索算法策略的局限带来的问题。在众多的启发式搜索算法中,由于算法策略不同,各算法的优势和局限也不尽相同。在使用启发式搜索算法生成测试用例时,因为算法的局限性,也会带来问题。例如,爬山法因为它的内在本质,使其无法跳出局部最优解,因此,一旦它搜索到局部最优解就会终止搜索;遗传算法在早期迭代阶段,通过交叉算子,测试用例种群的质量改善速度会比较快,但是,随着测试用例群体多样性的逐渐降低,测试用例种群进化出最优解的速度就会下降;粒子群算法存在"早熟"的问题,当该搜索范围不含最优解时,算法将受困于局部最优。

③ 适应度函数设计带来的问题。适应度函数是启发式搜索算法中的核心元素之一。适应度函数设计反映了测试需求与对测试质量的要求。只有正确地评价测试用例,启发式搜索算法才可以有效地进行寻优。

目前,相关研究中设计了许多符合各自测试目标的适应度函数,如何准确、全面地设计与优化适应度函数一直是相关研究的重点。

④ 操作算子设计带来的问题。操作算子是启发式搜索算法扩展搜索方向与节点的规则。在启发式搜索算法中,存在一些基本的操作算子。这些操作算子有

时并不能很好地指导算法进行搜索,存在效率低、扰乱测试反馈信息等问题,如在粒子群算法中,均匀交叉算子虽然提高了覆盖率,但在搜索过程中较大地扰乱了测试反馈信息,使得其进化代数增加,降低了测试用例生成效率。

读者可以从上述四点出发考虑,改进基于启发式搜索算法的测试用例生成。

(5)符号执行方式是根据覆盖准则抽取出逻辑路径,并对每条逻辑路径进行符号运算,产生该路径的由所有分支条件构成的谓词方程组,所有满足该方程组的输入数据(测试数据)都能驱动该路径的执行。但由于解谓词方程组的复杂性(在理论上是一个不可解问题)以及存在数组下标、循环次数、递归过程的执行次数在静态时无法确定等问题,符号执行方式很难应用于实际工程中。

6.5.4 基于模型的测试用例生成算法

在基于模型的测试用例生成过程中,有很多不同的优化技术和搜索技术。在基于模型的逻辑测试用例、可执行性分析与测试数据生成方法中,使用的相关算法主要包括随机算法、图论算法、梯度下降法、爬山算法、遗传算法、粒子群算法、蚁群算法、模拟退火算法等。

图论算法与梯度下降算法在许多不考虑状态爆炸与优化测试用例生成的情况下使用较多。启发式搜索算法中,爬山算法、遗传算法、粒子群算法三类算法使用较多。随机算法常用作对比算法应用于实验中。

在研究工作与实验中,有许多用于评价或是比较算法的指标,通过这些指标可以较为客观地评估算法的性能与测试效果的好坏。评价指标主要有测试覆盖率、算法复杂度、缺陷检出率、迭代次数、测试用例设计时间与执行时间、测试用例数量、测试完成度与测试用例数的比值、首次失效发现平均测试用例数、冗余测试用例数目、全覆盖成功率。可以将评价指标大致分为四类,即算法性能类、测试充分性类、测试有效性类与测试效益类,如表6-9所列。

表6-9 算法评价指标

类 别	评 价 指 标
算法性能类	算法复杂度、迭代次数、测试用例数量、首次失效发现平均测试用例数、冗余测试用例数目
测试充分性类	测试覆盖率、全覆盖成功率
测试有效性类	缺陷检出率
测试效益类	测试用例设计时间与执行时间、测试完成度与测试用例数的比值

下面以评价指标为依据,总结各算法在研究与实验中的表现。

(1)随机算法是依据测试需求在输入域上随机生成测试用例,使用生成的测试用例运行程序,最后检测测试目标是否被覆盖。

随机算法简单,不需要测试反馈信息,易于执行且生成测试用例效率高。但是在生成测试用例上,随机算法表现出盲目性,代码覆盖率低,存在对同一错误过度覆盖的情况。而且会生成大量非法或无用的测试用例。同时,在执行时间和资源开销上也不具有优势。随机算法多用作优化算法的数据来源与对比基准。

(2) 图论算法。图论算法是一套体系理论成熟算法的简称,其中包含图搜索和图覆盖等算法。采用图论算法进行测试用例生成的原因和好处在于:将测试模型转换为相关图或树时有利于测试用例的生成,但是,图论算法也可能生成大量的冗余与无效测试用例,增大了测试执行时间和开销。

(3) 梯度下降法。梯度下降法是一种常用的优化算法。其具有简单、速度快的优点,但是,梯度下降法致命的缺点是对于非凸函数,容易陷入局部最优解,而无法找到全局最优解。将区间削减技术与梯度下降法技术结合用于生成测试数据,可以缓解梯度下降法易于陷入局部最优的情况。

(4) 爬山算法。一般情况下,传统的爬山算法采用的是线性规划手段,避免了遍历,利用类似爬山顶的方式将所要进行研究的事务按其步骤一步一步求解出来,该方式特别容易让人一目了然,然而一旦发生高地效应或局部最优后,就易陷入局部最优循环。

爬山算法的搜索可以开始于解空间的任何位置,并且能够快速地收敛到局部最优解,因此,对于求解单峰问题时,爬山算法是相当有效的,爬山算法最主要的问题是它通常只能搜索到局部最优解,当求解相对繁杂的多峰问题时,会有许多局部最优解,那么爬山算法就出现了一些缺点:①爬山算法因为它的内在本质,使其无法跳出局部最优解,因此,一旦它搜索到局部最优解就会终止搜索;②爬山算法在寻求多峰问题解时,由于它只能随机地发现多个最优解中的一个,不仅不能度量它与全局最优解之间的差距,同样也无法度量它与其他局部最优解之间的差距,因此,生成的局部最优解根本无法确定它对应的位置;③当爬山算法在求解最优解问题时,初始点的选取决定着是否可以生成全局最优值,因此无法给出计算需要时间的上界。

(5) 遗传算法。遗传算法是一种启发式算法,它将自然界遗传基因的遗传过程与达尔文适者生存原则相结合,通过选择、交叉、变异算子选择和淘汰测试用例,最终得到优化的测试用例。

相关实验证明,在迭代次数与测试效率上遗传算法明显优于随机算法。可以从适应度函数与操作算子设计等方面对遗传算法进行优化,优化后的遗传算法如TGGA,能够在迭代次数、错误路径覆盖率、测试用例数量等指标上优于随机算法。

遗传算法相比于随机算法最大的优势是减少了盲目性,提高了效率。遗传算法在早期迭代阶段,通过交叉算子,测试用例种群的质量改善速度比较快,但是,随着测试用例群体多样性的逐渐降低,测试用例种群进化出最优解的速度下降,算法的局部搜索能力削弱。

(6) 粒子群算法。粒子群具备算法简单、鲁棒性好的特点,通过测试用例的个体认知与群体智能的相互影响,动态地产生测试用例,具有很好的导向性和收敛性。粒子群算法在对复杂对象的测试中优于遗传算法,但是粒子群如同其他智能算法一样存在早熟的问题。通常认为,粒子群的早熟是由粒子群丧失多样性,从而导致群体中大部分个体聚集在一个很小的搜索范围导致的,当该搜索范围不含最优解时,算法将受困于局部最优。

(7) 蚁群算法。蚁群算法是一种仿生寻优启发式算法,常用于与其他算法融合优化,它是一个增强型学习系统,具有分布式计算、易于与其他算法相融合、鲁棒性强等优点,但由于搜索初期信息要素相对匮乏,导致算法的搜索效率降低。而且正反馈机制容易产生停滞早熟现象,执行时间长且易停滞。

(8) 模拟退火算法。模拟退火算法来源于固体退火原理,是一种基于概率的算法。算法以概率接受劣解,从而具有跳出局部最优解的优点。相关实验证明,模拟退火算法、遗传算法和粒子群算法在生成测试用例方面无明显的优劣关系。在不同的程序和不同的评价指标下,各算法的表现各有优劣,对于某些程序模拟退火算法的测试覆盖效果要优于遗传算法。

6.5.5 算法优化方法

测试用例生成算法可以看成由系统结构和控制结构两部分组成,系统结构包含算法中相关要素概念的定义与设计,控制结构是算法所采取的扩展方式,是对系统结构中要素的控制操作。算法的优化方法大致可以分为以下三类,即通过改变系统结构来优化算法、通过改变控制结构来优化算法以及多种方式组合优化。

(1) 改变系统结构来优化算法的方法通过在算法中定义、设计相关概念来引入新约束,达到优化测试用例生成的目的。基于此方法,可以在随机算法中引入输入域分区的概念,提出新的随机算法以减少随机算法开销。也可以将待测程序的输入域划分为不同的子域,基于子域构建搜索路径图,并基于该路径图使用蚁群算法生成测试用例。

(2) 有相当大的一部分研究,特别是在搜索/启发式搜索算法中,通过改变算法所采取的扩展和控制操作来优化测试用例的生成,此类方法大多是通过对启发式搜索算法中的适应度函数和操作算子进行设计与改进以达到优化的目的。

有的学者在蚁群算法中引入路径变异算子和自适应挥发系数,提高了蚂蚁路径的多样性,在迭代次数上优于遗传算法。有的学者设计了局部搜索算子,提高了分支覆盖率。在算子运算过程中定义模式,通过模式组合提高适应度值和精度。同时,对每代的最优粒子均使用了局部搜索策略,设计一种 AVM 算法,可协调算法的全局和局部搜索性能,有助于提高测试用例生成效率。

(3) 多种方式组合的算法优化方法可以分为两类。一类是控制结构和系统结构组合优化。有的学者在遗传算法中定义了模式,在算子运算过程中,模式组合提高了适应度值和精度,同时,对每代最优粒子均使用了局部搜索策略,设计一种 AVM 算法,可协调算法的全局和局部搜索性能,有助于提高测试用例生成效率。另一类是通过将多种算法融合,取长补短以达到优化测试用例生成方法。如可以在蚁群算法寻径中引入遗传算法,提出 GAACO 算法,该算法克服了遗传算法局部搜索能力差、易早熟的现象,同时弥补了蚁群算法费时、易停滞的缺陷,增强了测试用例生成的随机性、快速性和全局收敛性。实验证明了 GAACO 算法在迭代次数上优于遗传算法、蚁群算法和随机算法。

6.6 实例系统分析

本节对实例系统开展模型检验与基于模型的测试。以车库门控制系统作为实例,介绍模型检验的实例研究。此案例来自《基于模型的测试——一个软件工艺师的方法》,该书采用了不同的建模方法对车库门控系统进行了建模并生成测试用例,本节选取此案例对车库门控制系统进行状态机建模并对模型进行检验。

同时,对某发射平台控制软件的温度控制模块进行基于模型测试的实例研究。建立发射平台控制软件的 MARTE 模型,并基于此模型进行测试。

6.6.1 车库门控制系统的模型检验

1. 需求分析

车库门控制系统包括以下几个部件。

(1) 驱动电动机,为控制系统提供动力,可正反转。

(2) 带有传感器的车库门运行轨道,传感器能够感知车库门是开还是关状态,布置在车库门全开和全关的两个位置上。

(3) 控制设备,发送控制信号,对系统进行控制。

(4) 布置在地板附近的光束传感器,只有在车库门正在关的时候,光束传感器才会工作。

(5) 车库门。

如果正在关门时,光束被打断(可能是有个宠物)或者门遇到了障碍,门会立即停止,然后反方向运行。当车库门处于运行状态,要么正在开,要么正在关,控制设备一旦发出信号,门就会停止运行,当再次运行时,控制信号会根据门停下来时的运动方向继续启动门的运行。当车库门位于全开或全关时,车库门会停止运行。

2. 建立状态机

从软件中提取出模型时,需要准确建立状态迁移关系;否则检验结果不能可靠地反映软件的问题。下面列出对车库门控制系统建立模型所需的步骤。

1) 识别状态、划分组、划分并发区域

分析需求说明可以知道系统有 3 个对象,即车库门、光束传感器和电动机。分析每个对象,可以得到表 6-10 所列的状态。

表 6-10 对象分析

车 库 门	光束传感器	电 动 机
门全开	光束传感器未启用	电动机关闭
门全关	光束传感器启用	电动机向下转
门停止关闭	光束未受到阻碍	电动机向上转
门停止开启	光束受到阻碍	
门正在关闭		
门正在开启		

2) 识别事件和动作

事件可以看成输入,是外部的激励,通过对系统分析可以得到针对车库门这个对象的事件有接收到控制信号、到达运行轨道上端、到达运行轨道下端。针对光束传感器的事件有激光束受到阻碍。动作可以看成输出,是系统的响应,通过对系统分析,可以得到该系统的动作为:驱动电动机向下,驱动电动机向上,停止驱动电动机,反转电动机由下往上。

3) 确定各状态之间的转换

分析各状态之间的转换关系,可以借助状态转换表来确定状态之间的复杂关系,如表 6-11 所列,最终可得到图 6-13 所示的状态之间的转换。

表 6-11 电动机状态转换表

状 态	电动机关闭	电动机向下转	电动机向上转
电动机关闭	×	√	√
电动机向下转	√	×	√
电动机向上转	√	√	×

第 6 章 基于模型的测试技术

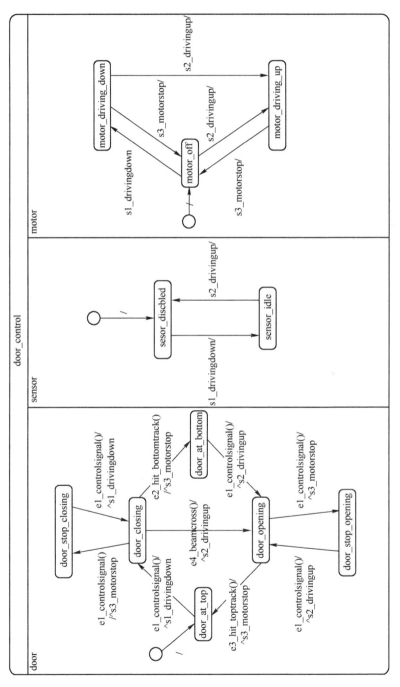

图6-13 状态机图

4) 考虑同步设计、确定转换的输入及输出

系统中,每个对象之间并不是相互独立的,几个并行域的状态之间存在相互影响,所以需要引入同步设计。信号可以看作引入同步设计后动作的另一种称呼,信号可作为某一转换的输出,与此同时,它一定是某一转换的输入。例如,当状态机处于"门全开(door up)"状态时,如果事件"接收到控制信号"发生,那么此时状态机就会发出一个"驱动电动机向下"的信号,此时,在电动机域(motor)处的状态机转向"电动机向下转(motor driving down)"状态,在光束传感器域(light_beam_sensor)处的状态机转向"光束传感器启用(sensor enabled)"状态,同时"门全开(door up)"转为"门正在关闭(door closing)"状态。

以上四步得到一个明确定义的由 3 个并行子状态机构成的状态机,使用开源的状态机建模工具 visualSTATE 建立图形化的模型,如图 6-13 所示。

为了适应模型检验算法的要求,将并行的状态机按一定的规则合并成单个状态机,结果如图 6-14 所示。

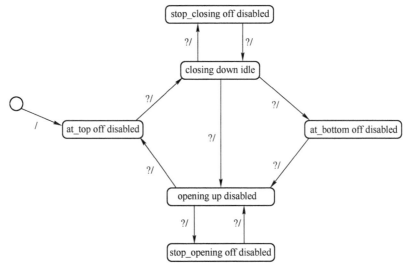

图 6-14 合并后状态机图

3. 性质规约的设计

根据车库门控制系统的合并后状态机,列出 3 个变量作为 LTL 约束的对象,分别是车库门、电动机、传感器当前所处状态,图 6-14 中标识了每个状态下 3 个变量的取值,如初始状态"at_top off disabled"指门处于 at_top、电动机处于 off、传感器处于 disabled。表 6-12 选择了 3 条规约。

使用 LTL2BA 工具,将 3 条 LTL 语句取反后转化为 Büchi 自动机,如图 6-15 所示。

表 6-12　车库门控制系统规约

性　　质	LTL 语句
任何时刻,若电动机上升,门终将到达顶部	G（电动机=='up' -> (F 门=='at_top')）
可能出现某个时刻门处于"stop_closing"而下一时刻处于"opening"的情况	F（门=='stop_closing' && X 门=='opening'）
任何情况下,传感器"disabled"和电动机"down"不可能同时成立	G !(传感器=='disabled' && 电动机=='down')

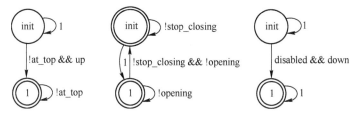

图 6-15　3 个 Büchi 自动机

4. 独立实现的模型检验

首先需要把模型状态机表示为 Python 程序的输入格式,即 FSM 对象,代码如下:

model = FSM([('at_top','off','disabled'),#states 集合,每个 tuple 中 3 个值分别表示车库门、电动机、传感器的状态

　　　　　　('closing','down','idle'),
　　　　　　('stop_closing','off','disabled'),
　　　　　　('at_bottom','off','disabled'),
　　　　　　('opening','up','disabled'),
　　　　　　('stop_opening','off','disabled')],

　　#下面是 trans 集合,每个 tuple 由(起点,终点)组成
　　[[('at_top','off','disabled'),('closing','down','idle')],
　　[('closing','down','idle'),('stop_closing','off','disabled')],
　　[('stop_closing','off','disabled'),('closing','down','idle')],
　　[('closing','down','idle'),('at_bottom','off','disabled')],
　　[('closing','down','idle'),('opening','up','disabled')],
　　[('at_bottom','off','disabled'),('opening','up','disabled')],
　　[('opening','up','disabled'),('stop_opening','off','disabled')],
　　[('stop_opening','off','disabled'),('opening','up','disabled')],
　　[('opening','up','disabled'),('at_top','off','disabled')]])

然后把性质自动机表示为 AccFSM 对象。单层圆圈的状态是不可接受状态,

双层圆圈的状态是可接受状态。性质自动机的每条迁移上都有前置条件,约束是否能执行这条迁移,所以 trans 集合中需要加上前置条件。模型检验算法一次只能检验一条规约,这里以第一条为例。

    buchi_1 = AccFSM([[('init'),('1')], #节点集合
        [('1')], #可接受节点集合。[('1')]表示节点集合中的 ('1')是可接受的
        #下面是迁移,每条迁移的最后一个元素是迁移的前置条件
        #在描述前置条件时,用到了 Python 语言中的 lambda 语句,可以作为布尔函数计算是否满足前置条件
        [[('init'),('init'),1],
         [('init'),('1'),lambda state:not(state[0]=='at_top') and state[1]=='up'],
         [('1'),('1'),lambda state:not(state[0]=='at_top')]])

建立好两个对象后,执行语句 modelCheck(getSynProduct(model, buchi_1)),它先得到 model 和 buchi_1 的同步积,然后将同步积传给 modelCheck 函数计算并输出判空的结果。

第一条规约

检测结果:模型不符合性质规约,反例如下:

(('at_top', 'off', 'disabled'), 'init')

(('closing', 'down', 'idle'), 'init')

(('at_bottom', 'off', 'disabled'), 'init')

(('opening', 'up', 'disabled'), 'init')

(('stop_opening', 'off', 'disabled'), 'init')

(('opening', 'up', 'disabled'), '1')

以下进入循环部分

(('stop_opening', 'off', 'disabled'), '1')

(('opening', 'up', 'disabled'), '1')

第二条规约

检测结果:模型不符合性质规约,反例如下:

(('at_top', 'off', 'disabled'), 'init')

(('closing', 'down', 'idle'), 'init')

(('at_bottom', 'off', 'disabled'), 'init')

(('opening', 'up', 'disabled'), 'init')
(('stop_opening', 'off', 'disabled'), 'init')
(('opening', 'up', 'disabled'), '1')
(('at_top', 'off', 'disabled'), '1')
(('closing', 'down', 'idle'), '1')

以下进入循环部分

(('stop_closing', 'off', 'disabled'), '1')
(('closing', 'down', 'idle'), '1')

第三条规约

检测结果：模型符合性质规约。

5. 使用工具实现的模型检验

所有模型检验工具都能够检验系统模型在给定性质规约下的正确性，但是它们可能以不同的语言和形式描述模型和待检验性质，也可能具有不同的检验特点。因此，在使用工具实现模型检验的过程中，第一步是选择一个合适的工具。从需求的角度出发，下面列出了本小节中实例的一些关键需求。

① 控制系统软件通过 C++语言编程，在嵌入式平台上实现。

② 控制系统是中断驱动的，非中断处理函数与中断处理函数的交错执行隐式地产生了并发系统的特性。

③ 本小节期望验证软件的通用安全性质（如数组越界、死锁和死循环），同时也能验证由用户自定义的特殊性质，如断言(assertion)和线性时态逻辑 LTL 公式。

④ 检验工具应当输出反例，且能够复现反例路径，以便确定出错原因和解决漏洞。

⑤ 检验工具应当提供缩减规模和压缩状态的选项来限制状态空间的生成，使检验的时间、空间消耗在可行范围内。

⑥ 建立的模型应当允许只包含系统中与待验证性质相关的部分。

⑦ 从软件到模型的转换需要一定的抽象，使模型相对较小且容易对运行过程进行追踪。

根据上述需求，认为直接使用代码作为模型的工具不适合，因为它们不直接支持并发性，难以描述中断处理函数，且这些工具通常只支持断言，不支持 LTL 语句。因此考虑使用基于特定模型语言的工具，这样在模型转换时也能抽象出更精简的模型。符合需求的工具主要有 SPIN 和 NuSMV。这里选择 SPIN 工具，因为 SPIN 采用的模型语言 PROMELA 与源代码的 C++语言比较接近；SPIN 支持使用自定义的 LTL 语句作为性质规约，而 NuSMV 只能使用 CTL。

SPIN 工具使用的 PROMELA 语言不是通常的程序语言,而是一种专用于描述模型的模型语言,它允许不确定的分支跳转和多进程以不确定的顺序并发执行,能够在进程间通过全局变量或消息通道同步。一段 PROMELA 语言的模型主要包含变量声明和进程声明,基本变量类型有 bit、byte、bool、short、int,PROMELA 语言也提供类似于 C 语言中的数组、枚举和结构体等类型,进程声明由进程名、调用参数、局部变量声明、进程体组成。PROMELA 中的语法 atomic{...}可以将多个语句组成一个原子序列,一个进程执行原子序列时,其他进程不能打断其执行。原子序列可以用于某些操作不可被分割的场合,也可以用来降低模型检验的复杂度。

下面是使用 PROMELA 语言表达车库门控制系统的部分代码。模型只有一个进程,即 door_control,由于 state_0 在进程体的首部,所以从 state_0 标签处开始运行,相当于初始状态是 state_0。atomic 段设置了该状态下各变量的取值,接下来的 if 语句表明从该状态出发的迁移可以指向哪些状态。可以看出 state_0 的后继状态只有 state_1,而 state_1 的后继状态有 3 个,没有确定的下一步状态,所以在模型检验时会分别运行 3 次,实现对状态迁移路径的遍历。

```
……

active proctype door_control( ){

state_0:
    atomic{
        door = at_top;
        motor = off;
        sensor = disabled;
    }
    if
    :: goto state_1;
    fi;

state_1:
    atomic{
        door = closing;
        motor = down;
        sensor = idle;
    }
    if
    :: goto state_2;
```

```
    :: goto state_3;
    :: goto state_4;
fi;
```

……

SPIN 工具没有图形界面,只能在操作系统的终端(如 Windows 命令行界面)运行。为了更直观、清晰地进行模型检验,使用了基于 TCL 开发的 SPIN 可视化界面 iSPIN。与上文独立实现的程序不同,SPIN 不需要手动地将 LTL 语句转换成状态机,而是直接在 PROMELA 语言模型中加入 LTL 语句即可,代码如下:

```
active proctype door_control(){
```

……

```
}
ltl L1 { [ ] ( motor = = up -> <> ( door = = at_top ) ) }
ltl L2 { <>( door = = stop_closing && X ( door = = opening ) ) }
ltl L3 { [ ] ! ( sensor = = disabled && motor = = down ) }
```

代码中的"ltl"是 PROMELA 的关键字,表示后面是一条 LTL 语句,"L1/L2/L3"是每条 LTL 语句唯一对应的名字,在 iSPIN 中将一条语句的名字填入参数框,模型检验算法就会选择这条语句来检验。

iSPIN 的使用比较简单,首先单击"Open"按钮打开写好的 PROMELA 模型,然后在 Verification 界面勾选和输入好一些参数,就能开始执行检验,如图 6-16 所示。除了基础的 LTL 语句检验之外,SPIN 还提供了很多检验内容可供选择,如对非法

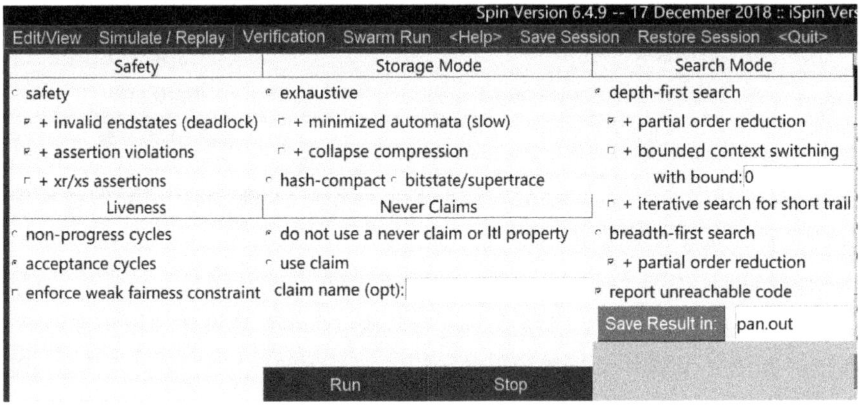

图 6-16 iSPIN 的 Verification 界面

终止状态、无进展循环等问题的检验等;SPIN 也使用了一些优化检验效率的技术,如状态机压缩、比特哈希映射、偏序归约等,在 iSPIN 中可以很方便地进行配置。

执行完成后,SPIN 工具可以输出检验过程花费的时间、占用的空间、执行过的状态数、是否存在不满足的性质等信息。如果检验结果是不满足,还可以在 Simulate/Replay 界面找到反例路径,通过单步跟踪可以观察路径上每一步的各个变量的取值。通过对 3 条 LTL 语句的检验,发现 SPIN 的输出内容虽然形式上和独立实现的模型检验程序不同,但是在对模型是否符合性质的判定和反例路径上得到了完全一致的结果,这个结果也符合车库门控制系统的实际情况。

6.6.2 基于模型的发射平台控制软件测试

1. 软件需求规格说明

某发射平台控制软件的温度控制模块,主要功能是为了根据开关量信号和平台温度值决定是否加温。

输入:开关量信号和平台温度值。

软件处理要求如下。

① 当检测到开关量信号为 0 时,停止加温。

② 当开关量信号为 1 时,检测温度模拟量信号,如果平台温度连续 10s 大于 60℃,则停止加温。

该需求规格说明涉及的系统及其功能如表 6-13 所列,硬件要求包括内存在 512MB 以上,硬盘容量在 100MB 以上,有较高的运行处理能力。

表 6-13 被测系统及其交联设备

序号	系统或交联设备	功　　能
1	上位机(HostComputer)	发出开关量信号
2	控制模块(ControlModule)	进行加温控制
3	温度传感器(TempSensor)	采集温度信号
4	RS-485 总线	传输和接收数据

我们希望利用实时嵌入式系统建模分析语言 MARTE 建立发射平台控制软件的测试模型,并基于此模型进行测试。

选取 MARTE 主要出于以下考虑,MARTE 在嵌入式领域具有较强的建模能力,能够分别对应于开发过程 V 模型两侧进行建模,而且语言描述的模型是基于 UML 的,在语法和语义上同构。同时,已有开源工具支持 MARTE 模型的构建,极大地便利了嵌入式系统开发的整个流程。本案例研究中,需要对发射平台控制软件进行描述,建立测试模型,并基于此模型进行测试,MARTE 正好满足需要。

基于 MARTE 模型的测试首先需要分析软件需求,建立静态体系结构模型和动态交互模型,从动态和静态两个方面考虑,遍历测试场景,结合约束分析得到测试需求模型,将测试需求模型进一步转换成测试用例模型,基于测试用例模型生成测试用例进行测试。

2. 构建测试需求模型

1) 识别软硬件对象

依据需求,识别软硬件对象、高层应用对象及交联关系,建立最基本的类和信号,如图 6-17 所示。

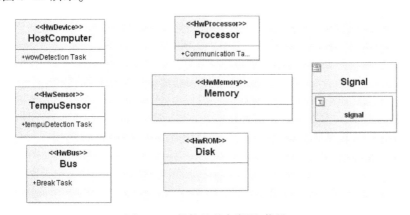

图 6-17 软件的基本类图、信号

2) 建立 MARTE 高层应用对象模型

加入构造型,建立 MARTE 高层应用对象模型,如图 6-18 所示。

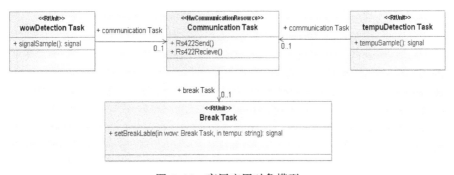

图 6-18 高层应用对象模型

3) 建立 MARTE 对象连接模型

根据类图和高层应用对象,以及它们之间的交联关系和接口关系建立对象连接模型,如图 6-19 所示。

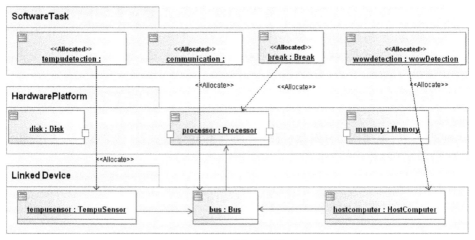

图 6-19 对象连接模型

4) 建立对象交互模型

根据以上对象连接模型,加入需求中的约束分析,使用顺序图建立对象交互模型,如图 6-20 所示。

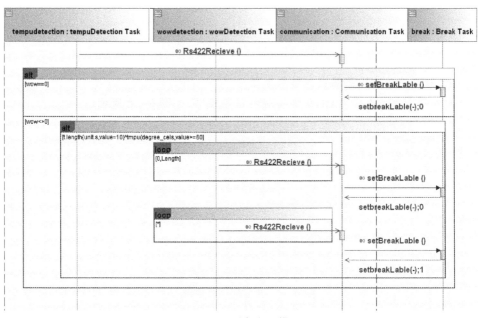

图 6-20 对象交互模型

5) 消息-节点转换、建立动态交互模型的有向图

进行消息-节点转换,转换方法如下。

(1) 分析顺序执行的消息。信号 wow 的接收是顺序执行的消息,映射为节点 1;将消息 setBrakeLabel(wow,temp) 映射为节点 3、7 和 8。

(2) 分析循环执行的消息。温度信号 temp 的接收是循环执行的消息,将其映射为节点 5 和 6。

(3) 分析具有分支的组合片段的约束。图 6-21 含了两个 alt 组合片段,分别将约束映射为伪节点 2 和 4。

将动态交互模型转化为有向图,如图 6-21 所示。

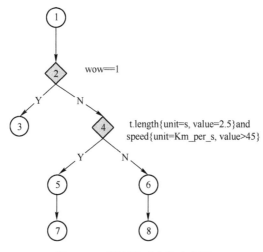

图 6-21　顺序图对应的有向图

6) 建立有向图的邻接矩阵

根据有向图节点的连接关系,建立图 6-21 对应的邻接矩阵 A 为

$$A = \begin{bmatrix} 1 & 2 & 3 & 4 & 5 & 6 & 7 & 8 \\ 0 & 1 & 2 & 2 & 4 & 4 & 5 & 6 \\ 0 & 0 & 1 & 0 & 0 & 0 & 1 & 1 \end{bmatrix}^T$$

7) 有向图路径搜索

对邻接矩阵 A 表示的有向图进行路径搜索,得到以下 3 条路径。

路径 1:1→2→3。

路径 2:1→2→4→5→7。

路径 3:1→2→4→6→8。

8) 测试场景模型

对象交互模型进行测试场景遍历,先使用对象约束语言(OCL)将对象动态交互模型进行消息-节点转换到有向图,遍历有向图中的软件可执行路径,再进行消息-节点转换得到软件的测试场景,生成测试场景片段模型,图 6-22 是对应测试场景 2 的测试场景片段模型。

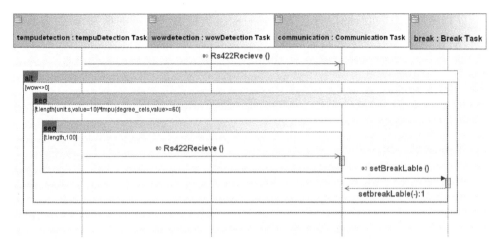

图 6-22 测试场景片段模型

根据测试场景片段模型分析出测试场景集合,进行测试场景建模,测试场景模型如图 6-23 所示。

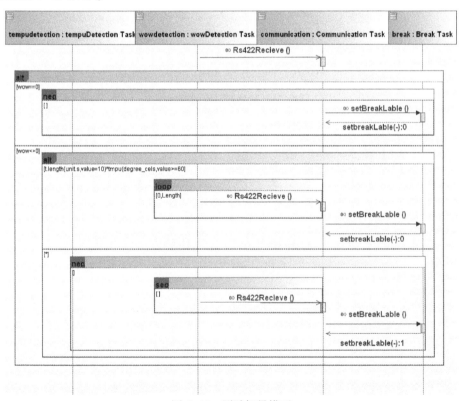

图 6-23 测试场景模型

9) 生成测试需求

对测试场景及约束进行分析,并结合测试目标,可生成测试需求模型,如表6-14所列。

表 6-14 测试需求模型

测试场景	测试场景约束	测试目标
1	(wow == 0) and (0 < tempu < 60) and (Memory.memorysize >= 512M and Disk.diskcapacity >=100M)	加温
2	(wow<>0) and (60=<tempu<=100) and (t.status == continuous) and (t.length == 10s) and (Memory.memorysize>=512M and Disk.diskcapacity >=100M)	停止加温
3	(wow<>0) and not (60=<tempu<=100) and (t.status == continuous) and (t.length == 10s) and (Memory.memorysize>=512M and Disk.diskcapacity >=100M)	加温
3	(wow<>0) and (60=<tempu<=100) and not (t.status == continuous) and (t.length == 10s) and (Memory.memorysize>=512M and Disk.diskcapacity >=100M)	加温
3	(wow<>0) and (60=<tempu<=100) and (t.status == continuous) and not (t.length == 10s) and (Memory.memorysize>=512M and Disk.diskcapacity >=100M)	加温
3	(wow<>0) and not (60=<tempu<=100) and not (t.status == continuous) and (t.length == 10s) and (Memory.memorysize>=512M and Disk.diskcapacity >=100M)	加温
3	(wow<>0) and not (60=<tempu<=100) and (t.status==continuous) and not(t.length == 10s) and (Memory.memorysize>=512M and controlmodule.diskcapacity >=100M)	加温
3	(wow<>0) and (60 =<tempu <= 100) and not (t.status == continuous) and not (t.length == 10s) and (Memory.memorysize>=512M and Disk.diskcapacity >=100M)	加温
3	(wow<>0) and not (60=<tempu<=100) and not (t.status == continuous) and not (t.length == 10s) and (Memory.memorysize>=512M and Disk.diskcapacity >=100M)	加温

3. 转换成测试用例模型

为了方便说明,现在先选用测试需求模型中测试场景 2 对应的测试需求进行转换情况说明,再对全部测试需求进行说明。测试场景 2 的测试需求如下:

(wow <> 0) and (60 = <tempu <= 100) and (t.status == continuous) and (t.length == 10s) and (Memory.memorysize> = 512M and Disk.diskcapacity > =100M)。

依据 XML 测试需求模型转换算法,XML 测试用例模型中的测试对象可以由测试需求模型中的测试直接转换;测试约束中的前置约束开关信号 wow= 1 不变;时间状态 t.status==continuous 不变;温度值转换到 XML 测试用例模型时的取值空间为 a[60,100,random(60,100),random(0,60)];测试时间是一个连续时间,既可以小于10s,也可以大于10s,其取值空间为 a[random(0,10),random[10,n]];不变约束直接参与转换;测试目标根据测试输入的取值和测试需求的匹配比较情况来决定。

根据定义好的 XML 结构,可转换得到以下 XML 测试用例模型:

```xml
<?xml version="1.0" encoding="ISO-8859-1"?>
<!-- Edited with XML Spy v2007 (http://www.altova.com) -->
<CASE>
    <testSequence2>
            <case_number>n</case_number>
            <test_object>SUT</test_object>
            <wow>1</wow>
            <time>a1[random(0,10),random[10,n]]</time>
            <timeiscontinuous>continuous</timeiscontinuous>
            <tempu>b1[60 || 100 || random(60,100) || random(0,60)]</tempu>
            <Memory_memorysiz>100M</Memory_memorysiz>
            <Disk_diskcapacity>512M</Disk_diskcapacity>
            <test_target>c1["heating","stop heating"]</test_target>
    </testSequence2>
</CASE>
```

依据以上对测试场景 2 的分析过程,可以列出整个被测软件的 XML 模型,代码如下:

```xml
<?xml version="1.0" encoding="ISO-8859-1"?>
<!-- Edited with XML Spy v2007 (http://www.altova.com) -->
<CASE>
    <testSequence1>
            <case_number>n</case_number>
            <test_object>SUT</test_object>
            <wow>0</wow>
            <time>a1[random(0,10),random[10,n]]</time>
            <timeiscontinuous>continuous</timeiscontinuous>
            <tempu>b1[60,100,random(60,100),random(0,60)]</tempu>
            <Memory_memorysiz>100M</Memory_memorysiz>
            <Disk_diskcapacity>512M</Disk_diskcapacity>
            <test_target>c1["heating","stop heating"]</test_target>
```

```
</testSequence1>
    <testSequence1>
            <case_number>n</case_number>
            <test_object>SUT</test_object>
            <wow>0</wow>
            <time>a1[random(0,10),random[10,n]]</time>
            <timeiscontinuous>not continuous</timeiscontinuous>
            <tempu>b1[60,100,random(60,100),random(0,60)]</tempu>
            <Memory_memorysiz>100M</Memory_memorysiz>
            <Disk_diskcapacity>512M</Disk_diskcapacity>
            <test_target>c1["heating","stop heating"]</test_target>
    </testSequence1>
    <testSequence2>
            <case_number>n</case_number>
            <test_object>SUT</test_object>
            <wow>1</wow>
            <time>a1[random (0,10),random[10,n]]</time>
            <timeiscontinuous>continuous</timeiscontinuous>
            <tempu>b1[60 ‖ 100 ‖ random(60,100) ‖ random(0,60)]
</tempu>
            <Memory_memorysiz>100M</Memory_memorysiz>
            <Disk_diskcapacity>512M</Disk_diskcapacity>
            <test_target>c1["heating","stop heating"]</test_target>
    </testSequence2>
    <testSequence3>
            <case_number>n</case_number>
            <test_object>SUT</test_object>
            <wow>1</wow>
            <time>a1[random (0,10),random[10,n]]</time>
            <timeiscontinuous>not continuous</timeiscontinuous>
            <tempu>b1[60 ‖ 100 ‖ random(60,100) ‖ random(0,60)]
</tempu>
            <Memory_memorysiz>100M</Memory_memorysiz>
            <Disk_diskcapacity>512M</Disk_diskcapacity>
```

```
            <test_target>c1["heating","stop heating"]</test_target>
        </testSequence3>
</CASE>
```

其中,依据测试需求中的测试场景 1 的信息转换得到的 XML,根据测试需求中的测试场景 2 和测试场景 3 转换得到的测试需求模型,所包含的信息中的 t.status =continuous 部分有重合部分,因此 XML 测试需求模型中的<testSequence2>…</testSequence2>元素中体现 t.status=continuous 信息,在<testSequence3>…</testSequence3>中体现 t.status=not continuous 信息。

4. 测试用例生成

依据 JSP 定义好的测试用例显示表单,可以在 HTML 中显示表 6-15 所列的测试用例信息,对于每个 testSequence 元素,都生成了 25 个用例,共生成了 100 个测试用例,这些测试用例包含了对软件需求分析得到的所有正常、异常输入。其中,由于对每种输入(同一个正常路径或是异常路径)测试用例集里应最少包含一个用例,才能体现准确性和充分性。为了便于标识,对于每种输入对应的测试用例,其测试用例标识是相同的。部分的测试用例集合如表 6-15 所列。

表 6-15 测试用例集合列表

测试用例标识	开关量	时间	时间连续性	温度	内存/B	硬盘容量/B	预期目标
testSequence1-8	wow=0	random[10,n)	连续	random(0,60)	100M	512M	停止加温
testSequence1-5	wow=0	random[10,n)	连续	60	100M	512M	停止加温
testSequence1-3	wow=0	random(0,10)	连续	random(60,100)	100M	512M	停止加温
testSequence1-1	wow=0	random(0,10)	连续	60	100M	512M	停止加温
testSequence1-8	wow=0	random[10,n)	连续	random(0,60)	100M	512M	停止加温
testSequence1-7	wow=0	random[10,n)	连续	random(60,100)	100M	512M	停止加温
testSequence1-1	wow=0	random(0,10)	连续	60	100M	512M	停止加温
testSequence1-4	wow=0	random(0,10)	连续	random(0,60)	100M	512M	停止加温
testSequence1-7	wow=0	random[10,n)	连续	random(60,100)	100M	512M	停止加温
testSequence1-5	wow=0	random[10,n)	连续	60	100M	512M	停止加温
testSequence1-3	wow=0	random(0,10)	连续	random(60,100)	100M	512M	停止加温
testSequence1-4	wow=0	random(0,10)	连续	random(0,60)	100M	512M	停止加温
testSequence1-1	wow=0	random(0,10)	连续	60	100M	512M	停止加温
testSequence1-5	wow=0	random[10,n)	连续	60	100M	512M	停止加温
testSequence1-6	wow=0	random[10,n)	连续	100	100M	512M	停止加温
testSequence1-7	wow=0	random[10,n)	连续	random(60,100)	100M	512M	停止加温

续表

测试用例标识	开关量	时间	时间连续性	温度	内存/B	硬盘容量/B	预期目标
testSequence1-5	wow=0	random[10,n)	连续	60	100M	512M	停止加温
testSequence1-4	wow=0	random(0,10)	连续	random(0,60)	100M	512M	停止加温
testSequence1-5	wow=0	random[10,n)	连续	60	100M	512M	停止加温
testSequence1-1	wow=0	random(0,10)	连续	60	100M	512M	停止加温
testSequence1-8	wow=0	random[10,n)	连续	random(0,60)	100M	512M	停止加温
testSequence1-7	wow=0	random[10,n)	连续	random(60,100)	100M	512M	停止加温
testSequence1-3	wow=0	random(0,10)	连续	random(60,100)	100M	512M	停止加温
testSequence1-7	wow=0	random[10,n)	连续	random(60,100)	100M	512M	停止加温
testSequence1-5	wow=0	random[10,n)	连续	60	100M	512M	停止加温
testSequence1-15	wow=0	random[10,n)	不连续	60	100M	512M	停止加温
testSequence1-14	wow=0	random(0,10)	不连续	random(0,60)	100M	512M	停止加温
testSequence1-15	wow=0	random[10,n)	不连续	60	100M	512M	停止加温
testSequence1-13	wow=0	random(0,10)	不连续	random(60,100)	100M	512M	停止加温
testSequence1-14	wow=0	random(0,10)	不连续	random(0,60)	100M	512M	停止加温
testSequence1-17	wow=0	random[10,n)	不连续	random(60,100)	100M	512M	停止加温
testSequence1-15	wow=0	random[10,n)	不连续	60	100M	512M	停止加温
testSequence1-18	wow=0	random[10,n)	不连续	random(0,60)	100M	512M	停止加温
testSequence1-11	wow=0	random(0,10)	不连续	60	100M	512M	停止加温
testSequence1-11	wow=0	random(0,10)	不连续	60	100M	512M	停止加温
testSequence1-13	wow=0	random(0,10)	不连续	random(60,100)	100M	512M	停止加温
testSequence1-16	wow=0	random[10,n)	不连续	100	100M	512M	停止加温
testSequence1-14	wow=0	random(0,10)	不连续	random(0,60)	100M	512M	停止加温
testSequence1-11	wow=0	random(0,10)	不连续	60	100M	512M	停止加温
testSequence1-13	wow=0	random(0,10)	不连续	random(60,100)	100M	512M	停止加温
testSequence1-11	wow=0	random(0,10)	不连续	60	100M	512M	停止加温
testSequence1-17	wow=0	random[10,n)	不连续	random(60,100)	100M	512M	停止加温
testSequence1-12	wow=0	random(0,10)	不连续	100	100M	512M	停止加温
testSequence1-13	wow=0	random(0,10)	不连续	random(60,100)	100M	512M	停止加温
testSequence1-17	wow=0	random[10,n)	不连续	random(60,100)	100M	512M	停止加温
testSequence1-18	wow=0	random[10,n)	不连续	random(0,60)	100M	512M	停止加温

续表

测试用例标识	开关量	时间	时间连续性	温度	内存/B	硬盘容量/B	预期目标
testSequence1-11	wow=0	random(0,10)	不连续	60	100M	512M	停止加温
testSequence1-16	wow=0	random[10,n)	不连续	100	100M	512M	停止加温
testSequence1-15	wow=0	random[10,n)	不连续	60	100M	512M	停止加温
testSequence1-13	wow=0	random(0,10)	不连续	random(60,100)	100M	512M	停止加温

6.7 本章小节

基于模型的测试作为一种新兴的、高效的软件测试方法,已经在国内外得到了广泛的推广和应用。复杂软件由于其具有系统规模超大,以及具有系统之系统、系统成员的高度异质性、网络化程度剧增且系统涌现等特征,在软件工程与软件验证方面存在着很多不易解决的问题。基于模型的测试从模型的角度出发,利用建模技术、模型检验与测试用例生成等技术,采用基于模型的测试方法尝试着去解决复杂软件所存在问题,我们认为这是一种有益的探索和研究。

第7章

基于人因失误机理的软件故障主动防御技术

7.1 软件故障主动防御的意义

7.1.1 软件故障主动防御的必要性

随着计算机软件在系统中所占比例的增长,软件规模越来越大,复杂度越来越高,软件失效所造成的后果也越来越严重。20世纪60年代末软件危机发生后,人们发展了多种理论方法用于遏制软件故障,但效果不容乐观。70年代发展了软件工程,80年代开展了多方面的软件可靠性研究,90年代初提出了软件可靠性工程,并扩展到软件可信性工程。但是,软件故障的产生根源问题仍然没有得到解决,人们不得不在软件测试和故障修复上耗费大量的资源。据美国国家标准与技术研究所2002公布的一份美国软件工程行业研究报告,软件工程师把平均70%~80%的时间用于软件测试和调试,平均每个软件故障花费17.4h的修复时间。研究报告估计,美国平均每年花费超过500亿美元用于软件测试和调试。从软件生命周期费用来看,这种"故障引入—测试—修改"的反复性劳动占用了40%~50%的研发费用。

面临如此严峻的软件质量形势,在有限资源条件下,如何尽早地主动防御软件故障成为一项重要研究课题。故障预防旨在通过识别故障产生的根源,减少故障引入率,是提高软件质量的重要手段。目前故障预防的研究主要关注过程,而对故障产生的根源研究并不深入,难以实现真正意义上的"预防"。软件开发是知识密集型的认知活动,只有在深入研究软件工程师的认知失误机理的基础上,才有可能从根本上主动防御软件故障的引入。

7.1.2 软件及软件故障的人因本质

软件是软件工程师的纯逻辑思维产品。我国科学家钱学森将计算机软件技列为思维科学的一种工程应用技术,计算机程序在本质上是程序员的"语言"表达。需要深入考虑人这一根源因素,才能主动防御软件故障的引入。正如软件界泰斗人物、软件心理学的奠基人 Gerald M. Weinberg 所言,"从工程或数学的角度来看,程序开发是一个深不可测的过程,然而实际上这一过程与心理学有着血脉相连的关系,这种关系如此密切,以至于哪怕是在心理学方面的些许开窍,所带来的帮助都是难以估计的"。

软件故障在本质上是由于软件工程师的认知失误以及交流失误造成的,因此,软件故障防御采用纯数学和工程方法是不够的。软件故障与硬件故障存在本质区别,硬件故障大部分是物理故障,是由材料、结构、工艺等因素造成的,可根据物理规律构建预测模型;而软件故障是设计故障,主要是由人造成的。如果忽略了这一本质因素,传统软件工程方法必然面临瓶颈问题。例如,基于软件代码度量的故障预测方法出现了与实际情况背道而驰的现象,如大量经验研究发现"大规模模块比小规模模块故障密度更低"。该现象在 Hatton 引入认知科学中的"短期记忆"理论后才得到合理解释。文献[15]的严格控制实验发现,对于同样的软件需求,传统的程序度量与软件故障率只存在 27.6%的相关性。既然软件代码本质上其实是主体认知的一种外在表现形式,那么软件代码规模和复杂度的度量只能在一定程度上反映主体所解决问题的难易程度,而问题难易程度也只有作用于主体认知才能产生软件故障。

本章从软件故障产生的人因失误机理出发,提出软件故障的主动防御方法。在认知心理学的理论基础上,结合软件开发的特点,分析软件故障的人因失误机理,构建软件故障人误机理模式库。在此基础上,设计基于人误机理的故障主动防御方法,综合降低软件故障的引入率。

7.2 传统故障预防研究进展和不足

传统故障预防的过程包含图 7-1 所示的虚线框内活动。故障预防包括几项核心活动,即收集故障数据、选择需要分析的故障样本、召开根源分析会议、实施措施改进建议和过程的持续改进。其中有 3 项技术最为关键,即收集故障数据,选取故障样本和故障根源分析。

7.2.1 故障数据的收集

收集故障数据的关键是对故障进行合理的分类。"故障类型"不仅反映了故障的内在性质,而且反映了软件过程中所出现的问题。通过故障分类,可以迅速找出哪一类故障的问题最大,然后集中精力预防和排除这类故障。把精力集中到最

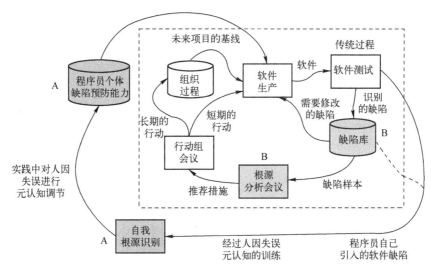

图 7-1 软件故障主动防御框架

容易引起问题的几类故障上,一旦这几类故障得到控制,再进一步找到新的容易引起问题的几类故障。

目前故障预防中应用最广的故障分类方法是 IBM 公司提出的正交故障分类方法(orthogonal defects classification,ODC)。该分类方法提供一个从故障中提取关键信息的范例,用于评价软件开发过程,提出正确的过程改进方案。该分类方法用多个属性来描述故障特征。在 IBM 的 ODC 最新版本里,故障特征包括 8 个属性,即发现故障的活动、故障影响、故障引发事件、故障载体、故障年龄、故障来源、故障类型和故障限定词。ODC 对 8 个属性分别进行了分类,其中故障类型被分为以下七大类。

① 功能故障:影响软件的主要能力、终端用户特征、产品应用编程接口(API)、与硬件的接口或整体结构,需要进行正式的设计更改。

② 赋值故障:赋值故障指几行代码的错误,如控制块或数据结构的初始化。

③ 接口故障:通过宏、调用语句、控制块或参数列表与其他部件、模块或设备驱动交互的故障。

④ 校验故障:数据和值没有被正确验证就使用的程序逻辑。

⑤ 定时/串行化故障:通过改进共享管理和实时资源修改的故障。

⑥ 文档故障:影响软件发行和维护的故障。

⑦ 算法故障:影响任务效率和正确性的问题,只需修改算法或局部数据结构,而不需要设计修改。

分类过程分两步进行:第一步,故障打开时,导致故障暴露的环境和故障对用户可能的影响是易见的,此时可以确定故障的3个属性,即发现故障的活动、故障引发事件和故障影响;第二步,故障修复关闭时,可以确定故障的其余5个属性,即故障载体、故障类型、故障限定词、故障年龄和故障来源。这8个属性对于故障的消除和预防起到关键作用。

该分类方法适用于故障的定位、排除、故障原因分析和故障预防活动,应用较为广泛。故障特征提供的丰富信息为故障的消除、预防和软件过程的改进创造了条件。

7.2.2 故障样本的选取

传统故障预防中的故障样本选取主要依靠头脑风暴法和专家经验。然而,面临新的项目时,如何选取对当前项目具有借鉴价值的故障样本对故障预防具有重要意义。我们对该问题作了进一步研究,通过在故障数据收集阶段增加故障的项目背景、更加细化故障分类方法和故障根源分类方法,将其固化在知识系统中,可辅助相关人员根据项目的特征、故障特征和根源特征进行有针对性地选取,从而降低了样本选取的随机性和对经验的依赖性,改进了故障预防的应用。

7.2.3 故障根源分析

国内外对故障预防的过程研究较为成熟,但对故障根源研究较少,产生和发表的科学成果很少。IBM将故障根源分为交流、教育、疏忽和笔误;文献[18]将故障根源分为变更协调、缺乏领域知识、缺乏系统知识、缺乏工具知识、缺乏过程知识、个体过失、其他修改引入、交流问题、意识疏忽和不适用;文献[19]将故障根源分为程序员软件经验与水平、语言问题和问题本身;文献[16-17,20]借鉴Ishikawa影响制造业产品质量的原因分类(设备、过程、人、材料、环境和管理)将故障根源分为方法(不完整、不明确、错误和非强制性)、工具和环境(粗陋、不可靠和有故障的)、人(缺乏足够的训练、问题理解错误)和输入与需求(不完整、不明确和有故障的)。软件故障根源复杂,而目前分类方法较粗略,缺乏系统性,借鉴制造业Ishikawa分类框架,详细根源靠头脑风暴法得出,造成故障根源的遗漏,严重制约了故障预防的效果及其推广。

传统的故障预防方法存在两大问题:①故障预防的核心是故障根源的识别,是以故障根源分类方法为基础的,而目前缺乏一套系统的、可靠的故障根源分类方法。现有主要借鉴制造业Ishikawa分类框架,将故障根源分为方法、工具和环境、人、输入与需求,详细的分类靠头脑风暴得出。头脑风暴法存在的问题是:对于同一数据,不同组织或不同人进行分析得到的根源类型可能不一致;容易造成故障根源类型的重复或遗漏。故障预防过程严重依赖于个人的经验,其应用效果的可复现性低,大部分组织机构对故障预防方法是误解或误用的。②不能有效地提高软件开发人员的故障预防能力。人是引入故障的主要因素,而目前的故障根源分类方法几乎都未能给出主体认知失误产生的"根源"模式,不能为软件工程师提供犯错机理方面的信息。如果软件工程师缺乏这方面的知识和训练,很难从根本上预防故障的引入。

7.3 程序设计的认知理论基础

7.3.1 相关认知科学概念

1. 被试

被试(subject)是心理学实验或测验中接受实验或测验的对象。

2. 图式

图式(schema)概念是由格式塔心理学家巴特利特(Bartlett)正式提出的,是现代认知科学的一块基石。他认为图式是"过去反应或过去经验的一种积极组织,这种组织必然对具有良好适应性的机体的反应产生影响""图式是对过去的反应或经验的一种积极组织。这些过去的反应或经验作用于任何一种具有充分适应力的有机体的反应。这就是说,无论何时,行为都具有顺序或规律,特殊反应仅当它和其他已被系列组织的相似反应有联系才有可能发生。但是,图式并非单纯地作为一个接一个的单个成分在起作用,而是作为一个组块在起作用。图式的决定作用是所有方法中最根本的。"

发展心理学家皮亚杰对图式的形成和作用机制作了进一步完善。他认为"图式是指动作的结构或组织"。同化(assimilation)和顺应(accommodation)是皮亚杰图式理论的两个重要概念。同化就是把外界的信息纳入原有图式,使图式不断扩大。顺应就是当环境发生变化时,原有图式不能再同化新的信息,而必须经过调整建立新的图式。用皮亚杰的话来说,"刺激输入的过滤或改变叫作同化;内部图式的改变以适应现实叫作顺应"。通过图式的同化作用可以使已有的图式在量上得到丰富和扩大;通过顺应的作用,图式可以发生质的变化。同化和顺应在图式的建构中是相互联系、相互制约、不可分割的。只有通过图式的同化作用,才能发现已有图式不能适应新情况,才能了解对图式作何种调整和改造。因此,没有同化就不会有顺应。自然,也只有经过顺应的作用,才能使图式更新,从而创造出新的图式,这时,同化才能在更高、更新的水平上进行。

图式中储存的知识具有一定程度的概括性,它是从很多具体的例子中抽象出来的,不是指具体某一例子在头脑中的储存。图式中的一般知识是以某种方式或结构组织起来的,这种结构可用"槽"(slot)及槽间的关系来描述。当某一槽中总是取某一恒定的值时,该槽就叫常量。当槽中可取不同值时,该槽就叫变量。当面临某一情境时,会捕获情景信息,激活相应的图式,该情境中的一些事物就会填充到图式的各个变量中去,这一过程叫作变量赋值。当所填充的各个值之间存有内在联系,形成一个统一体时,将这一过程称为图式的具体化。

简而言之,图式是主体内部的一种动态的、可变的认知结构单元,是由旧知识组成的无意识的心理结构。图式具有4个主要特点:图式含有变量;图式之间可以镶嵌;图式可以表征不同抽象水平的知识;图式表征知识而非定义知识。

以图式概念发展出来的图式理论是现代认知科学的核心理论,其中心思想是,主体过去的经历形成模式,在解决问题时无意识地匹配和调用与目前情况相符的模式。图式的存在使得人类的认知具有自动加工的特点,对于熟悉的任务,主体可以快速匹配图式,可以节省大量的工作记忆开销。

3. 工作记忆

工作记忆(working memory)的概念由 Baddeley 和 Hitch 在 1974 年提出,是指"对正在被加工的认知任务中的信息的暂时存储"。工作记忆的一个重要特点就是容量有限。根据工作记忆模型,工作记忆与短时记忆不同,它不是由单一成分构成的,而是由 3 个成分构成的。这 3 个成分是中央执行系统(central executive system)、语音环路(phonological loop)和视觉空间模板(visual-spatial sketch pad),如图 7-2 所示。工作记忆三成分模型及其在认知任务中的作用得到了大量研究的支持。

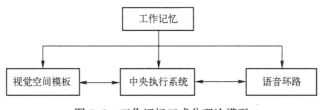

图 7-2　工作记忆三成分理论模型

研究发现,工作记忆广度与复杂认知任务的作业绩效之间存在较高的相关关系,如阅读理解、学业成绩及一般智力测验等,相关系数为 0.5~0.9。研究者认为工作记忆理论对上述相关关系的解释是,个体拥有一组容量有限的用于加工与存储信息资源的工作记忆。个体在作业水平上的差异,在很大程度上可以用工作记忆广度的差异来解释。个体信息加工的容量是相对固定的,当任务需求高于容量的限制时,容量小的个体就会表现出理解水平的下降。

4. 组块

Chase 和 Simon 提出了组块理论,解释在复杂认知性活动中,熟练操作者的记忆容量远大于新手操作者的现象。他们认为专家通过训练不仅获得了有关领域内容的知识,而且获得了一种记忆技能,这种技能可以让他们高效地利用专业领域的知识。这些知识由长时记忆中有组织的信息模式(或组块)组成,专家可以利用这些知识对新呈现的专业领域知识加以编码和提取。

在记忆棋局任务中,研究者们向棋手展示棋局,再让其复现。研究发现,熟练棋手在长时记忆中存储了大量的棋子模式,即组块。借助组块,棋手可以对多个棋子位置进行整体表征,而不是逐个地记忆。相比之下,低水平的棋手由于长时记忆中存储的模式有限,所以他们的短时记忆被用来存储各种简单的模式。由于短时记忆容量限制,新手复盘成功的棋子数量非常有限。组块理论认为,熟练棋手通过识别棋局中的棋子位置,激活长时记忆中原有的信息(组块),并没有在记忆中生成新的信息或建立新的联系。

组块理论假设专业棋手的优秀记忆效果是以熟悉的、有意义的信息模式为中介的。棋手的棋艺水平与棋局的有意义程度交互作用于棋局的记忆效果,即当棋局是有意义的实战棋局时,熟练棋手的记忆效果明显优于新手。但是,当棋子位置是随机安排的,熟练棋手的记忆优势就消失了。

组块理论可以很好地解释复杂认知活动中,个体可以记忆大量信息的现象。组块作为信息加工的单位,具有动态性、扩容性等特征。它可以随着个体知识、经验、认知结构的变化而变化。它可以扩大工作记忆中存储的信息数量。尽管被激活的组块数量仍是 7 个左右,但组块内的信息量得到扩充,因而被激活的信息总量也随之扩大。所以,组块理论能够解释为什么在同等短时记忆容量限制下,专家仍能比新手回忆更多的信息。象棋大师仅仅看一眼棋盘就能回忆出棋局,因为他们比新手拥有更多、更大的组块,能够快速得到关键信息,从而找到更好的棋招。

5. 认知负荷

认知负荷(cognitive load)这一术语早在 20 世纪 70 年代就有人使用,但把它作为一种理论并在此基础上进行实验研究的则是澳大利亚的认知心理学家 John Sweller。20 世纪 80 年代末,Sweller 对认知负荷进行了系统研究并建立起理论假设。他认为,认知负荷是指在一个特定的作业时间内施加给个体认知系统的心理活动总量。他以资源有限理论和图式理论为基础,从资源分配的角度来考察认知负荷,较为完整、系统地论述了认知负荷理论。并率先把人类工程学领域的脑力负荷或心理负荷研究移植到认知心理学领域,并更名为认知负荷研究。认知负荷是认知科学的重要理论,与工作记忆理论、认知资源理论等构成了现代认知理论的核心思想。

根据影响认知负荷主要因素(即学习材料的复杂性、个体的先前知识经验与学习材料的组织和呈现方式)的来源及性质,Sweller 等把认知负荷分为三大类,即内在认知负荷、外在认知负荷和相关认知负荷。3种认知负荷相加就是认知负荷总量,即总的认知负荷。

内在认知负荷主要受学习材料的复杂性和学习者先前知识的影响。学习材料的复杂性与材料涉及的元素数量和图式有关。图式一般储存在长时记忆中,为了构建它们,信息必须在工作记忆中加工。如果学习材料与大脑中储存的图式之间缺乏联系,或联系不够紧密,则工作记忆需要临时构建与大脑中储存的图式之间的联系;如长时记忆中没有现成的图式可用,学习者还需临时构建新的图式,而工作记忆的容量与资源又是有限的,所以个体就会感受到较高的内在认知负荷。另外,针对同样的材料,不同的学习者感受的难度与复杂性程度也可能不同。这里还牵涉另一个变量的影响,即学习者先前的知识经验。如果一个学习者对学习材料所涉及的领域有较为丰富的专业知识,那么他可以很快地将这些材料纳入到已有的图式中,或者与这些图式建立联系,工作记忆所要加工的元素就减少了,进而减轻工作记忆的负担,产生较低的内在认知负荷;反之,如果学习者在该领域的专业知识较为贫乏,他在同一时间内需要同时加工更多的材料,工作记忆的负担就较重,产生的内在负荷也就较高。这就可以很好地解释在某个领域的专家学习该领域的新知识比新手更快、更容易。

外在认知负荷也称为无效认知负荷,它主要与学习材料的组织和呈现方式有关,被认为是由学习过程中对学习没有直接贡献的心理活动引起的。当学习材料组织或呈现的方式与构建图式或自动化之间没有直接的联系或产生干扰时,就会产生额外的认知负荷。由于外在认知负荷需要的认知资源占据人的工作记忆容量,甚至使之超负荷,因而可能阻碍学习,影响学习效果。

相关认知负荷也称为有效认知负荷。在完成某一任务的过程中,当学习者把未用完的剩余认知资源用到与学习直接相关的加工(如重组、提取、比较和推理等)时,就会产生相关认知负荷。与外在认知负荷相同的是,相关认知负荷也会占用工作记忆的资源,会对学习产生一定的干扰。但与之不同的是,相关认知负荷不仅不会阻碍学习,反而会促进学习,因为相关认知负荷占用的工作记忆资源主要用于搜寻、图式构建和自动化,从而提高学习效果。根据3种认知负荷可加性的特点,相关认知负荷的高低主要受制于认知负荷的总量、内在认知负荷和外在认知负荷的高低。当认知负荷的总量很大而内在认知负荷与外在认知负荷又很低时,相关认知负荷就很高。如果内在、外在认知资源很高,两者之和接近认知负荷总量时,就没有多少资源用于相关认知负荷了。另外,相关认知负荷还会受到学习者的认知、元认知和动机等因素的影响,如阅读文本和图画的认知策略、映射策略、元认知反思策略等都有利于学习。

由于人的认知资源总量是有限的,3种认知负荷在完成同一任务过程中存在着此消彼长的现象。但是,总的认知负荷即 3 种认知负荷的总量不能超过工作记忆所允许的范围;否则会造成认知超负荷,从而阻碍学习。另外,既然相关认知负荷的大小以内在、外在认知负荷为前提,那么只有在内在、外在认知负荷相对较小的情况下,才能有多余的资源用于相关的信息加工。

6. 元认知

"元认知"(meta-cognition)是美国发展心理学家 Flavell 于 1976 年提出的。他认为,元认知是个人关于自己的认知过程及结果或其他相关事情的知识;同时,他又指出,元认知也指为完成某一具体目标或任务,依据认知对象对认知过程进行主动的监测以及连续的调节和协调。

心理学界普遍认为,元认知包含两大要素:元认知知识,即对认知过程和认知调节可用的策略的知识;元认知调节,即当主体在学习或解决问题的过程中,能够自我调节。

元认知是学习者对自己认知活动的整体理解,是学习者评估自己及他人对认知活动理解的程度。Flavell 提出:"元认知是对与认知目标相关的认知过程进行的积极监控和后期调整,通常为某个具体目标而服务。"他还将元认知划分为三类:①个人知识,即对普遍真理及自我观念的认识;②任务知识,对语言学习一般过程和本质的认识;③策略知识,即对特定技巧使用及实用性的理解。Williams 和 Burden 把学习中的情感因素也当成元认知的一部分,指出培养元认知意识应当包括意识到语言学习涉及的内容,以及根据不同情景选用的策略。认知心理学家 Robert Sternberg 认为,元认知过程是一个执行过程,它不仅控制学习中的认知过程,还从这些认知过程中回收反馈信息。元认知过程"找出解决某一具体任务或某一系列任务的办法,并确保这一任务或这一系列任务能够顺利完成"。制订完成任务的计划,监控理解,评价进步,这些活动的本质都属于元认知。

研究表明,元认知与思维品质存在因果关系。它们都是完整思维结构的重要组成部分,思维品质是思维整体结构功能的外在表现形式,而元认知则是思维整体结构功能的内在组织形式。在现实生活中,人们加工信息的速度快慢不一,解决问题的方法或灵活或呆板,认识问题或深刻或肤浅,都是人们智力思维能力差异的表现形式,其根源在于思维整体结构的内在运动机制的差异,即元认知水平的差异。

7.3.2 程序设计认知活动的特征

本章的"程序设计"是广义的概念,主要包括狭义的程序设计和编码两类活动。狭义的程序设计通常认为是一种问题解决活动。而编码与程序设计不同的地方在于,编码偏重执行,涉及设计活动较少。然后,编码也会包含问题解决的成分。

同时,问题解决本身也被心理学家分为两种类型:一种是具有固定规则且经验丰富地解决过的问题,为例行问题解决(routine problem solving);另一类是在缺乏经验规则的情况下,解决新的问题,称为非例行问题解决。程序编码可视为例行问题解决,而程序设计通常可视为非例行问题解决。总之,广义的程序设计是可以用广义的问题解决理论来描述其认知机理的。

程序设计被视为问题解决(problem solving),只是问题解决的客体具有特殊的特征。程序设计所要解决的问题通常是未明确定义的,即客体为不明确问题(ill-defined problem)。

不明确问题,即只能预先定义大体目标和一些限制条件,而相当一部分的性质或限制条件需要在设计过程中逐渐定义和构建。不明确问题的特征:对目标描述不完整或模糊不清;没有预先设定的解决方案路径;需要集成多个领域知识。

如果程序需求定义不明确或者模糊不清,程序员在解决不明确问题时,需要逐渐发现缺失的信息,完善问题目标和评价标准,才能形成完整的问题表征。

程序设计的另一个特征是创新性。通常情况下,程序员需要设计的系统都是有一定创新性的。即使对于程序员熟悉的系统,也可能需要实现新的功能。更有可能的是,程序员在陌生的环境中实现全新的功能。这种创新性也使得人们不可能事先定义问题解决路径。

程序设计问题的另一重要特征是需要集成跨领域知识。通常情况下,程序设计要求程序员具备三方面的知识,即应用领域、软件系统架构和程序语言知识。

以上这些特征,使得程序设计活动比普通的问题解决更为复杂。程序设计被视为一种复杂的知识密集型的特殊问题解决活动。客体的不明确性使程序设计呈现出难以预测和评价的特点。

7.3.3 程序设计综合认知模型

程序设计的认知模型是对软件开发行为的根本机理的综合描述方法。事实上,设计通常被心理学家作为一种特殊的问题加以解决,即是对不明确问题的解决。

程序设计认知机制核心是程序设计图式。程序设计图式包括编程图式、结构图式和问题域图式。编程图式是编程领域特有的图式,包括编程基础知识和算法知识等。结构图式是生成和理解文本的重要知识,如一个功能程序的结构图式由3个角色组成,即输入、计算和输出。问题域图式是程序所解决的特定问题的领域知识。知识图式是造成程序员绩效差别的最重要因素。

根据图式理论,程序设计的核心活动是相关图式的激活。程序设计过程就是程序员激活储存于记忆中的适合解决当前问题的若干图式,并对这些图式进行组合的过程。以图式为核心的程序设计模型以 Adelson 模型和 Détienne 模型为代表,将程序设计认知活动视为图式检索、图式匹配、解决方案评价、调试和生成的过程。同时,程序设计整个过程受元认知的监控和调节。研究发现,高绩效程序员与低绩效程序员在元认知能力方面存在重大差别。基于以上研究,形成程序设计的综合认知模型,如图 7-3 所示。

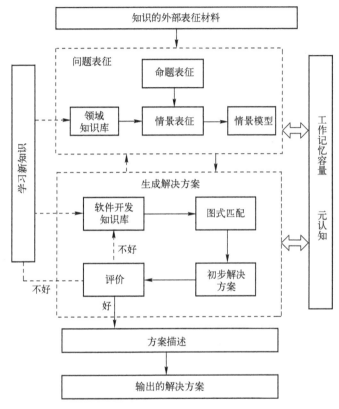

图 7-3　程序设计的综合认知模型

程序设计的综合认知模型是软件故障主动防御技术的重要理论基础。总体而言,程序设计包含以下 5 项活动。

(1) 问题表征。阅读诸如自然语言描述的问题表征材料,对材料进行语言层面的理解,进行命题表征;集成的领域知识,构建能够表征问题域的对象及其关系的心理模型。

(2) 方案构造。包含图式检索和匹配,生成问题解决方案的心理模型,并进行评价和调试的反复迭代过程。

(3) 方案描述。利用程序语言将问题解决方案的心理模型转化为程序。

(4) 学习。如果已有知识不足以解决问题,主体会通过学习,内化知识,补充问题解决所需的图式。

（5）元认知。问题解决的全过程都会受到元认知的监控和调节。

程序设计包含以下三类元素。

（1）内部资源元素：①知识库，包含编程知识、领域知识和策略知识；②工作记忆，用于短期存储信息加工过程中生成的信息。

（2）内部心理模型。包括：①对问题理解形成的情景模型；②解决方案的心理模型。

（3）外部元素。包括对问题的描述材料（通常为自然语言）和最后生成的对解决方案的描述，即程序代码。

程序设计就是将问题表征材料转化为以程序语言表达的解决方案的过程。首先对所要解决的问题进行理解，即问题表征。在对问题外界知识表征（如软件设计任务的外界知识表征是软件需求规格说明，编码的外界知识表征是设计文档）构建语义表征的基础上，结合领域知识，构建情景表征，得到反映问题领域实体关系的情景模型。在此基础上，在知识系统中索取与情景相符的知识（图式），并进行评价，如果索取到的图式与情景匹配很好，就生成解决方案；如果部分匹配或者不匹配，继续搜索知识图式，直到构造出合适的解决方案；如果多次检索均未找到合适的图式，主体将通过学习向外界获取新知识，重构知识系统。认知过程受到工作记忆容量的资源限制和元认知的监控。

7.4 软件故障的人因失误理论基础

7.4.1 故障主体的行为模型

Rasmussen 的 SRK 模型能够描述不同人类行为的基本特征和区别，被广泛用于描述任务的本质特征。因此，将采用 SRK 模型作为框架，对程序员的认知行为建模。

Rasmussen 将人类行为分为 3 个层次，即基于技能的行为（skill-based performance，SB）、基于规则的行为（rule-based performance，RB）和基于知识的行为（knowledge-based performance，KB）。区分 3 个层次的参数是熟练程度，不同层次伴随着不同的行为和认知特点。SRK 模型如图 7-4 所示。

1. 基于技能的行为

基于技能的行为是人在非常熟悉某一任务情况下表现出的"感知-运动"模式的行为。基于技能的行为几乎不需要有意识地控制，在意图得到声明后可自动地进行。只有当行为的结果与预期出现不符合、错误信号在特定时间点被观测到的

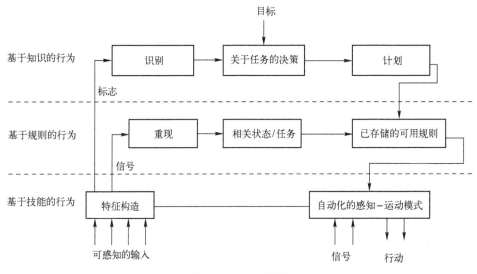

图 7-4　SRK 模型

时候,基于技能的行为才会被简单地反馈控制。

基于技能的行为是一种近似于本能反应的模式,几乎不需要意识层面的注意力开支。在基于技能的行为中,整套行为是流畅和集成的,如骑自行车、钢琴家弹熟悉的曲子等行为是典型的基于技能的行为。

在软件编程中,基于技能的行为很少。程序员在非常熟悉的环境中编程需要编译时,按编译按钮的动作可视为基于技能的行为。程序员"输入"一个非常熟悉的指令动作也可视为基于技能的行为。

2. 基于规则的行为

基于规则的行为是指人在很熟悉的情况下,根据知识库(长期记忆)中预存的规则或规程,有意识地利用规则处理当前情况的行为。这些知识库中的规则或规程可能来自于亲身经历,也可能与别人交流获得,甚至可能是预先有意识地为问题解决所做的准备。

基于规则的行为其根本特点是:"目标导向"(goal-oriented);由预存规则"前馈控制"(feedforward control)。目标导向是指个体在所处情景下,很清楚任务最后要达到的目标,即使有时目标在意识层面不是显性地存在,当与预存的规则匹配后,情景中的隐性目标会得以明确。当一个自我平衡系统的平衡被打破时,"前馈控制"就会发挥作用,让系统恢复平衡、继续运转达到最终目标。前馈控制是一种持续调整行为的过程。前馈控制通过连续地比较行为的真实情况和预期结果来调节行为。在基于规则的行为出现问题时,可能需要对当前情况进行全面的理解后作出校正,这时主体可能会进入更高级的"基于知识的"行为。

在程序设计中,基于规则的行为较多,主要包括程序员使用熟悉语言规则进行的编码活动。如程序员使用熟悉的语言定义一个变量,即属于基于规则的行为。

3. 基于知识的行为

基于知识的行为是主体不清楚当前情景、目标状态出现矛盾或者完全未遭遇过的新情景下,必须推理、分析、诊断和决策的行为。基于知识的行为特点是"目标控制"(goal-controlled)和"基于知识"(knowledge-based)。在基于知识的行为中,对于主体来说,最终的目标可以从情景的分析中获得显式的明确表达。然后可能生成不同的计划,通过尝试、纠错或通过更深入了解情景的属性,预测计划可能出现的效果。在基于知识的行为中,通过推理,系统的内部结构被表征成多种形式的"心理模型"。

在程序设计中,基于知识的行为尤为普遍和重要。程序员面对所有新需求进行的程序设计活动都属于基于知识的行为。

4. 三层行为的区别

SB 行为与 RB 行为之间的界限不是一成不变的,取决于主体的熟练水平和注意力投入水平。大致而言,SB 行为是"自动化"运行的,基本不需要主体有意识的注意力投入。对于 SB 行为,主体是无法回忆或回溯自身是如何控制行为,以及这些行为是基于什么信息发生的。对于 RB 行为,主体可以回忆和描述使用了什么规则,主体显性地知道规则是如何使用的。

RB 行为主要发生在熟悉的情景下,解决问题所需要的图式都已有预先准备。而 KB 行为是在面临新情景下出现的,包含理解、分析、推理、预测和决策的综合问题解决行为。

总之,RB 行为和 KB 行为都是在主体意识到有问题需要解决的情况下出现的,而 SB 行为是一种自动化的无意识行为,即区分 SB 行为和其他两类行为的根本在于主体是否意识到问题的存在,是否有"问题解决"活动。

7.4.2 通用人因失误动态模型

Reason 以 SRK 模型为框架,构建了人因失误的通用动态模型,如图 7-5 所示。

通用失误模型系统是基于技能型、规则型和知识型 3 种人类行为的模型,借助了人的信息处理模型理论,并与人的"问题解决"模型相结合而产生的最有代表性的动态认知失误模型之一。

基于技能的行为对外界信息做习惯性反应,此时,人容易分散注意力而产生"疏忽"行为;当异常状态被检测到时,人会对这些异常信息进行处理,运用现成的规则去解决问题,这就是基于规则的行为,这一失误类型为基于规则的失误;如果发生的异常事故情景十分复杂,从前没有遭遇过,主体不得不运用所掌握的基本知

第7章 基于人因失误机理的软件故障主动防御技术

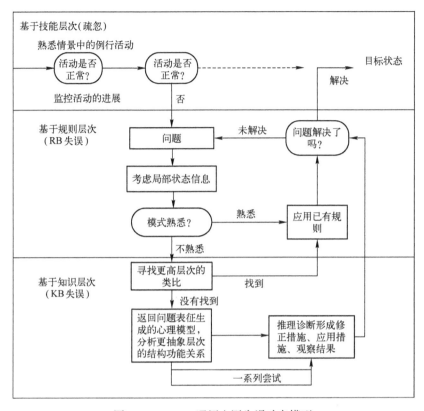

图 7-5 Reason 通用人因失误动态模型

识去考虑造成异常情况的原因,并采取相应的措施,这就是知识型的问题解决过程,这一失误类型为基于知识的失误。

Reason 通用人因失误动态模型体现了人类认知的多层次性和由浅入深及往复循环的必然规律,较为客观地反映了人的失误的内在机理,是各领域防御人因失误的模型的基础。

根据该模型,Reason 将人因失误分为 3 种类型,如表 7-1 所列。

表 7-1 人因失误的顶层分类

行为层次	错误类型
基于技能层次	疏忽
基于规则层次	基于规则的失误
基于知识层次	基于知识的失误

其中,技能层次的疏忽一般都由自动化的例程所引起(不恰当的注意力监控)。但是失误由更高级的认知过程造成,与对可用信息的判断、确立目标和实现方式有关。

SB 和 RB 失误都是以前馈控制为特征，而前馈控制源于事先存储的知识结构（图式）。KB 首先也是前馈控制，在本质上是错误驱动的。SB 和 RB 是一种"强势而当下不适用"（strong-but-now-wrong）的例行形式。SB 错误是由最活跃自动的图式抢占，而注意力检查被忽略或延迟。而 KB 失误与 SB 和 RB 完全不同，具有"有时成功有时不成功"（hit-and-miss）的特点，相对较难预测。但是 KB 失误与具体的任务情景和人类认知的规律密不可分，可从其引起的情景因素出发，得到一定程度的预测。

7.4.3 通用人因失误模式

Reason 根据上述 SRK 模型，归纳了人因失误模式。由于这些故障模式是后续理论的重要基础，将对每个故障模式进行详细的介绍。每个失误模式都是建立在大量的心理学理论及实验基础上的，本书不再一一赘述。由于国内缺乏相关研究，为了保持研究的准确性，将其英文原词列出。本书将以 Reason 的总结为起点，着重介绍各种失误模式的含义和原理。

1. 基于技能层次的疏忽

基于技能层次的疏忽按照机理不同可分为两个子类：一类是由于没有在关键的节点进行必要的注意力监控，称为"不注意"；另一类是过度注意，是由于在不恰当的时候对例行行为进行检查造成的。

1）不注意

（1）双重捕捉疏忽。双重捕捉疏忽是注意力检查贻误中最为常见的形式了。命名为"双重捕捉"的原因是该失误是由两个截然不同但相关的认知活动之间抢占注意力资源造成的。一般情况下，有限的注意力资源不是被事先设定好的内部认知活动占用，就是被突发的外部更高层次的干扰活动侵占。在发生资源抢夺的情况下，最后的结果是注意力资源被最强的图式所捕获。

双重捕捉注意力的结果是没有在合适的时机进行监控，导致出现顽固的惯性行为，而没有进行及时的检查。Reason 给出了一些实验中被试的描述，帮助我们理解该模式。例如，"我们的厨房现在有两个冰箱，昨天将食物移到了另一个冰箱。但是今天早晨，我还是打开以前存放食物的那个冰箱找食物""刚搬家，当给朋友写信时，我还是以旧住址开头"。

（2）中断引起的疏忽。基于技能的行为是预先设定好的一连串活动，如果因为外界的干扰（如基于规则的活动）而被中断，处理完中断再回到之前的活动时，很可能回到断点以后的若干时间节点的步骤上。Reason 给出了一些实验中被试的描述，帮助我们理解该模式。例如，"我拿上大衣准备出门，电话响了。我放下大衣，接了电话。放下电话后我就直接出门了，忘记拿上大衣。"又如，"我向书柜走去,想取一本字典。在取字典过程中,有其他的书从书柜上掉在了地上。我捡起地上的书放回原位。然后我回到了座位,发现没有取到字典,空手而归。"

(3) 意图衰减。在基于技能层的行为中,如果某意图没有被注意力定期检查和更新,该意图就可能被搁置,工作空间被其他活动所占用。Reason 给出了一些实验中被试的描述,帮助我们理解该模式。例如,"我本来想要走进卧室拿一本书。结果我取下戒指,对着镜子看了会儿自己,然后走出了卧室(没有拿书)"。又如,"我本想去楼下的碗柜关闭加热器,但我烘干双手后,走到了食物柜旁边。然后我又徘徊到了起居室,看着桌子,又返回厨房,才想起我原来的意图。""打开冰箱,看着各种各样的食物,忘了最初想取什么东西了"。这正是大多数人都曾经历过诸如"我在这里要做什么?""我来这里应该做一件事情,但却忘记了是什么事情"的体验。

(4) 感知混淆。人类的感知也具有"认知经济性"(cognitive economics)的特点,遵循"最省力"原则。即人类只感知和注意那些与图式匹配的信息,而不是注意所有的信息,这样就可以释放大量认知资源。人类倾向于看到与已有图式相似的物体。

(5) 干扰错误。两个计划同时处于活跃状态,或者是一个计划包含两个同时活跃的活动时,相互之间会同时抢占注意力资源,从而出现话语或行为的混杂现象。

2) 注意过度

当自动基于技能的行为受到过度检查时,也会出现失误。如当较熟练的钢琴演奏者把注意力集中在手指的动作上时,就会体会到这种额外注意的破坏性。这种多余的检查会占用额外的注意力资源,抢夺手上任务的注意力,进而导致手上任务没有在恰当的时机得到监控,而造成疏忽;也可能导致主体认为动作还没有完成,造成重复性动作;还可能回到中断点之前的动作序列,造成动作反复。

2. 基于规则层次的失误

基于规则层次失误的理论基础是图式和问题解决理论。人面临一个任务的时候,会对这个现实事物进行心理表征,生成心理模型,有时也叫情景模型。这个表征的过程是通过调用一系列图式(这里叫着规则)来构建的。这些规则本身包括不同的类别和相互关系。

规则是按结构化的层次组合在一起的。概要的(general)和原型的(prototypical)规则用于表征顶层的对象或事件。这种总体性的规则有助于应付日常生活重复出现的事件。当出现例外或异常时,就会在低一层次的结构上生成(同化)更详细、更特殊的子规则。但是,创造新的子规则的前提条件是,总体规则实例化失效后(不能满足当前情景),总体规则下面扩展的子规则层次越多,表征特殊情况越明确,这个规则体系复杂性越高,同时其适用性也越强。

通常情况下,可能存在多个规则满足当前情景的一些特征。规则之间会出现竞争。然而哪个规则能够实例化最后表征当前任务,并不只是由匹配程度决定的。规则能否竞争获胜而被实例化的因素包括以下几个方面。

① 规则能够入围竞争的前提条件是,该规则的使用情景条件与当前的任务/环境的显著特征或内在信息相匹配。然而,如果只是情景匹配,并不能保证该规则就能在竞争中获胜。

② 规则的竞争力还取决于其强度,即在过去经验中被成功使用的次数。成功使用次数越多的规则,越可能被使用。

③ 规则描述当前情景越明确、越有针对性,越可能被使用。

④ 规则与其他规则的兼容性,越容易获得竞争规则支持的规则,越可能被使用。

1) 好规则误用

"好的规则"是指那些被证实在某特定情况下很有用的规则。但当遇到类似(与已有规则享有共同特征)但具有新特征的情景时,这些规则容易被误用。

(1) 首次例外。当人第一次遇到相对总体规则的例外情况时,特别是总体规则在过去经历中被多次成功使用非常可靠时,人容易犯"强势而当下不适用"的错误。只有通过这种错误,总体规则才能生成更能应对特殊情景的"子规则"。

(2) 信号、反信号和非信号。通常情况下,至少有以下三类信息表征情景。

① 信号:表示当前情景符合某一规则的那些输入。

② 反信号:表示当前情景不能使用某一规则及其更顶层规则的那些输入。

③ 非信号:与任何规则都不相关的输入,是模式识别系统的干扰信号。

一般情况下,这三类信息会同时被主体捕获。这时,"反信号"已经引起了主体的注意,但"反信号"和"信号"间会出现相互"争论"。当"反信号"不能很好地解释当前情景时,就可能被"信号"战胜而被主体搁置。从而"信号"所指示的规则被使用。

(3) 信息超负荷。对于问题解决者来说,真实世界的信息非常丰富,远远多于人类的信息处理能力。主体能够进行处理的信息只占所有信息中很少的一部分。信息过多,会伴随着"反信号"被掩盖而不被主体注意到的问题。同时,主体只能对有限的少数部分信息处理,从而造成一个情景与多个规则相匹配的状况。

(4) 规则强度。某一规则在与其他规则的竞争中是否能取胜而被使用,取决于其过去被使用的次数。某一规则在过去被成功使用的次数越多,其"强度"越高,越容易在当前情况下被使用。由于图式匹配允许部分匹配,所以即使某个"强"规则不能全部满足当前的真实情景,也可能被最终使用。规则越"强",其所需的触发条件就越低。

(5) 总规则。高层次的总规则比低层次的子规则强度更高,更容易被调用。

低层次规则是表征特殊情况的子规则,通常调用频率没有总规则高。所以,遇到本该调用子规则的情景,可能会出现总规则被调用,异常情况未被考虑的状况。

(6)冗余。由于图式部分匹配机制的存在,随着主体的经验积累,环境中某些信息会变得越来越重要,而某些信息会越来越不重要。对于一个问题,随着多次理解和解决,主体会意识到真正有用的信息就几个关键性的信号,剩下的信息被认为是冗余的。这样,这些关键性的信号会引起更多的注意力,而相比下,在大量的信息中,"反信号"很难引起主体的注意。

(7)僵化。大量研究证明人类存在"僵化"的倾向,这是由内在的"认知保守性"造成的。过去被成功频繁使用的规则,即使面临的情况非常不适合,主体也会不顾一切地使用这种规则。出现"不是人掌握新习惯,而是习惯控制了人"的状况。在人类面临一个情景时,即使非常容易获得很好的解决方案,甚至主体意识到更好方案的存在,仍然会刻板地使用更笨的"强"规则——"对于一个只有锤子的人来说,所有问题都看起来像钉子"。

2) 使用不良规则

"不良"规则包括两类:一类是编码故障(encoding deficiencies);另一类是行为故障(action deficiencies)。

(1)编码故障。编码故障是指某些规则中,关于某些特定情景特征,没有被编码或者被错误地表征。未被编码的规则可能是通用规则下面的子规则,也可能是规则之间的联系。对于完成复杂的认知活动,相关规则之间的联系的构建非常重要。如果这种联系没有被编码,规则之间没有被正确地集成,也会导致主体犯错。

(2)行为故障。行为故障是指规则中的行为部件产生不恰当、不明智的响应。如使用了错误的规则或者不明智的规则。例如,在一组研究舰船瞭望员的实验中,所有瞭望员都在培训中被告知,为了避免发生碰撞事故,船之间必须保持 N 英里的距离,除非交通密度大到船实在不能保持这个距离(如某船被多个船只挤在中间的狭小空间,无法通过自己的运动来保持与其他船只的规定距离),才能靠得更近。但是大部分瞭望员采用的策略都是不管交通密度,统统与其他船只靠得比 N 近。这不明智举动的根源在于,瞭望员构建了错误或不明智的规则:"既然在拥堵的情况下船距不是造成撞船的充分条件,在更为畅通的情况下,船距更不是造成撞船的充分条件"。

3. 基于知识层次的失误

1) 选择性

当人类解决问题时,首先需要理解问题,即需要对面临的任务进行分析建模,构建情景模型,也称为心理模型。该过程即问题表征。由于现实世界信息非常丰富,人类认知系统对情景信息具有选择性。即只选择主体认为重要的特征进行建模。如果某些本来很重要的特征没有被主体注意到,或者主体将注意力集中在了错误的位置,就会生成错误的情景模型,进而造成问题解决失效。

2) 工作记忆容量限制

问题解决任务中问题表征、推理等活动,都需要工作记忆存储心理模型,并更新和集成新信息,会给容量有限的工作记忆造成很大的负荷。当工作记忆负载过大时,容易出现失误。

3) 眼不见为净

人们倾向于忽略没有看到的事物。如向被试展示多种版本的不完整汽车图片,说明汽车可能不能启动的各种情景。然后要求被试找出汽车缺失的部件。被试对汽车缺失的部件非常不敏感,甚至当汽车最常见的部件缺失时,被试也难以发现。

4) 确认偏见

确认偏见是一种经过大量实验证明的人类共同倾向。人类倾向于单向地证实自己的假设,而不是证伪假设。人类倾向于搜集那些证实自己已经建立起来的假设,而不是所有相关的信息。即使出现矛盾特征时,也偏向于坚持已有的假设。

5) 过分自信

过分自信是指个体对其所作判断的主观置信度高于客观准确性的一种偏见。如在一些测验中,被试认为99%题目的答案是正确的,而实际上40%的题目都是错误的。测量自信水平通用的方法是询问被试对其所持有的某观点或答案的置信水平。此类测试都显示人类对自己正确性的置信度高于真实正确度。过分自信与元认知品质和性格可能存在关联。

在以下条件下,过分自信更可能出现:计划非常详细,涉及多个不同步骤的配合;当对计划付出了客观的劳动和情感投资时,任务的完成将伴随主体紧张和焦虑感显著降低;当计划是几个人一起制订的,特别是少数精英分子组成的小团队共同商量确定的;有意识或者无意识地,主体保持该计划能够满足不同需求和动机。

6) 偏见检查

在完成任务时,人们通常会检查自己的工作。但检查时,认知失真会继续影响主体的判断。问题解决者在检查自己所完成的任务时,通常会反问自己:"所有的因素我都考虑到了吗?"然后开始回忆问题的解决过程,检查所考虑的因素。但是心理学家们发现,当我们回忆的时候,自认为已经检查到了所有考虑过的因素,但实际上,由于工作记忆保存信息的容量和时间有限,回忆时获取的信息只是其快速更新中的一些片段,而不是全部的、系统的信息。因此,检查的因素通常会比问题解决过程中考虑的因素更少。Reason 也称为"验讫错觉"。

7) 虚幻相关

问题解决者通常都不擅长捕捉共变关系,而将共变关系视为相关关系。部分原因在于,人们对于共变关系缺乏了解。只有当问题解决者能够通过真实世界的理论很好地预测到共变关系时,他们才能发现共变关系。

8) 光环效应

问题解决者也存在光环效应的倾向。人们偏好于单一排序,排斥差分排序。即对于同一个人或事物,人们难以对其进行多个独立的排序。因此,他们倾向于将差分的排序降低为单一排序。

光环效应在日常生活中的表现为人们所熟知。如研究发现,向被试提供照片,让他们对照片中人物的性格、事业状态和智力水平进行评价,人们倾向于认为漂亮的人有更好的性格,有更好的事业状态,甚至更聪明。

9) 因果关系问题

问题解决者倾向于将因果关系过分简单化。由于主体受到过去经历形成的图式所支配,倾向于低估未来的不规则性,从而造成对未来偶然事件的预期低于实际发生的概率。另外,主体容易从感知到的事物之间的相似性而判断为因果效应。主体对结果的解释也倾向于归因于单一因素。同时会造成高估自身对未来的控制能力,即"控制错觉"(illusion of control)。

10) 复杂性问题

心理学家们研究发现,当问题变得复杂时,被试对事件的反馈会延迟,并且难以在适当的时间进行相应的认知活动。被试会出现主题漂移,无法将注意力集中在所需解决的问题上。与主题漂移相对应,问题复杂时,被试也可能出现局限于问题的一个细节而裹足不前的现象。

以上现象是被试面临复杂问题时的认知心理状态,只能实时观察。另外,心理学家们还发现,人类对某些类型的复杂问题存在共有失误倾向。研究发现,人类倾向于以线性的方式构建变量之间的关系,在构建指数模型方面存在困难。同时,人类倾向于使用因果序列来描述因果关系,而不是因果网。这些失误模式与任务密切相关。既然人类存在这样的易错倾向,可以预料,当任务要求构建指数模型时,就有可能某些被试倾向于使用线性模型代替指数模型,从而引入错误。

7.4.4 软件故障的人因失误模式库

虽然 Reason 的人因失误模式较为全面,为各应用领域开展针对性的研究提供了理论基础。但由于其偏理论而缺乏结构化的分析,不适于直接应用。本书将考虑程序设计的特定应用环境,对 Reason 的人误模式进行裁剪和重组,作为软件故障人误模式库的一部分内容。Reason 的人误模式进行裁剪和重组的详细分析见表 7-2。裁剪和重组的方案和标准包括以下模式。

表 7-2　Reason 的人误模式建议采用方案

人因失误模式			处理方法	原　　因
一级模式	二级模式	三级模式		
基于技能层次的疏忽	不注意	• 双重捕捉疏忽 • 中断引起的疏忽 • 意图衰减 • 感知混淆干扰错误	• 采纳 • 同时采用二级和三级模式	• 编程中可能出现 • 程序员可能无法用回忆的方式归因到三级模式 • 无特定的故障模式对应
	注意过度	• 疏忽 • 重复性动作 • 动作反复	不予采纳	• 不具典型性 • 可理解性差
基于规则层次的失误	好规则误用	首次例外	采纳	• 编码中很可能出现 • 情景明确
		• 信号、反信号与非信号 • 信息超负荷 • 冗余	• 重组为模式 • 反信号被忽略	"信息超负荷"和"冗余"是"反信号被忽略"的激发因素,不是一个错误机制。单独信息超负荷或人类对某些信息进行冗余处理,并不一定产生错误。只有当两种因素存在,激发主体忽略了"反信号",失误才产生。所以本书用"反信号被忽略"作为一个失误模式,描述在人类认知资源有限的条件下,选择性地注意一部分信息,"反信号"(表明调用的规则不适合当前情况)被忽略而出现错误
		• 规则强度 • 僵化 • 总规则	重组为:使用"强势而当下不适用"(strong-but-now-wrong)规则	"总规则"比"子规则"强度更大,更容易被调用,与"规则强度"模式存在重叠,都是使用"强势而当下不适用"规则的触发因素。"僵化"也是指主体倾向于使用过去被成功频繁使用的规则,即使面临的情况非常不适合,与"强势而当下不适用"规则有着机理上的一致性。所以合并为一个规则

续表

人因失误模式			处理方法	原因
一级模式	二级模式	三级模式		
基于规则层次的失误	使用不良规则	规则编码故障	采纳	• 编码中典型 • 出现概率高
		行为故障	不予采纳	这类模式指选用了某种规则,但是不按规则去实施。在程序编码的情景中,这类失误不常见。编程规则存储于程序员知识库中,从代码看,无法区分是程序员存储的规则编码有错误,还是规则正确而是程序员使用错误
基于知识层次的失误	选择性		采纳	• 典型 • 出现概率高
	工作记忆容量限制		重组为:工作记忆超负荷	工作记忆容量限制是工作记忆超负荷状态的一个前提条件,而工作记忆超负荷状态下人容易犯错误。如在工作记忆容量限制的前提下,问题越复杂,就越可能出现记忆超负荷的状态,越容易犯错误。但不管是研究者还是主体本身,工作记忆超负荷状态都难以感知,且没有固定的失误形式可循。因此,该模式只用于对程序员的培训,无法用其进行故障模式的预测
	眼不见为净		采纳	• 典型 • 出现概率高
	确认偏见		采纳	• 典型 • 出现概率高
	过分自信		采纳	跟人的性格有关,没有确切的认知机理,因此无对应程序代码模式。可用于对程序员的元认知培训,但无法用于人因失误场景分析
	偏见检查		采纳	• 典型 • 出现概率高
	虚幻相关		采纳	• 典型 • 出现概率高
	光环效应		不采纳	不适于程序设计的使用情景
	因果问题		采纳	• 典型 • 出现概率高
	复杂性问题		采纳	• 典型 • 出现概率高

1. 不予采纳

对程序设计中出现可能性非常小、很难被工程人员理解且对本书的理论研究作用甚微的人误模式,不予采用。例如,基于技能级的失误中,由于过度注意造成疏忽、重复性动作和动作反复,这三类失误模式出现在基于技能级的机器操作领域有一定概率,在编程设计活动中出现的概率非常小,并且这些模式,工程技术人员难以理解。

2. 重组

某些失误模式是同一失误机制的不同因素,并且这些因素高度相关,只有同时出现时才会引发对应的失误机制。Reason 将其作为多个失误模式,本书将其对应的失误形式作为一个失误模式。如"信息超负荷"和"冗余"是"反信号被忽略"的激发因素,不是一个错误机制。单独信息超负荷或人类对某些信息进行冗余处理,并不一定产生错误。只有当两种因素存在,激发主体忽略了"反信号",失误才产生。所以本书用"反信号被忽略"作为一个失误模式,描述这一失误机制:在人类认知资源有限的条件下,选择性地注意一部分信息,"反信号"(表明调用的规则不适合当前情况)被忽略而出现错误。

3. 直接采纳

对在程序设计情景中具有典型性、情景明确、独立的失误模式,本书将直接采纳。

此外,还将引入一些最新的、程序设计中可能出现的人误模式,如 Byrne 和 Bovair 提出的特定情境下子目标完成后错误(post-completion error)。并根据程序设计的综合模型,提出一些与程序设计密切相关的人误模式(如缺乏知识)。

结合程序设计的综合认知模型,构建出程序设计中的个体人误模式库,如表 7-3 所列。

表 7-3 软件故障的人误模式基础库

行为类型	相关活动	失误模式	程序设计的阶段
技能型行为	编程环境操作、打字等	双重捕捉疏忽	任何阶段
		中断引起的疏忽	
		意图衰减	
		感知混淆干扰错误	
规则型行为	熟悉的语言编码	首次例外	编码阶段
		反信号被忽略	
		使用"强势而当下不适用"规则	
		规则编码故障	

续表

行为类型	相关活动	失误模式	程序设计的阶段
知识型行为	程序设计及编码中遇到不熟悉情况时,问题解决过程中	选择性	问题表征阶段
		眼不见为净	
		虚幻相关	构建问题解决方案阶段
		因果问题	
		复杂性问题	
		确认偏见	方案评价与程序调试阶段
		偏见检查	
		工作记忆超负荷	任何阶段
		知识不足	
元认知	完成后错误		贯穿于认知活动全过程的元认知监控的后期

需要特别说明的是,表 7-3 是推荐的可用于软件工程各项研究和应用活动的人因失误模式基础集。用户需要根据各方法特定的目标和所面对的用户,从表 7-3 所列的全集中选取失误模式,并可能进一步重组、修改其描述和应用方式。

7.5 基于人因失误机理的软件故障主动防御方法

基于人因失误机理的软件故障主动防御方法(defect proactive prevention based on human error mechanisms, DPeHE)旨在通过提高软件工程师对易错情景的意识和调控能力,降低软件故障引入率。

传统缺陷预防(图 7-1 中虚线框内部分)是面向过程改进的方法,难以预防程序员认知失效导致的软件故障。传统的故障预防过程改进只能为程序员的认知活动提供相对稳定、可靠的环境,如促进团体交流合作、降低需求变更风险等。然而,即使在现代大型软件研发项目中,程序员个体的认知活动仍然是软件开发最主要的工作。从本质上看,计算机程序是人类思维的表达。程序员对其自身认知的调节能力才是故障预防的根本。遗憾的是,目前尚无系统的方法直接作用于提高个体在故障预防方面的认知能力。本节将致力于弥补这方面的空白,提出基于主体元认知训练的软件故障主动防御方法。

7.5.1 DPeHE 理念

DPeHE 的基本理念:如果程序员经过有效的训练,获取关于程序设计犯错机理和预防的显性知识,并成功建立人因失误场景意识和失误调节能力,他们将能更有效地预防故障的引入。

DPeHE 的理念与传统 DP 的区别和联系如图 7-1 所示。其中 A 部分代表 DPeHE，虚线框体代表传统 DP 活动，B 部分代表改进过的传统 DP 步骤。与传统 DP 相比，DPeHE 旨在提高程序员自身的犯错预防能力，进而预防软件故障的引入。首先，对程序员进行人因犯错机理和失误预防的培训，获取降低故障引入的显性知识；在此基础上，在实际工作中，程序员对认知过程进行有意识的调节体验；在调试或测试中发现故障后，对引入的故障进行自我根源分析；最终获得对易错情景的意识和认知调节能力，进而减少软件故障的引入。

对人因失误的认知和调节能力，正是对于一种特殊类型"认知"（认知失误）的认知。在心理学领域，正是属于元认知的范畴。元认知训练在心理学领域研究很多，用于提高人类的问题解决能力，其训练框架被广泛验证和使用。

有效的培训方法是保障 DPeHE 有效性的关键。因此，本书将在元认知理论和培训框架下，设计 DPeHE 的具体方法。这也是 DPeHE 这一理念的中文全称为"基于人因失误元认知训练的软件故障预防方法"的缘由。

7.5.2 元认知框架

元认知是对"认知"的认知，即个体对于自身思考过程的意识和调节能力。元认知是关于理解、监控和调节思考过程本身的最高级的思考能力。认知与元认知的差别在于，前者是达成一个目标的活动，如计算、推理等；而后者是确保目标达成的活动，如对思考过程的管理。

我们已经知道，元认知包含两大要素，即元认知知识和元认知调节，两大元素紧密相关、缺一不可。元认知知识是提高元认知调节能力的基础。但是获取到了元认知知识，不一定元认知调节能力就能提高。主体只有通过调节体验，其调节能力才能逐步提高。

元认知可以帮助主体更有效地完成认知任务，是高绩效个体的一个显著特征。大量的研究表明，那些问题解决能力好的个体，都是具有良好的元认知能力，能够有意识地利用问题解决技巧、灵活又坚持不懈地解决问题的人。同时，由于元认知是关于认知过程的监控与调节的能力，因此直接关系到认知失效。

大量研究表明，元认知训练能够改善个体的认知能力，如数学问题解决能力和工程设计能力。元认知知识和调节能力可以通过各种教学策略得到改进。其中较为著名的是 Schoenfeld 用于提高数学问题解决能力的启发式调节策略。他将问题解决分为 3 个阶段，即分析、探索和验证。每个阶段给出相应的策略，如画图、检查问题的特殊情况、简化问题等。Schraw 提出一种策略评价矩阵，包含如略读、慢化、激发过去知识、心理集成和绘图等。

既然大量研究已经广泛证实,元认知训练能够改善问题解决能力,因此可以作出合理的假设:对程序员人因失误元认知能力的有效训练能够降低软件故障的引入。元认知理论及其培训方法在心理学领域被广泛研究和论证,为 DPeHE 的理论有效性提供了保障。因此,DPeHE 的内容和方法将在元认知理论框架下开展。本书将在元认知框架下,结合程序设计和人因失误的领域特征,设计元认知知识和调节的训练方法。

7.5.3 DPeHE 过程模型

本书的人因失误元认知训练是针对程序设计中认知失误的训练。DPeHE 的知识训练目标是让程序员获得关于程序设计认知过程、人因失误机理和人因失误预防策略的显性知识。DPeHE 的元认知调节训练的目标是让程序员在实际的程序设计过程中,当遇到易错情景时,能够意识到场景,并能采取适当的措施防止失误的产生。

通常情况下,程序员引入的故障改了就忘了。很少有程序员清楚人类犯错误的机理,更不用说在易错情景下的意识和调节能力。DPeHE 提供了一套提高程序员人因失误的元认知能力的培训方法。DPeHE 的过程如图 7-6 所示。DPeHE 分为 3 个阶段。

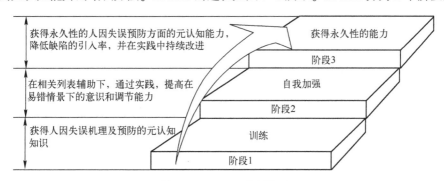

图 7-6 DPeHE 过程模型

第一阶段是元认知知识培训。让程序员了解人类为何要犯错、软件开发中可能会遇到什么样的失误、在哪种情景下人容易犯错以及如何防止失误。

第二阶段,通过程序员的调节体验,训练其防错的意识和调节能力。在程序设计问题解决之前和问题解决过程中,程序员在问题调节列表的辅助下,计划和监控问题解决过程。对于引入的软件故障,在调试或测试中发现后,利用根源识别列表,程序员进行自我根源分析。该阶段持续直到程序员能在实际工作中意识到易错情景,并能采取相应的调节措施。

最后阶段,程序员获得了一定程度上的元认知调节能力。当在实际工作中遇到易错情景时,能够有意识或无意识地调节认知行为,并且随着体验的积累,元认知能力得以持续提高。

7.5.4 DPeHE 元认知知识

程序设计是一种复杂又灵活的认知活动。系统地了解人因失误机理,是失误预防的基础,不只需要了解失误模式,还需要了解支配失误模式的人类认知的基本过程和行为。了解人类认知机理将有助于程序员理解失误机理,因为正确和错误的认知行为犹如"一枚硬币的两面",源于人类共同的认知机制。

因此,DPeHE 元认知知识包含两个方面:一方面是程序设计综合认知模型;另一方面是人因失误。程序设计综合模型是认知失误的背景;人因失误知识又包括两个方面,即关于人因失误机理的知识和人因失误预防策略。这些内容设计成"why、when、what 和 how"的框架。即从程序员为什么会犯错、犯什么样的错、在什么情况下容易犯错和如何预防的角度,组织人因失误的元认知知识。

1. 人因失误的机理(Why)

人类认知的高效性与易错性有着一脉相承的紧密联系,它们都是人类认知机理的外在表现。在"认知资源有限"的前提下,人类认知具有卓越的"化繁为简""自动加工"机制,使得人类能够利用有限的资源解决复杂的问题。这种机制让人类认知变得高效,同时也是产生认知失误的根源。人类认知的高效性与易错性被 Reason 比喻为"一枚硬币的两面"。

根据 Reason 的理论,人类犯错是人类大脑瓶颈的体现。一个瓶颈是工作记忆容量的有限性,导致"注意力控制模式";另一个瓶颈存在于人类的知识库,导致"图式控制模式"。人因失误都源于认知资源的有限性。

1) 认知失误机理的核心:认知资源的有限性

工作记忆是人类进行推理等复杂任务的核心结构,是认知科学的核心思想,并在神经科学中得到证实。心理学界公认工作记忆存在容量限制。工作记忆具有两大特点,即信息存储的短暂性和广度有限性。研究发现,存储在工作记忆中的所有信息最多只能保持 30s。

工作记忆的广度有限性最早由 Miller 提出,他发现不论是数字、字母还是单词,年轻的成人只能存储(7 ± 2)个组块。后来进一步研究发现,工作记忆能存储的组块数与组块类型有关,例如,数字组块约为 7,字母组块约为 6,而单词组块约为 5。甚至对组块的性质也会有影响,工作记忆能存储的长单词比短单词少。Cowan 提出了年轻成人的工作记忆的容量为(4 ± 1)个组块。

工作记忆的容量对于推理等高级认知活动有着重要影响,工作记忆容量大的个体通常表现出更高的阅读、理解、学习和推理等认知能力。当认知负荷超出工作记忆容量上限后,即出现"工作记忆超负荷"时,通常伴随认知失误的增加。

认知资源的有限性使"自动加工"和"图式控制模式"成为必然。在处理非常熟练的任务时,人类可以处于"自动驾驶"模式,节省注意力资源。人类将经验进行建模和内化形成图式,当解决熟悉的问题时,可利用大脑中已经存储的图式进行无意识的自动匹配,快速完成熟悉的任务。通过图式的组块,能够大量节省工作记忆开支。例如,对一个新手来说,某任务需要 5 个"小图式",而对专家来说,已经通过组块形成高抽象层次的一个"大图式"。在调用图式时,新手需要占用 5 个单位的工作记忆资源,而专家只需要一个单位的工作记忆资源。

正是这两种认知机制,造就了人类认知的高效性和灵活性,同时也是认知失误产生的机理,Reason 分别称其为注意力控制模式和图式控制模式,并分别对应两种重要认知结构。与注意力控制模式相关的是工作记忆,与图式控制模式相关的是知识库。

2) 注意力控制模式

工作记忆的容量限制使得人类面临一个问题,那就是有意识的注意力资源极其有限,只有少数的信息元素能够得到处理。在有限资源的限制下,由于可能同时存在多个高级认知活动同时抢占工作记忆资源,因此对各认知活动及输入信息进行"筛选"处理显得尤为重要。主体对输入信息具有选择性,只选择那些与目标和主体经验(图式相关)相关的信息,中枢处理器处理的信息只是被过滤后的有限数量的差分信息。由于计算信息不完整,且依赖于主体已形成的经验,人类认知会出现失误。

面临多任务时,由于注意力的有限性,多任务间可能发生相互干扰。干扰的程度取决于任务的相似性、任务的联系和任务难度。相似性越高,任务享用的感觉通道(如视觉或听觉)、涉及的加工阶段(如输入、内部加工和输出)以及依赖的记忆编码(如语言或视觉编码)越相关,任务越容易干扰。某一任务练习得越多,对注意或其他中枢资源的需求就会越少,从而对其他任务的干扰程度会相对较小。任务越简单,需要占用的资源越少,对其他任务造成的干扰也就越小。

同时,"注意力模式"贯穿于整个认知过程,与设置任务目标、选择适当方法实现目标、监控过程进度、监测和调节失误有关,如果注意力在这一系列活动中分配不当,就会引入失误。

3) 图式控制模式

人类认知系统善于将过去的经历建模并内化为图式,处理新事物时,一旦"调用条件"满足(情景匹配),图式就会被迅速调用。这种机制能够让人类在处理熟悉问题时更加快速和高效,几乎不占用有意识的认知资源。但是,当面临变化时,图式机制相对低效,是产生认知失误的重要根源。

首先,图式会影响和妨碍新信息的摄取,该现象称为前摄干扰(proactive interference)。人类倾向于捕获那些与已有图式匹配的信息,对输入的信息进行筛选和过滤。对同一种知识,不同的人可能会进行不同的筛选和过滤,结果产生不同的理解。图式还具有预测和推理作用。图式一旦被激活,它就要对当前的知识状态作出解释,进行解释必然包含着预测和推理。人类可能会"看到"或者"记住"没有发生的"预期"事物,因为这些事物存在于被激活的图式中。关于前摄干扰的例子和实验很多,如 Brewer 和 Treyens 的实验,让一群被试在一个标识为学者书房的房间里等候,出房间后让他们回忆房间里摆放的东西,很多被试都回忆他们看到了书,而实质上房间里没有摆放书。

更重要的是,在图式调用时会捕获一组信号表征面临的情景,而通常情况下,这种情景信号可能激发多个图式。而认知系统在确定返回哪个工作记忆的图式时,依据的是"情景的匹配程度"(contextually-appropriate)和图式被成功使用过的频次。后者被 Reason 称为"频次赌博"(frequency-gambling),即过去经历中使用得越多越成功的图式,越容易被调用,即使它与实际情景并不相符。Reason 称这一过程为调用"强势而当下不适用"(strong-but-now-wrong)规则。

2. 程序设计认知失误模式(What、When)

虽然人因失误在不同情景中有不同的具体表现,但其根本的模式却是极为有限的。了解这些重复出现的失误模式,是提高认知失误预防能力的基础。因此,本章将构建适用于提高程序员对失误机理认知能力的失误模式库。

作为 DPeHE 训练的基础,失误模式库中囊括的模式必须可靠。因此,DPeHE 中选取的模式是经过验证的模式,包括 Reason 总结的模式。另外,还有部分模式来自本书的理论和实验研究,在程序设计中具有典型性的失误模式,如"完成后错误"和知识不足。

此外,还需要结合程序设计具体的使用场景才能更好地帮助程序员理解这些失误模式。因此,对于每个人因失误模式,将给出对应的场景和程序错误模式的例子,如表 7-4 所列。场景是描述人因失误被触发的具体环境。对场景的理解有助于提高程序员面临易错情景的意识。对应的软件故障模式样例有助于程序员理解失误模式在程序设计中的具体表现。

表 7-4 DPeHE 人因失误场景样例

人因失误模式	描述和场景	软件故障模式样例
知识不足	对于特定任务,程序员在某些方面的知识不足,甚至没有意识到需要某方面的知识时,会出现失误。特别是在解决跨领域的交叉性问题时,容易出现该失误	美国 F-22 和中国独立研发的某型号飞机,都出现过日期变更线的问题。F-22 在 2007 年从夏威夷飞往日本途经日期变更线时,多个计算机系统失灵,不得不返航并推迟 F-22 的交付计划。原因是导航系统软件设计师忽略了日期变更线的知识,由西向东跨越国际日期变更线时,必须在计时系统中减去一天;反之,由东向西跨越国际日期变更线,就必须加上一天。F-22 计算机软件处理错误,造成日历混乱。2005 年,我们团队在中国某航空型号的仿真测试中发现了相同的问题

续表

人因失误模式	描述和场景	软件故障模式样例
完成后错误	实现某目标(称为最终目标)可以分为多个子目标,如果其中某个子目标不是最终目标的必要条件,并且在最后一步完成,该子目标容易被遗忘	目前中国大部分 ATM 机的取款流程为先吐钱,最后吐卡。这种情况下,人们容易拿了钱即离开,忘了拔卡。在完成后错误模式的指引下,英国的 ATM 机早已改进为先吐卡再吐钱,忘记拔卡的事件得到规避。程序设计中,要求在打印完每个"囧"字之后打印一个空行。近50%的程序员都忘记了打印空行
问题表征失误	当问题描述材料的模糊或包含隐含需求时,人们容易对问题表征错误,进而生成错误的解决方案	对需求误解
使用"强势而当下不适用"规则	人类在熟悉的环境中倾向于忽略那些"情景不匹配"的征兆而表现出与过去相同的行为。使用以前"频繁""成功"使用过,但不适合当前情景的图式。可能出现该模式的场景有:当前任务中包含与主体过去成功使用过多次的规则,但是该任务包含某些细节,与主体过去使用的情况不太一样;主体用该规则非常熟悉,第一次遇到一点小改变	编程大赛中,程序员在 C 语言课程学习中遇到的案例和作业基本都是使用"0"初始化数组,当在打印"囧"字时需要使用空白初始化数组时,很多程序员还是使用"0"初始化,而导致结果错误
规则编码故障	主体对当前任务使用的规则编码不完整,某些子规则被误解或被遗漏	程序员在学习过程中对数组定义规则,缺乏初始化的子规则编码。程序设计大赛中,很多程序员都忘了定义数组时进行初始化
工作记忆超负荷	处理的问题太复杂或者信息过多,超过工作记忆容量限制,导致认知错误的出现	该模式为程序员的认知状态,在该状态下,容易出现忽略问题表征中的反信号,出现错误的情景表征;也可能以"复杂性问题"的形式出现
选择性	在理解任务时,主体注意了心理上认为重要的信息,而逻辑上重要的信息被忽略。在程序设计中,如果程序员对任务的某些重要特征没有注意到,可能导致问题表征出错,生成错误的情景模型	程序设计大赛中,对于程序的输入输出格式,某些程序员没有注意问题的文字描述,只注意了样例输入和输出,出现误解。文字描述的意思是每个代表嵌套层数的数字输入后,程序输出一个对应的"囧"字。而部分程序员理解只看样例输入输出,理解为输入所有的代表嵌套层数的数字后,程序打印多个"囧"字
确认偏见	人类倾向于验证自己的假设而不是证伪。程序设计中当对方案评价时,可能会出现该模式	在调试中,程序员倾向于设计验证自己假设的测试用例,而不是证伪的反用例
复杂性问题	当一个问题对主体而言很复杂时,可能会出现反馈延迟、主题漂移、以线性因果关系代替因果关系网思考、难以构建指数模型、拖延主题而纠缠细节等现象。该模式能够直接反映在程序代码中的是构建指数模型错误	程序设计大赛中,需要构建 $h=2^{n+2}$ 的指数模型,而出现 $h=8n$ 的共性错误
偏见检查	人类倾向于认为所有的情况都被完整考虑过了。当程序员检查问题解决方案时可能会出现该模式	犯错误指数模型错误的程序员,在检查其方案时,只使用了3个用例,$n=1,2,3$,而没有考虑 $n>3$ 的情况

续表

人因失误模式	描述和场景	软件故障模式样例
不注意	在"自动化"处理活动中,没有在正确的时间做注意力检查,可能出现该失误模式,其触发的因素可能有:同时投入多个任务、中断、干扰和长时间从事一个枯燥的任务	程序大赛中,有程序员出现打印错误,将数组 array[1][i] 当成 array[1][1] 的数组引用错误

3. 程序设计认知失误预防措施(How)

在理解程序设计认知机理和人因失误机理的基础上,了解问题解决的调节策略对于预防认知失误具有重要意义。在教育学领域,启发式教学法被用于提升学生在问题解决方面的元认知能力。此类方法是通用性的,被广泛地认为是有效的,而且可以在不同的任务中使用。

本书也采用这样的思路,但内容会针对人因失误而设计。人因失误的预防贯穿于问题解决全过程中。问题解决的不同阶段,涉及的认知活动各具特征,出现的失误模式也可能不一样。因此,人因失误预防策略与问题解决过程紧密相关。在每个阶段,提供对应的策略预防失误,如表 7-5 所列。对于每一条策略,说明了对应的使用时机、使用方法以及需要使用该策略的原因。

表 7-5 失误预防策略

问题解决阶段	策略	什么时候使用	如何用	为何用
问题表征	放缓	当信息显得尤为重要时	停下、阅读和思考相关信息	提高主体的注意力
	回溯性推理	当迅速自动地得出问题解决方案产生时	反问自己解决方案是如何得到的,哪些知识是以前使用过的,是否存在部分不适用于当前情况的知识	提高在基于规则层次行为的注意力,防止"强势而当下不适用"的失误
	搜寻反信号	面对的问题或任务非常熟悉时	检查当前情景是否存在与过去经验有不同的特殊细节	将注意力集中在异常情况,防止"强势而当下不适用"的失误
问题解决方案的生成	将问题分解成若干子问题	感觉问题很复杂时	将问题按照自顶向下的结构化方式分解为子问题	防止由于复杂性问题和工作记忆超负荷引发失误
	心理集成	在学习新知识和需要深入理解一个问题时	联系各个思想,让它们融合形成有机的主题或结论	防止由于知识不足而出现的失误
	做笔记或画图	交互信息非常多时	识别主要思想,各思想之间建立联系,列出主要思想的支持信息	外化工作记忆容量,防止由于工作记忆超负荷出现失误

续表

问题解决阶段	策略	什么时候使用	如何用	为何用
解决方案的评价	分层次地追踪	问题较为复杂,包含多个子问题时	以结构化的方式检查问题的各个方面是否已经得到解决	防止某些子目标被遗忘
	检查特殊情况	问题较为复杂,或与其他功能存在很多交互时	检查是否存在特殊情况,边界情况需要加强考虑	防止由于知识不足和偏见检查等失误
	证伪	调试或单元测试时	设计证伪用例检查方案	防止确认偏见
	交换检查	自己检查认为不存在问题时	与伙伴合作,交换检查对方的程序,或提交独立测试	防止偏见检查和确认偏见失误

7.5.5 DPeHE 元认知调节

知道了认知失误的机理和预防措施,并不等于程序员会在实践中使用这些措施。因此,单纯提供显性的元认知知识培训只是基础,需要最终获得对程序设计人因失误的预防能力,需要发展程序员对易错情景的意识和调节能力。这种有关对认知过程的意识和调节能力,正是元认知调节。

在元认知研究领域,通常使用反省(自我提问)的方式来提高元认知调节能力。采用反省策略,主体在认知过程中积累元认知调节体验,进而形成一种固有能力。只要情景需要,主体能自动地使用认知调节策略。在问题解决前、问题解决过程中和问题方案生成后可采用不同的反省策略进行元认知调节。自我反省的方式被广泛应用于提高各类问题解决的元认知能力。

例如,Schraw(1998)使用一种调节清单(regulatory checklist,RC)来启发主体的元认知调节。该调节清单分为三部分,即计划、监控和评价。在计划阶段,包含诸如"我的目标是什么?"等问题;在监控阶段,包含诸如"我达到目标了吗?"等问题;在评价阶段,包含诸如"有什么行不通的方面?"等问题。

针对程序设计中的人因失误预防,本书设计了两个启发清单,用于帮助主体构建人因失误方面的元认知调节能力。其中一个清单上在程序设计活动之前和之中使用,成为问题解决调节启发列表(problem solving regulation checklist,PSRC);另一个清单用于软件故障被检测到后,辅助程序员对故障产生的根源进行自我反省,称为故障根源识别列表(root cause identification checklist,RCIC)。在程序员完成 DPeHE 知识培训后,程序员在真实的程序设计活动中使用这些清单,进行元认知调节体验。

1. 问题解决调节启发列表(PSRC)

了解问题的解决过程是预防认知失误的基础。问题解决的不同阶段涉及不同特征的精神活动,因此伴随着不同形式的人因失误,PSRC 为主体在问题解决过程中的不同阶段提供针对认知失误的调节策略,如表 7-6 所列。

不同问题阶段伴随着相应的易错场景,每个场景对应着一个特定的失误模式。表 7-5 和表 7-6 紧密相关。表 7-6 主要用于提高程序对易错场景的意识,当意识到可能出现某失误模式时,可调用表 7-5 中对应的预防策略。

表 7-6 问题解决调节启发列表

问题解决阶段	提高场景意识的启发问题	相关的失误模式
问题表征	该任务涉及交叉领域吗? 以前解决过类似问题吗? 接受过与该任务相关的培训吗? 是否难以找到解决方案?	知识不足
	是否存在模糊不清的条目? 存在不一致的条目吗? 存在你不能确定其含义的条目吗? 存在隐含需求吗?	问题表征错误
	是否存在其他信息需要注意的? 是否存在特殊情况需要考虑?	选择性
解决方案生成	是否存在首次例外的细节? 是否存在表明预选方案不适用的反信号? 信息是否太多,忽略了某些异常情况? 使用的知识是否之前经常使用过,本次是否存在新特点?	使用"强势而当下不适用"失误的相关知识
	所使用的规则是否全面,是否存在子特征没有考虑? 是否存在某些属性考虑不准确? 是否存在领域特定的规则需要考虑?	图式编码错误
	感觉问题复杂吗? 是否存在多个交互接口需要处理? 需要构建指数模型吗? 是否感觉大脑超负荷运转?	复杂性问题和工作记忆超负荷
方案评价	是否尝试过反驳你的方案? 是否存在其他可能的方案? 如果你的方案是错误的话,会体现在哪些方面?	确认偏见
	是否充分考虑边界情况? 是否考虑了极端条件?	偏见检查
	是否存在主目标完成后执行的子目标? 是否有子目标或步骤被遗忘?	完成后错误
全过程	被中断,是否仔细检查了中断点? 是否长时间从事一件枯燥的活动,需要调整注意力吗? 是否同时开展两项以上活动,有没有干扰失误?	不注意

2. 故障根源识别列表(RCIC)

对于认知活动的结果评价对元认知能力的提高同样重要。研究发现,能够精确观察和评价自己认知成绩的个体,能更好地使用认知策略达到目标。因此,在元认知训练中,帮助个体显性地评价和解释自己认知活动尤为重要。

对于程序设计,即使使用了故障预防,通常还是有部分认知失误会以软件故障的形式引入到程序中。这些软件故障可能被程序员自己在调试中发现,或者在独立测试中被检测到。对这些故障,程序员进行回溯性地自我评价非常重要。程序员通过反思这些故障背后是什么样的人因失误模式、为什么这些失误会出现,将会提高其故障预防的意识和能力。故障根源识别列表可用于辅助程序员这一过程。故障根源识别列表是在程序设计综合认知模型(7.3.3节)和软件人因失误模式库(7.4.4节)基础上,可供程序员直接使用的故障根源识别列表。

从哲学的层次看,生产力的三大要素为生产者、生产工具与生产对象。在软件开发中,生产者为软件主体,生产工具为软件开发过程中所使用的工具,生产对象为主体所要解决的问题,称为客体。软件故障为软件生产过程中那些不希望或不可接受的偏差。软件主体的活动模型如图7-7所示。

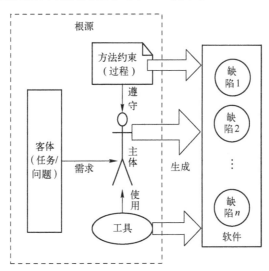

图7-7 软件主体的活动模型

因此,软件故障的顶层根源可分为主体、客体和工具。同时,将主体视为狭义的人(个体),还需要识别主体所处的环境,包括物理环境和社会环境。而在软件开发中,主要考虑社会环境,即引入软件故障的环境因素主要是主体所处的组织规程。从而得到软件故障根源的顶层分类,即主体、过程、工具和客体,见图7-8中第一层次分类。

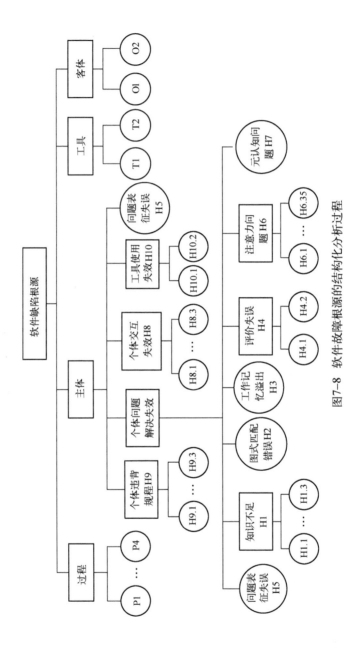

图7-8 软件故障根源的结构化分析过程

根据软件故障人误模式库(见7.4.4节),得出软件主体问题解决失效的根源分类类型,见图7-8中第三以上层次分类。需要注意的是,这里使用的人误模式只是软件故障人误模式库中的一部分。因为此处人误模式是用于程序员故障根源分析,是在软件故障被检测出以后进行的回溯分析。那些无法准确回溯的模式或是工程师难以理解的模式,此处不采用,使用"其他"作为开放性选项。由于某些模式是一个共同机制的不同场景,在回溯分析中是难以区分的,做了进一步整合。如问题复杂和工作记忆容量限制密不可分,主体都具有诸如"问题太复杂难以同时兼顾各方面内容""大脑超负荷运转"等主观体验,整合为"工作记忆超负荷"更为贴切。

图7-8描述了结构化分析的过程及各类根源之间的关系,但并不适宜直接提供给用户使用。在初次分类完成后,开展了用户调查。用户反馈后发现,程序员更倾向于使用低于3级层次的分类,根源类型层次过深会降低其可用性。因此,将根源类型进行重组,去掉"个人问题解决失效"这类组织性类型,将其各子类型提高一级标识,最终得到二级标识的软件故障根源类型。

调查中还发现,用户倾向于将故障归因于过程、粗心等原因(即使是知识不足),因此重组各根源类型的次序,将那些出现频率高的放在列表的后面。最终得出软件故障根源的分类列表,各根源类型及描述如表7-7所列。

表7-7 软件故障根源分类列表

人因		H
知识(经验)不足	领域知识不足	H1.1
	编程知识不足	H1.2
	编程方法及策略上不足	H1.3
图式匹配错误	使用曾经"频繁"且"成功"使用过的,但不适合当前情景的图式(应用"强势而当下不适用"规则)。人类在熟悉的环境中倾向于忽略那些"情景不匹配"的征兆而表现出与过去相同的行为	H2.1
	图式编码故障(schema encoding deficiencies),如主体关于数组定义的图式不完整,缺乏"数组使用前需初始化"的子条目,编程中引入相应的软件故障	H2.2
工作记忆超负荷	处理的问题太复杂或者信息过多,超过工作记忆容量限制,导致认知错误的出现	H3
评价失误	检查偏见:倾向于认为所有情况都已纳入考虑,而实际上某些情况没有考虑到	H4.1
	确认偏见:倾向于证实自己的假设而不是证伪假设	H4.2
问题表征失误	对所要解决的问题理解错误,从而导致问题解决方案错误	H5

续表

人因		H
注意力问题	被打断	H6.1
	视觉、听觉被干扰	H6.2
	目的性弱(长时间从事一成不变的活动,注意力减弱)	H6.3
	同时执行多项任务,被干扰	H6.4
	记不清楚是什么原因了	H6.5
元认知问题	由于对认知过程缺乏适当监控而出现问题。如某子目标不是最终目标的必要条件,又是任务的最后一个步骤,如果此时主体没有适当监控,会出现子目标遗漏的问题,如 ATM 取款忘记拔卡。在软件开发中,出现该情景,会造成子任务被遗漏	H7
交流问题	主体表达错误	H7.1
	主体理解错误	H7.2
	无法识别的双方交流错误	H7.3
违背规程	故意违背	H9.1
	规程的知识了解不足	H9.2
	由于粗心导致的规程违背	H9.3
工具使用不当	工具使用训练不够	H10.1
	工具本身不好用	H10.2
过程的原因		P
需求管理问题		P1
评审问题		P2
配置管理问题		P3
其他过程问题		P4
工具的原因	编译器直接引入故障	T1
	其他工具直接引入故障	T1
客体的原因	问题不可实现	O1
	问题描述模糊不清	O2

7.6 本章小结

只有深刻地掌握了一个事物的产生机理,才能真正地防控它。人因失误是产生软件故障的关键因素,然而,传统故障预防技术均未能深入到人因失误机理层面。程序员的认知失误是导致软件故障最主要的因素。程序员在易错情景下的意识和调节能力是预防故障的根本。但是目前在软件故障预防甚至软件工程领域，对人因失误研究非常不足。本章从人因失误机理出发，提出基于人因失误机理的故障主动防控的理念。

本章提出通过提高程序员在人因失误方面的元认知能力来预防软件故障（DPeHE），构建了基于元认知训练框架的 DPeHE 过程模型。DPeHE 的训练包括两大阶段：第一阶段为人因失误元认知知识训练；第二阶段为人因失误元认知调节体验。其中，元认知知识训练包括关于程序设计认知过程、人因失误机理和人因失误预防措施等方面的知识。元认知调节体验通过问题解决过程中的反省和故障发现后的自我评价的方式开展。应用案例表明，该方法有助于提高程序员故障预防方面的元认知能力，进而预防故障的引入。

与传统的故障预防技术相比，DPeHE 作用于传统故障预防技术无法触及的盲点——程序员的认知失误。同时，传统故障预防技术通常只有少数公司才能执行，而 DPeHE 不依赖于过程成熟度的高低，所有需要的企业都可开展，不管其过程成熟度处于 CMM5 级还是初始级。DPeHE 还可用于程序员在故障预防方面的认知能力的自我提升。在故障预防甚至软件工程领域，DPeHE 是首次作用于软件故障深层次机理的故障预防方法，为软件行业提供了一套降低故障引入率的全新思路。

附录

附录1　基于故障传播的软件可靠度评估算法的代码实现

```python
'''Cheung 模型代码实现'''
#coding=utf-8
from numpy import *

transMatrix = zeros((8,8))
relMatrix = zeros((8,8))
f = open(r'trans.txt','r')
arrayLines = f.readlines()
index = 0
for line in arrayLines:
    line = line.strip()
    listFromLine = line.split('\t')
    transMatrix[index,:] = listFromLine[:]
    index += 1
f.close()
index = 0
f = open(r'r.txt','r')
Lines = f.readlines()
i = 0
for line in Lines:
    line = line.strip()
    relMatrix[index,i] = line
```

```
        index += 1
        i += 1
f.close()


product = dot(relMatrix, transMatrix)
one = eye(8)
minus = mat(one - product)
inverse = minus ** (-1)


R = inverse[0,7] * relMatrix[7,7]


print transMatrix
print relMatrix
print product
print one
print minus
print inverse
print "系统可靠性 R=%f" % R
savetxt("dat.txt", product)
```

'''本章中提出的基于故障传播模型的可靠度模型代码实现'''
```
#coding=utf-8
from __future__ import division
from numpy import *


#读取每个节点的度
f = open('degree.txt','r')
degree = eval(f.readline())
f.close()


#读取转移概率
f1 = open('trans.txt','r')
arrayLines = f1.readlines()
```

```
index = 0
transMatrix = zeros((8,8))
for line in arrayLines:
    line = line.strip()
    listFromLine = line.split('\t')
    transMatrix[index,:] = listFromLine[:]
    index += 1
fl.close()

#计算故障扩散强度矩阵
rank = transMatrix.shape
temp_mat = zeros(rank)
temp_mat[:,:] = 0.5 * transMatrix[:,:]
print temp_mat
deg_sum = 0
degsuminline = []
#得到每一行的度数总和
for i in range(rank[0]):
    for j in range(rank[1]):   #求解每一行
        if transMatrix[i,j] > 0:
            transMatrix[i,j] = degree[j]
            deg_sum += degree[j]
    degsuminline.append(deg_sum)
    deg_sum = 0
print 'degsuminline=',degsuminline

for i in range(rank[0]-1):
    transMatrix[i] = 0.5 * transMatrix[i]/degsuminline[i]

#得到故障扩散强度矩阵
pervMatrix = temp_mat+transMatrix

print 'pervMatrix=',pervMatrix
```

```python
#计算每个组件的输入输出状态矩阵并得到其与故障扩散强度矩阵的乘积
calMatrix = zeros(tuple(2*asarray(rank)))
f = open('inoutput.txt','r')
inoutMat = zeros((rank[0],2,2))
lines = f.readlines()
inoutLine = zeros((1,2))
index = 0
#计算每个组件的输入/输出状态矩阵
for line in lines:
    line = line.strip()
    listFromline = line.split('\t')
    inoutLine[:] = listFromline[:]
    inoutMat[index,0,0] = 1-inoutLine[0,0]
    inoutMat[index,0,1] = inoutLine[0,0]
    inoutMat[index,1,0] = inoutLine[0,1]
    inoutMat[index,1,1] = 1-inoutLine[0,1]
    index += 1
index = 0
print inoutMat
tem_Mat = zeros((2,2))
for i in range(rank[0]):
    for j in range(rank[1]):
        tem_Mat = pervMatrix[i,j]*inoutMat[i]
        calMatrix[i*2:(i*2+2),j*2:(j*2+2)] = tem_Mat[:,:]

one = eye(2*rank[0])
minus = mat(one-calMatrix)
inverse = minus**(-1)
rankin = inverse.shape
relMatrix = dot(inverse[0:2,(rankin[1]-2):rankin[1]],inoutMat[(rank[0]-1)])

print '系统的可靠度为:',relMatrix[1,0]
print relMatrix
```

```
print transMatrix.shape
```

'''仿真实验算法的代码实现'''
```
#coding=utf-8
from __future__ import division
from numpy import *
import random
from functools import reduce
import pylab as pl

#读取每个节点的度
f = open('degree.txt','r')
degree = eval(f.readline())
f.close()

#读取转移概率
fl = open('trans.txt','r')
arrayLines = fl.readlines()
index = 0
transMatrix = zeros((8,8))
for line in arrayLines:
    line = line.strip()
    listFromLine = line.split('\t')
    transMatrix[index,:] = listFromLine[:]
    index += 1
fl.close()

#计算故障扩散强度矩阵
rank = transMatrix.shape
temp_mat = zeros(rank)
temp_mat[:,:] = 0.5 * transMatrix[:,:]
#print temp_mat
deg_sum = 0
```

```python
degsuminline = []
#得到每行的度数总和
for i in range(rank[0]):
    for j in range(rank[1]):    #求解每一行
        if transMatrix[i,j] > 0:
            transMatrix[i,j] = degree[j]
            deg_sum += degree[j]
    degsuminline.append(deg_sum)
    deg_sum = 0

for i in range(rank[0]-1):
    transMatrix[i] = 0.5 * transMatrix[i]/degsuminline[i]

#得到故障扩散强度矩阵
pervMatrix = temp_mat+transMatrix

#为了以概率选取下一个组件,需要得到概率区间,因此要累加故障扩散矩阵
trans_pervMatrix = pervMatrix.cumsum(axis=1)
print pervMatrix

#计算每个组件的输入输出状态矩阵并得到其与故障扩散强度矩阵的乘积
calMatrix = zeros(tuple(2 * asarray(rank)))
f = open('inoutput.txt','r')
inoutMat = zeros((rank[0],2,2))
lines = f.readlines()
inoutLine = zeros((1,2))
index = 0
for line in lines:                #计算每个组件的输入/输出状态矩阵
    line = line.strip()
    listFromline = line.split('\t')
    inoutLine[:] = listFromline[:]
    inoutMat[index,0,0] = 1-inoutLine[0,0]
    inoutMat[index,0,1] = inoutLine[0,0]
```

```python
            inoutMat[index,1,0] = inoutLine[0,1]
            inoutMat[index,1,1] = 1-inoutLine[0,1]
            index += 1
#print inoutMat
#判断当前输入状态下组件的输出
def out_Put(in_Put,com):
    ran_out = random.random()
    if in_Put == 1:
        if ran_out < inoutMat[com,1,0]:
            return 0
        else:
            return 1
    elif in_Put == 0:
        if ran_out < inoutMat[com,0,0]:
            return 0
        else:
            return 1


#组件个数
com_Num = input("please input the component number:")
#仿真过程
#每次仿真的可靠度
fauTol = []
#每次仿真的次数
simNum = []
#输出为正确的数量

matrix_Fau = [0.7322]
matrix_x = [0]
simu_Num = 0
for numTotal in range(500):
    simu_Num = simu_Num+20
    outc_Num = 0
```

```python
for num in range(simu_Num):
    #到达最后一个组件的时候结束
    com = 0  #节点
    #执行路径
    path = []
    #执行路径上的故障扩散强度
    pervPro = []
    #节点输入的状态,每次仿真前将in_Put置为1
    in_Out = []
    in_Put = 1
    while com != (com_Num-1):
        path.append(com) #在路径中加入当前节点

        #给一个随机数
        in_Out.append(in_Put)
        ran = random.random()
        #print 'ran：',ran
        #判断随机数的范围,确定下一个执行到的节点
        for col in range(rank[1]):
            if col == 0:
                if ran < trans_pervMatrix[com,col]:
                    pervPro.append(pervMatrix[com,col])
                    com = col
                    in_Put = out_Put(in_Put,com)
                    #print 'next com：',com
                    break
                else: continue
            else:
                if ran >= trans_pervMatrix[com,col-1] and ran < trans_pervMatrix[com,col]:
                    pervPro.append(pervMatrix[com,col])
                    com = col
                    in_Put = out_Put(in_Put,com)
```

```
                    #print 'next com：',com
                    break
        in_Put = out_Put(in_Put,com)
        in_Out.append(in_Put)
        #print in_Out
        if in_Put == 0：
            outc_Num += 1
        else：
            continue
    Rel = outc_Num/simu_Num
    fl_sim = open('simresultblack.txt','a')
    fl_sim.write('simulation_num：%d\tfault tolerance：%.3f\n' % (simu_Num,outc_Num/simu_Num))
    fl_sim.close()
    fauTol.append(Rel)
    simNum.append(simu_Num)
    matrix_Fau.append(0.7322)
    matrix_x.append(simu_Num)
plot1 = pl.plot(matrix_x,matrix_Fau)
plot2 = pl.plot(simNum,fauTol)
pl.ylim(0.0,1.0)
pl.xlabel('Simulation Number')
pl.ylabel('Fault Tolerance')
pl.legend(('matrix algorithm','simulation algorithm'),'best',numpoints=1)
pl.show()
```

附录2 软件质量评价调查问卷

感谢您在百忙之中配合我们的调查,请您阅读问卷后面附表的软件产品质量模型(来自 ISO/IEC 25000 系列标准)及其说明,并回答下列问题。

① 您的职位是(选择最接近现在工作的角色,加粗或标红均可)：

开发部门:项目经理、技术经理、产品设计经理、软件开发工程师

测试部门:测试经理、软件测试工程师

② 请您在附表1第二列的8项软件"质量特性"中,选择3个您认为对我们产品最重要的特性,在附表1中标记(加粗或标红均可),并同时填入附表2的第一列中。

附表1 软件产品质量模型

质量特性		说明	排序	质量子特性	含义
产品质量特性	功能性	在指定条件下使用时,产品或系统提供满足明确和隐含要求的功能的程度		功能完备性	功能集对指定的任务和用户目标的覆盖程度
				功能正确性	产品或系统提供具有所需精度的正确结果的程度
				功能适合性	功能促使指定的任务和目标实现的程度
				功能性的依从性	产品或系统遵循与功能相关的标准、约定或法规以及类似规定的程度
	性能效率	性能与在制定条件下所使用的功能有关		时间特性	产品或系统执行其功能时,其响应时间、处理时间及吞吐率满足需求的程度
				资源利用性	产品或系统执行其功能时,所使用资源数量和类型满足需求的程度
				容量	产品或系统参数的最大限度满足需求的程度
				性能效率的依从性	产品或系统遵循与性能效率相关的标准、约定或法规以及类似规定的程度
	兼容性	在共享相同的硬件或软件环境的条件下,产品、系统或组件能够与其他产品、系统或组件交换信息,和/或执行器所需功能的程度		共存性	在与其他产品共享通用环境和资源的条件下,产品能够有效执行其所需的功能并且不会对其他产品造成负面影响的程度
				互操作性	两个或多个系统、产品或组件能够交换信息并使用已交换的信息的程度
				兼容性的依存性	产品或系统遵循与兼容性相关的标准、约定或法规以及类似规定的程度
	易用性	在指定的使用环境中,产品或系统在有效性、效率和满意度特性方面,为了达到指定的目标,可被特定用户使用的程度		可辨识性	用户能够辨识产品或系统是否适合他们要求的程度
				易学性	在指定的使用环境中,产品或系统在有效性、效率、抗风险和满意度特性等方面,为了学习使用该产品或系统这一指定目标,可为指定用户使用的程度
				易操作性	产品或系统具有易于操作和控制的属性的程度
				差错防御性	系统预防用户犯错的程度
				界面舒适性	用户界面提供令人愉悦和满意的交互程度
				易访问性	在指定的使用环境中,为了达到指定的目标,产品或系统被具有最广泛的特征和能力的个体所使用的程度
				易用性的依存性	产品或系统遵循与易用性相关的标准、约定或法规以及类似规定的程度

续表

质量特性	说 明	排序	质量子特性	含 义
产品质量特性	可靠性	系统、产品或组件在指定条件下、指定时间内执行指定功能的程度		成熟性	系统、产品或组件在正常运行时满足可靠性要求的程度
			可用性	系统、产品或组件在需要使用时能够进行操作和访问的程度
			容错性	尽管存在硬件或软件故障,系统、产品或组件的运行符合预期的程度
			易恢复性	在发生中断或失效时,产品或系统能够恢复直接受影响的数据并重建期望的系统状态的程度
			可靠性的依存性	产品或系统遵循与可靠性相关的标准、约定或法规以及类似的程度
	信息安全性	产品或系统保护信息和数据的程度,以使用户、其他产品或系统具有与其授权类型和授权级别一致的数据访问度		保密性	产品或系统确保数据只有在被授权时才能被访问的程度
			完整性	系统、产品或组件防止未授权访问、篡改计算机程序或数据的程度
			抗抵赖性	活动或事件发生后可以被证实且不可否认的程度
			可核查性	实体的活动可以被唯一地追溯到该实体的程度
			真实性	对象或资源的身份标识能够被证实符合其声明的程度
			信息安全的依从性	产品或系统遵循与信息安全性相关的标准、约定或法规以及类似规定的程度
	可维护性	产品或系统能够被其维护人员修改的有效性和效率的程度		模块化	产品或系统能够被预期的维护人员修改的有效性和效率的程度
			可重用性	资产能够被用于多个系统,或其他资产建设的程度
			易分析性	可以评估预期变更(变更产品或系统的一个或多个部分)对产品或系统的影响、诊断产品的缺陷或失效原因、识别待修改部分的有效性和效率的程度
			易修改性	产品或系统可以被有效地、有效率地修改,且不会引入缺陷或降低现有产品质量的程度
			易测试性	能够为系统、产品或组件建立测试准则,并通过测试执行来确定测试准则是否被满足的有效性和效率的程度
			维护性的依从性	产品或系统遵循与可维护性相关的标准、约定或法规以及类似规定的程度
	可移植性	系统、产品或组件能够从一种硬件、软件,或者其他运行(或使用)环境迁移到另一种环境的有效性和效率的程度		适应性	产品或系统能够有效地、有效率地适应不同的或演变的硬件、软件或者其他运行(或使用)环境的程度
			易安装性	在指定环境中,产品或系统能够被成功地安装和/或卸载的有效性和效率的程度
			易替换性	在相同的环境中,产品能够替换另一个不相同用途的指定软件产品的程度
			可移植性的依从性	产品或系统遵循与可移植性相关的标准、约定或法规以及类似规定的程度

③ 请在所选的质量特性中,按照您认为的重要程度分别将其质量子特性进行排序,并将序号填写在附表1"质量子特性"前的空白列中(排序使用1、2、3、…的方式,重要度最高的用序号1)。

④ 以下3种方法中,您认为用哪种方法获取这些特性的评价最为合适?填写在附表2的第二列中,并填写选择该方法的理由。

A. 根据用户使用情况的反馈进行打分
B. 根据专家的领域经验,对软件评估后进行打分
C. 根据软件测试人员的经验,在测试完成后进行打分
D. 根据软件测试的结果对质量特性按照制定的规则进行估算

附表2 质量特性建议评价方式

您所选的软件质量特性	评价方法(A、B、C或D)	理 由

说明:填表时,斜体字的"质量特性"删除,填入附表中的具体质量特性名称

⑤ 您在工作过程中最看重的软件质量特性有哪些?(数量不限)

再次感谢您的配合!如果您还有问题或者建议的话可以在这里写出:_____

_____。

附录3 软件质量评价目标评分表

请根据测试结果对本项目进行评价。(此软件质量评价表基于GB/T 25000.10—2016《系统与软件工程 系统与软件质量要求和评价》与GB/T 30961—2014《嵌入式软件质量度量》制作)

特性	子特性	子特性的子项	5	4	3	2	无法判断	备注
功能性	功能完备性	软件功能对需求的覆盖程度						
	功能正确性	软件实现准确性需求的程度						
		软件实现数据项精度需求的程度						
性能	时间特性	响应时间与吞吐量满足需求的程度						
可靠性	成熟性	测试发现缺陷的难易程度						
		排除故障的难易程度						
		测试的充分程度						
		在虚拟环境运行的测试用例比例						
	可用性	软件在需要使用时能够操作和访问的程度						

续表

特性	子特性	子特性的子项	5	4	3	2	无法判断	备注
可靠性	容错性	软件避免故障引起失效的能力						
		软件抵御误操作的能力						
	易恢复性	软件出现异常或有需要时的复原能力						
		软件复原能力满足性能需求的程度						
维护性	易分析性	软件记录运行数据的功能满足需求的程度						
		软件提供的诊断功能满足需求的程度						
	易修改性	代码的变更在注释中被说明的程度						
		模块的独立程度(低耦合性)						
	易测试性	软件内置测试功能(模拟功能、预检测功能等)满足需求的程度						
		不依赖其他系统进行测试的程度						

附录4 相关性分析结果

子特性	相关度量名称	聚合值	相关系数
功能完备性	number of dangling else-ifs	max	-0.23
	number of local variables declared	max	-0.23
	number of functions calling this function	std	-0.29
功能正确性	blank comments	Hoover	0.25
	comments in excutable code	average	-0.39
		max	-0.26
	cyclomatic complexity	Hoover	-0.25
		std	-0.29
	number of dangling else-ifs	max	-0.40
		std	-0.47
		sum	-0.35
	estimated static program paths	kurt	0.29
	number of statements in function (variant 1)	average	-0.30
	number of statements in function (variant 2)	Hoover	-0.22
		std	-0.30
	number of statements in function (variant 3)	average	-0.31
	number of function calls	average	-0.23
	unused or non-reused variables	max	-0.27

续表

子特性	相关度量名称	聚合值	相关系数
可用性	blank comments	Hoover	0.25
可用性	comments in excutable code	average	−0.39
可用性	comments in excutable code	max	−0.26
可用性	cyclomatic complexity	Hoover	−0.25
可用性	cyclomatic complexity	std	−0.29
可用性	number of dangling else-ifs	max	−0.40
可用性	number of dangling else-ifs	std	−0.47
可用性	number of dangling else-ifs	sum	−0.35
可用性	estimated static program paths	kurt	0.29
可用性	number of statements in function (variant 1)	average	−0.30
可用性	number of statements in function (variant 2)	Hoover	−0.22
可用性	number of statements in function (variant 2)	std	−0.30
可用性	number of statements in function (variant 3)	average	−0.31
可用性	number of function calls	average	−0.23
可用性	unused or non-reused variables	max	−0.27
容错性	comments in declarations	average	−0.25
容错性	comments in declarations	std	−0.24
容错性	average size of statement in function (variant 2)	std	−0.24
容错性	number of functions called from function	Hoover	−0.28
容错性	number of dangling else-ifs	average	−0.23
容错性	number of operand occurrences in function	average	−0.24
容错性	knot density	average	0.26
容错性	knot density	std	0.29
容错性	knot count	average	0.24
容错性	number of function calls	Hoover	−0.27
容错性	total comments	Gini	−0.23
成熟性	comments in declarations	average	0.30
成熟性	comments in declarations	kurt	0.24
成熟性	comments in declarations	max	0.37
成熟性	comments in declarations	std	0.39
成熟性	comments in declarations	sum	0.23
成熟性	comments in excutable code	average	−0.29
成熟性	comments in excutable code	max	−0.24
成熟性	comments in excutable code	sum	−0.25
成熟性	akiyama's criterion	average	−0.27
成熟性	average size of statement in function (variant 1)	Gini	0.30

续表

子特性	相关度量名称	聚合值	相关系数
成熟性	average size of statement in function (variant 2)	Gini	0.30
	average size of statement in function (variant 3)	skew	-0.23
	cyclomatic complexity	max	-0.28
	number of logical operators	max	-0.32
	number of functions calling this function	average	-0.24
		std	-0.26
	myer's interval	average	-0.22
	residual bugs (pth-based est.)	max	-0.23
		std	-0.28
	path density	average	-0.34
		max	-0.28
		sum	-0.29
	estimated static program paths	average	-0.32
	number of statements in function (variant 1)	average	-0.27
	number of statements in function (variant 2)	std	-0.26
	number of statements in function (variant 3)	sum	-0.22
	total comments	Hoover	-0.26
时间特性	comments in declarations	Gini	0.34
	akiyama's criterion	Hoover	-0.33
	number of functions called from function	skew	-0.34
		std	-0.31
	number of operand occurrences in function	Gini	-0.37
	number of local variables declared	Gini	-0.31
	number of code lines	Hoover	-0.28
		skew	-0.28
	number of logical operators	max	-0.36
		skew	-0.29
	myer's interval	std	-0.28
	deepest level of nesting	skew	-0.31
	residual bugs (pth-based est.)	Gini	-0.33
		skew	-0.31
	number of statements in function (variant 1)	Hoover	-0.43
	number of unreachable statements	max	-0.28
	number of executable lines	Hoover	-0.30

续表

子特性	相关度量名称	聚合值	相关系数
易修改性	blank comments	Gini	0.22
	comments in excutable code	max	-0.35
		std	-0.34
	akiyama's criterion	Hoover	-0.27
		average	-0.24
	number of functions called from function	skew	-0.23
	cyclomatic complexity	Hoover	-0.28
		std	-0.34
	number of dangling else-ifs	max	-0.26
		std	-0.25
	knot count	kurt	-0.23
	number of code lines	max	-0.26
	number of logical operators	std	-0.22
	number of functions calling this function	max	-0.24
		sum	-0.23
	residual bugs (pth-based est.)	max	-0.22
		std	-0.28
	path density	std	-0.29
	estimated static program paths	max	-0.27
		std	-0.33
		sum	-0.22
	number of statements in function (variant 1)	average	-0.29
	number of statements in function (variant 2)	Hoover	-0.26
		max	-0.24
	number of unreachable statements	max	-0.25
	total comments	Gini	-0.30
易分析性	blank comments	Gini	0.33
		skew	0.24
	number of functions called from function	Gini	-0.30
	essential cyclomatic complexity	Hoover	0.24
	number of function calls	Hoover	-0.30
	total comments	Hoover	-0.25

续表

子特性	相关度量名称		聚合值	相关系数
易恢复性	comments in declarations		max	-0.24
			std	-0.24
	comments in headers		Hoover	-0.27
	akiyama's criterion		Hoover	-0.23
	number of functions called from function		Gini	-0.25
	number of operand occurrences in function		average	-0.25
	number of function calls		Hoover	-0.27
	number of unreachable statements		max	-0.27
	number of executable lines		Hoover	-0.23
	total comments		Gini	-0.37
易测试性	blank comments		average	-0.27
			std	-0.33
			sum	-0.28
	comments in declarations		average	0.37
			std	0.33
			sum	0.33
	comments in excutable code		max	-0.30
			std	-0.31
	comments in headers		Hoover	-0.25
			sum	-0.24
	akiyama's criterion		average	-0.32
	average size of statement in function (variant 1)		average	0.27
	average size of statement in function (variant 2)		Hoover	0.29
	cyclomatic complexity		Gini	-0.29
			std	-0.31
	essential cyclomatic complexity		max	-0.25
	residual bugs (PTH-based est.)		max	-0.32
			std	-0.38
	path density		average	-0.27
			max	-0.32
	estimated static program paths		max	-0.35
			std	-0.35
	number of statements in function (variant 1)		std	-0.23
	number of statements in function (variant 3)		average	-0.31
	number of unreachable statements		max	-0.30
			std	-0.24
	total comments		Hoover	-0.36
			average	-0.25
			skew	-0.24

参 考 文 献

[1] BAGHERI H, TORKAMANI M A, GHAFFARI Z. Multi-agent approach for facing challenges in ultra-large scalesystems[J]. International Journal of Electrical and Computer Engineering, 2014, 4(2): 151-154.

[2] 王怀民,吴文峻,毛新军,等. 复杂软件系统的成长性构造与适应性演化[J]. 中国科学:信息科学,2014,44(6):743-761.

[3] 丁争. 复杂嵌入式软件测试性分析方法的研究[D]. 北京:北京航空航天大学, 2011.

[4] ALBERT R, BARABASIÁ A-L. Statistical mechanics of complexnetworks[J]. Review of Modern Physics, 2002, 74(1):47-97.

[5] 王珣. 复杂软件故障传播模型研究[D]. 北京:北京航空航天大学, 2015.

[6] 束韶光. 一种基于体系结构的复杂软件可靠性评估方法[D]. 北京:北京航空航天大学, 2015.

[7] SINGH B, KANNOJIA S P. A review on software quality models[C]. 2013 International Conference on Communication Systems and NetworkTechnologies, Gwalior, 2013.

[8] 王坤. 基于故障传播路径覆盖的复杂软件系统测试方法[D]. 北京:北京航空航天大学, 2015.

[9] 宋泽坤. 基于数据的软件质量评价模型优化与领域特征研究[D]. 北京:北京航空航天大学,2020.

[10] 刘国强. 软件测试过程优化研究[D]. 南京:南京航空航天大学,2016.

[11] UTTING M, LEGEARD B. Practical model-based testing: a toolsapproach[M]. Amsterdam: Elsevier, 2010.

[12] REASON J. Humanerror[M]. Cambridge:Cambridge University Press, 1990.

[13] HUANG F, SMIDTS C. Causal mechanismgraph—A new notation for capturing cause-effect knowledge in software dependability[J]. Reliability Engineering & System Safety, 2017, 158: 196-212.

[14] HUANG F, LI B, PIETRYKOWSKI M, et al. Using causal mechanism graphs to elicit software safety measures[C]. 39th Enlarged Halden Programme Group Meeting, Sandefjord, 2016.

[15] HUANG F, LIU B. Study on the correlations between program metrics and defect rate by a controlled experiment[J]. Journal of Software Engineering ,2013, 7:114-120.

[16] KALINOWSKI M, TRAVASSOS G H, CARD D N. Towards a defect prevention based process

improvement approach[C]. 34th Euromicro Conference Software Engineering and Advanced Applications, Parma, 2008.

[17] CARD D. Defect analysis: Basic techniques for management and learning[J]. Advances in Computers, 2005, 65: 259-295.

[18] LESZAK M, PERRY D E, STOLL D. A case study in root cause defect analysis[C]. The 22nd International Conference on Software Engineering, Limerick, 2000.

[19] 宫云战. 论软件缺陷[J]. 装甲兵工程学院学报, 2003, 17: 60-63.

[20] CARD D. Learning from our mistakes with defect causalanalysis[J]. IEEE Software, 1997, 15: 56-63.

[21] YAMADA S. Software reliability modeling: Fundamentals and applications[M]. Tokyo: Springer, 2014.

[22] CORTELLESSA V, DI MARCO A, INVERARDI P. Model-based software performance analysis[M]. Berlin: Springer, 2011.

[23] 琼斯, 等. 软件质量经济学[M]. 廖彬山, 张永明, 崔曼, 译. 北京: 机械工业出版社, 2014.

[24] 埃德蒙·M. 克拉克, 等. 模型检测[M]. 吴尽昭, 何安平, 高新岩, 译. 北京: 电子工业出版社, 2018.

[25] 保罗·C. 桥根森. 基于模型的测试: 一个软件工艺师的方法[M]. 王轶辰, 王轶昆, 曹志钦, 译. 北京: 机械工业出版社, 2019.

[26] 保罗·罗基. 可靠性科学[M]. 陈云霞, 译. 北京: 国防工业出版社, 2020.

内 容 简 介

全书内容围绕复杂软件系统的可靠性技术展开,从复杂软件系统的基本概念入手,对复杂软件系统的故障原理进行了分析,并介绍了可靠性模型的建立,重点介绍了基于体系结构和基于数据的可靠性评估方法,以及基于模型的测试方法和人因方法。

本书不仅包含了一些基本概念和理论的介绍,同时也包含了丰富的案例,可作为可靠性专业工科硕士研究生的基础教材,也可以作为对复杂软件系统感兴趣的相关专业高年级本科生的参考书,还可以作为从事装备软件研制和质量管理等工作的科研人员的参考读物。

This book presents the reliability technology of complex software systems. In this book, we first introduce the basic concepts of complex software systems, and then we analyze the principles that may cause the failure of complex software systems, we also present how to establish the proper reliability models. We introduce the architecture-based and data-based reliability assessment methods, model-based testing methods and human factors related to complex software reliability.

This book not only contains a fully introduction to some basic concepts and theories, but also contains many case studies. It can be used as a textbook for reliability engineering graduate students, and it can also be used as a reference textbook for advanced students of various majors who are interested in complex software systems. This book can also be used as a reference for scientific researchers engaged in equipment software development and quality management.